数据思维

从数据分析到商业价值
（第2版）

DATA ANALYTICAL
THINKING

王汉生 等◎著

中国人民大学出版社
· 北京 ·

序 一

与狗熊会的结缘始于 10 年前。2012 年,我在拉卡拉支付有限公司任集团高级副总裁,承蒙集团董事长兼总裁孙陶然先生和松禾资本厉伟先生的推荐,有幸考入北京大学光华管理学院就读工商管理硕士,在燕园结识了商学院多个领域的顶级专家和教授。

狗熊会的定位是致力于数据产业的高端智库。先和大家分享一下我和数据产业亲密接触的过程,或许和众多数据领域的创业者们有着一样的心路历程。

2015 年 1 月 5 日,中国人民银行印发《关于做好个人征信业务准备工作的通知》,要求八家机构做好个人征信业务的准备工作,考拉征信位列其中。受集团委托以及董事会任命,我出任考拉征信总裁。我虽然有十余年支付结算领域的工作经验,但是在个人征信方面的工作经验则几乎是一片空白,工作一时难有头绪。于是,在最初的几个月里,我把大部分时间和精力用于学习和交流。我陆续拜访了监管部门、征信业同行、金融机构以及多家大数据公司,发现三个问题:(1)很多机构对征信业务的方向、产品以及服务模式认识不清晰;(2)相当一部分大数据公司缺乏好的商业模式和盈利能力;(3)技术储备不足,数据统计模型设计普遍不强。前两个问题很难在短期内解决，需要在长期的市场实践中逐步清晰完善。唯有第三个问题或许可以尽快解决，那就是产学研相结合。于是，我找到了熊大，也就是王汉生教授。王教授是北京大学光华管理学院统计与经济计量系主任，在国内统计和数据科学领域拥有极高的知名度。双方合作由此展开，并成立了联合研究组。由王教授带领的狗熊会团队定期来到公司，双方的数据和模型团队联合作业，对多个产品和评分模型进行了长期深入的研究，成果显著。

2016年年底，我投身于大数据领域的创业热潮。在机缘巧合下，受熊大的邀请有幸出任狗熊会CEO。此时，狗熊会已经与近十家机构开展了联合研究工作，涵盖征信、广告、车联网、消费金融、证券、汽车等多个领域。同时，狗熊会微信公众号聚集了大量粉丝，其中70％是来自高校的老师和学生，30％是来自大数据企业的从业者。狗熊会团队出品的精品案例甚至已经走进课堂和企业内部供分享和培训之用。

狗熊会的快速发展伴随着中国数据产业的蓬勃兴起，其使命是聚数据英才，助产业振兴。其文化内涵体现在三个方面：一是创造。首先是内容创造，无论是案例还是教材以及研究成果，始终坚持原创，均出自狗熊会成员的智慧。其次是价值创造，知识成果能够为合作伙伴带来数据价值和商业价值。二是分享。助力院校培养更多应用型的数据科学人才，帮助企业提升数据科学水平，共同分享育人的欣慰、科研的成果和智慧的结晶。三是陪伴。从点滴做起，或许是一个案例、一个模型，抑或是一本书、一堂课，还有可能是一门学科、一个专业，狗熊会将始终乐于与大家并肩而行，陪伴中国数据科学产业共同成长。

桃李不言，下自成蹊。欢迎数据科学领域的莘莘学子与从业者关注和加入狗熊会！

狗熊会CEO 李广雨

序　二

我与王汉生教授相识于北京大学光华管理学院。作为共事多年的老同事，汉生对学术研究的执着、对教书育人的用心都给我留下了深刻的印象，用"诲人不倦、古道热肠"来评价他恰如其分。这些年，随着中国数据科学产业的蓬勃发展，汉生意识到数据科学人才的匮乏，遂发起成立了狗熊会，旨在聚数据英才，助产业振兴，这在资本喧嚣繁华之下尤为难得。值其新书《数据思维》出版之际，汉生委托我写序。盛情难却，故出感慨之言以示支持。

2009年，我有幸与几位小伙伴一起创立了一家大数据公司——百分点，身份也从一名大学教授转变成一个在商海中打拼的创业者，在大数据这个最热门的"风口"摸爬滚打七八年，接触几千家客户后感慨良多。中国经济经历了40多年的快速发展并取得了举世瞩目的成就，经济水平、市场规模、企业数量和质量都取得了飞跃式发展。但不可否认的是，在信息技术层面，我们是断层的，延续性也比较差，并未跟上国家的经济发展水平。西方国家能够比较容易从传统IT平稳延展到云计算、大数据，而我们在不同行业则呈现出千差万别的状况，我想这种情况跟思维有着密不可分的关系。

　　机械思维带来了工业革命，数据思维则引爆智能革命。传统机械思维的核心思想是确定性和因果关系：任何事情一旦发生，则必然会产生结果，一定有可用的模型来描述其发生的原因。而到了数据时代，这个世界正在变得越来越复杂，不确定性无处不在，强相关性取代了过去的因果关系，数据中包含的信息以及数据之间的相关性则可以帮助我们消除不确定性。在中国大数据产业方兴未艾之际，需要更多人拥有数据思维，无论是政府机构的决策者、商业组织的管理者，还是普通员工、老百姓，都需要学习和了解数据思维。人们常说："思维决定命运。"即将到来的智能革命将会是一个崭新的开始，大家都需要用数据思维来重新认识这个世界。相信汉生这本《数据思维》一定会给广大读者带来受益良多的启发。

　　王汉生教授也是百分点科学委员会的首席统计学家，在百分点的核心技术、产品研发、大数据项目方面给予了大力帮助和支持。此外，百分点与狗熊会都意识到数据科学人才培养的重要性。近年来，百分点与狗熊会联合举办了多场数据科学培训活动，我们都希望涌现出更多的人才来推动国家数据科学产业的快速发展。

　　"21 世纪什么最贵？人才！"电影中黎叔这句话道出了这个时代的真理。人才的培养，首先体现在思维上；思维跟不上，则永远跟不上。在大数据一线奋斗多年，我尤其感受到大数据人才在各个行业中的匮乏，也深深明白汉生所做工作的意义和价值。但愿有更多的人能够读到这本《数据思维》，从而为自己开启一个不一样的新世界。

百分点集团董事长兼 CEO 苏萌

序 三

我非常荣幸地阅读了王汉生教授撰写的《数据思维》一书。我首先要祝贺汉生教授和他的团队狗熊会，感谢他们的卓越工作。当今，大数据和人工智能是两大最有活力的热点领域，而现代人工智能的发展本质上也是应数据而驱动。数据思维展示了观念的转换，从而推动了技术的突破。

汉生教授是著名的统计学家，他早年主要从事统计学的理论研究，后来重点关注产业界实际问题的数据分析。特别是近几年，他以敏锐的眼光抓住了学科发展的态势，组建了狗熊会团队。他们从业界寻找数据科学的实际问题，并帮助业界寻找解决问题的可行途径，由此积累了一批翔实的数据分析案例，这夯实和丰富了数据学科的内涵。《数据思维》一书正是他们实践的总结，蕴涵了汉生教授对数据科学的思考和探索，也体现了汉生教授及狗熊会的时代使命和科学情怀。他们是"聚数据英才，助产业振兴"的践行者，他们的具体行动对"皇帝的新装"给出了最有力的鞭挞。

该书不是仅仅基于文献的总结，也不是基于数学公式的堆砌，而是利用作者自己完成的案例来对经典和现代的数据分析工具和方法进行重新认识。该书视角独特，语言活泼、风趣、幽默，处处闪烁着作者的思想光芒。我相信它将是一本非常好的数据科学通识读物，该书的出版对数据科学的普及和推广是及时的。我再次祝贺和感谢汉生教授！

北京大学数学科学学院教授张志华

前　言

　　市场上已经有那么多关于数据科学（或者大数据）的书了，为什么还要再写一本呢？这是一个很好的问题，我也问过自己八百遍。说老实话，有点稀里糊涂，有点说不清楚。直到有一天，狗熊会公众号（微信 ID：CluBear）上发了一篇题为《关于应用型高校"数据科学与大数据技术"专业建设的一些思考》的文章，探讨产业实践之于数据科学教育的重要性。文章发表后，一位热心读者的留言吸引了我的注意力。这位朋友的留言大意是产业实践可以通过参加类似 Kaggle 的数据建模比赛获得。支撑这个观点的一个原因是这种类型的比赛所使用的数据都来自真实的数据产业，有定义清晰的业务问题，所以，通过参加此类比赛，或者接受类似的训练，就可以获得不错的产业实践经验。但是，我的看法有所不同。我对数据产业实践的理解可能更丰富一些。

　　我认为数据产业实践的核心任务是：让数据产生价值。更准确地说，是在真实的产业环境中，让数据产生可被产品化的商业价值。这种商业价值是一种广义的商业价值，既包括企业的价值，也包括政府的价值。从这个角度看，数据产业实践至少涉及三个关键环节：数据业务定义（把一个具体业务问题定义成一个数据可分析问题）、数据分析与建模（描述统计、数据可视化、回归分析、机器学习）、数据业务实施（流程改造、产品设计、标准制定等）。这三个环节缺一不可。而各种数据建模比赛主要关注的是第二个环节（数据分析与建模），对于第一个环节（数据业务定义）与第三个环节（数据业务实施）能够提供给大家的训练很少。原因很简单，第一个和第三个环节属于赛事主办方的思考范畴，不需要参赛者再操心。参赛者只要对第二个环节发力就可以了。当然，能够为第二个环节提供优质的训练，这仍然是非常值得称赞的事情。

带着对第二个环节无限的尊重，我想说，其实另外两个环节可能更加重要，而且极具挑战性。如果不能把一个业务问题（例如客户价值提升）定义成数据可分析问题，那么任何数据分析都是胡说八道。只有把业务问题准确定义成一个数据可分析问题，数据分析与建模才能有用武之地。最后，即使数据分析得再好、模型建立得再漂亮，如果无法落地成为可被执行的数据产品，所有的努力也都是白费的。因此，从这个角度看，这两方面更加重要。而这就是狗熊会的核心理念，可能会和很多书籍文章中的看法有所不同。为了方便起见，我称之为朴素的数据价值观。

朴素的数据价值观认为，数据产业实践不是单纯的数据分析与建模，而是要在一个产业环境下，让数据产生价值。为此，前面提到的三个环节都非常重要，尤其是第一个和第三个。写作本书的目的就是要同大家分享狗熊会朴素的数据价值观。

为了更好地分享，本书大量采用了狗熊会的精品案例。章节内容都是由狗熊会发布的精品案例的微信推文直接润色修改形成的。因此，这些内容继承了狗熊会精品案例的一些有趣的基因：（1）尽最大的努力把业务问题定义清晰；（2）尽最大的努力让数据分析与建模瞄准业务问题；（3）尽最大的努力让最终分析结果有产品化的可能。这三个基因也正好对应了数据产业实践的三个重要环节。为了增加阅读的趣味性，所有案例的写作风格都诙谐幽默，但努力不失科学的严谨。当然，由于各个案例的作者不尽相同，不同章节的写作风格也有所不同，这可能会在一定程度上影响阅读体验。对此，我表示深深的歉意，请大家原谅。同时，为了方便读者利用碎片化时间进行阅读，所有案例之间基本上互相独立，因此，大量章节可以独立阅读，而不受制于前后内容的逻辑顺序。此外，特别值得强调的是，为了降低阅读难度，本书几乎不涉及任何数学符号和计算机代码。但是，这并不代表这些案例是虚构的或者肤浅的。事实上，狗熊会精品案例的生产是一个非常艰辛的过程。一个非常有经验的精品案例 Leader，带领自己的团队，一年最多生产 5 个精品案例。不敢说这些案例多么了不起，但它们确实是创作团队的心血之作。

在内容组织方面，本书从基本理念入手，按照不同的数据分析方法，由浅入深，组织成不同的章节。其中，第一章系统阐述狗熊会朴素的数据价值观。第二章对经典的统计图表做了系统幽默的阐述。其原型来自狗熊会公众号的"丑图百讲"系列。第三章系统阐述我们对于回归分析的理解。在"道"的层面，回归分析是一种重要的思想，是一种将业务问题定义成数据可分析问题的能力；而在"术"的层面，回归分析才是我们常见的各种模型。第四章主要讨论传统的机器学习方法，以及现在很火爆的深度学习。第五章分享了狗熊会这些年来积累的众多非结构化数据分析的有趣案例，其中涉及中文文本、网络结构、图像分析等不同领域。第六章分享了与数据合规相关的若干案例，这是当前一个重要的时代课题。

本书由狗熊会的核心创作团队，在熊大的"压迫剥削"下，齐心协力，经过多次讨论、修改而成。参与创作的成员有（按姓氏拼音排序）：常象宇（政委）、陈昱（昱姐）、黄丹阳（小丫）、刘婧媛（媛子）、罗荣华（康爸）、潘蕊（水妈）、王菲菲（灰灰）、王汉生（熊大）、张建民、周静（静静）、朱雪宁（布丁）。创作团队付出了巨大的心血和努力。其中特别要感谢两位朋友：一位是百分点集团的董事长兼 CEO 苏萌博士，是他的启发与鼓励坚定了我们写作的决心；另一位是中国人民大学出版社的李文重编辑，他帮助本书选择书名、安排章节、修改文字，为书稿的形成付出了巨大的努力。大家为什么愿意如此辛苦地努力与付出呢？我想都是基于狗熊会的理念：聚数据英才，助产业振兴。这是狗熊会从创立之初到现在从未改变的理念。

● 聚数据英才说明狗熊会关注数据科学相关的基础教育，并愿意为之付出卓绝的努力。狗熊会希望通过提供优质的教育素材，帮助年轻人成长，享受数据分析的快乐，而不是痛苦，并在这个过程中实现个人职业的幸福成长。

● 助产业振兴说明狗熊会看重产业实践，并认为这才是产生数据科学知识的唯一源泉。狗熊会立志要通过自己微薄的努力，陪伴数据产业一起成长。狗熊会感激每一位曾经合作过的企业伙伴，是他们的鼓励和支持让狗熊会站在了中国数据产业实践的第一线，并因此产生了接地气的研究课题，以及高质量的教学产品。

另外，本书中引用的图片除特别标注的之外均来自网络，鉴于编者在引用这些图片时无法获知原创作者及出处，在此统一对原创作者表示感谢。

最后，把本书献给所有培养过我们的老师，谢谢你们的辛苦栽培。献给我们所有的企业合作伙伴，站在你们的肩膀上，才能看得更远。献给我们的学生，是你们渴望知识的双眼，还有那最美丽的青春年华，让我们重任在肩。献给我们的家人，感谢你们的理解支持，我们才能够努力拼搏，一往无前。祝福我国的数据产业，祝福数据科学教育事业，愿它的每一天都更加美好。祝福狗熊会，愿有更多志同道合的小伙伴，跟我们一起拼搏，"熊"起起向前！由于本书写作仓促，疏漏之处难免，请大家多多批评指正！

王汉生（熊大）

狗熊会简介

前言中提到，本书是狗熊会（微信 ID：CluBear）的核心创作团队集体创作的。相信很多朋友对狗熊会并不了解，因此需要简单向大家介绍一下狗熊会。这是一个什么样的组织？它的名字是怎么来的？它的定位和使命是什么？

几年前，我在美国的一所大学的统计系访问一位很杰出的统计学家。这期间，我能够比较近距离地观察他的研究团队，那是一个非常棒的、跨学科的科学家团队。我从中学到了很多东西，受到很多启发。其中最重要的启发就是：也许未来的统计学研究，或者数据科学研究，会跟工程类学科越来越相似。单打独斗，是没有前途的，需要"打群架"才行！因此需要一个强大的、多学科、相互支撑的团队。为此，我下定了一个决心：回国后也要好好组织一个强有力的研究团队。要彻底改变过去"小分队作战"的风格，转为"集团军联合作战"。想想当时还是非常兴奋的！

但是，回国以后，这个"集团军"到底应该怎么组织？我没有经验，因此一头雾水，毫无想法。正在这个时候，微信群开始流行起来。于是，我把学生，还有数据领域相关的朋友，整合在一个微信群里，大家经常东拉西扯，也聊和数据相关的话题。这时，问题来了，这个微信群取个什么名字呢？我想了好久，决定叫"大数据讨论班"。结果没多久，统计之都论坛的二代目魏太云同学就跳出来说："王老师，这个名字太土了。"原话我记不得了，大意就是：现在啊，到处都在说大数据，但大数据是啥？有清晰、统一的定义吗？还有什么不是大数据吗？这个名字太 low 了！想想也是，于是我说："那请你给取个名字呗！"太云同学估计受武侠小说荼毒不浅，笑着说："王老师，咱们叫'英雄会'怎么样？"我听了，差点没晕过去！这个名字不是更土吗？还英雄会！谁认为我们是英雄啊？我觉得"狗熊会"还差不多！

　　当时，就是一句逗乐的气话。结果，过了几周，我自己也没想出更好的名字来。相反，我越来越觉得"狗熊会"这个名字挺好。狗熊多可爱啊，很多动画片的主角都是狗熊：小熊维尼就是一只熊，《熊出没》里的熊大、熊二也是熊，还有《奇幻森林》里也有一只非常可爱的熊。于是，我在微信群里说了一下这个想法，没想到没人反对！"狗熊会"就这样叫开了，一直沿用到现在的微信公众号。由于本书大量的原始素材（例如，原文、音频、数据、程序）都在微信公众号上，因此，要充分享受本书的乐趣，请大家关注狗熊会公众号（ID：CluBear），或者直接扫描二维码。

　　其实，当时也没有什么特别的想法，就是觉得好玩。接下来，意想不到的事情发生了！我意外地发现，"狗熊会"的品牌传播效果出奇得好。为什么？因为这个名字太奇葩了。人们忍不住要问：狗熊会是什么？为什

么要取这么一个奇葩的名字？这名字跟数据分析有什么关系呢？就是这一问一答的过程，让很多朋友记住了这个名字。因此，"狗熊会"成了我们团队的称号，也成了我特别珍惜的品牌。从此，在数据的江湖上，王老师开始以"熊大"自称。

作为一个"高大上"的品牌，狗熊会需要一个自己的logo。在我的百般恳求下，我家小朋友用铅笔在素描纸上画了一个大大的熊脑袋。他画出了小朋友心中憨态可掬的熊大。这张草图后来在一位名为冯璟烁的大朋友的帮助下，去掉了一些不必要的线条和背景，再无任何其他修改，成为狗熊会的logo。我对这个logo超级满意！他画出了我心中狗熊那种傻傻的但是很可爱的样子！这个logo也时刻提醒我两件事情：第一，傻傻的狗熊提醒我自己是无知的——对这个世界，对数据相关的学科，自己都是无知的，要保持好奇心，督促自己持续学习。第二，可爱的狗熊提醒我要善良、要快乐，为这个社会多创造一点欢乐的正能量。这两点构成了狗熊会的品牌内涵。

如今的狗熊会是一个致力于数据产业的高端智库。狗熊会帮助合作伙伴制定数据战略，培养数据人才，研究数据业务，发现数据价值，推动产业进步！狗熊会给自己确定的使命是：聚数据英才，助产业振兴！

第一，聚数据英才。这说明狗熊会关注数据科学基础教育，希望通过生产优质的数据科学科普教育内容（例如本书），提供卓越的研究、实践、就业机会，帮助相关专业的老师、学生、从业者，充分享受数据分析的快乐，促进个人职业的终身幸福与成长。

第二，助产业振兴。狗熊会认为优质的数据科学教育一定不能脱离数据产业实践。狗熊会的任务就是通过联合研究、高端咨询等多种形式，陪伴中国的数据产业一起成长；在此过程中，通过多种形式（例如本书），致力成为连接产学研的桥梁。

目 录

CONTENTS

大数据时代之"皇帝的新装"

　　安徒生有一部伟大的作品——《皇帝的新装》。作品中反映出的世人的虚伪、虚荣、贪念，世世代代都存在。反思这部伟大的作品，小处可以检讨自己的利益取舍，大处可以看看现在热闹非凡的大数据时代。下面以一个独特的视角，审视当前的大数据时代是不是正穿着"皇帝的新装"。

图 0 - 1

　　很久很久以前，有一位可爱的皇帝，他掌管着一家巨大的传统企业，专业卖豆浆。业务靠谱，收入稳定，每个员工臣民都过得幸福安康！

但是，大数据时代到来了，王国内外大数据的狂风一阵阵刮过，刮得皇帝的企业王国摇摇欲坠。终于有一天，这位皇帝坐不住了。为了能让自己的企业王国在数据产业的世界里看起来漂亮一些，他决定不惜花费巨额的资金和宝贵的时间，进行大数据转型。

但遗憾的是，他既不关心数据业务，也不关注数据技术，更不会对某一个垂直数据行业做深入研究。如果偶尔搞一个大数据"新款服饰发布会"，那也无非是为了炫耀一下他的"新衣服"，好在数据产业的世界里占一个坑。

他每天都要换一套新衣服。这些衣服有数据挖掘、机器学习、大数据、深度学习，还有最近特别流行的人工智能。但是，其实没有一套衣服他是真心研究过的，也没有一套衣服他是真心明了的。

只要他一开口，真正的时装设计师就会知道，他对（例如）机器学习其实狗屁不通。但是，人们提到他的时候总是说："皇帝在更衣室里，正在制定新的大数据战略呢！"

图 0-2

有一天，来了两位大数据"砖家"，尤其擅长 4V（volume：数据量特别大；variety：形式多样化；velocity：速度特别快；veracity：数据要真实)。据说,他们能做出人间最牛的数据分析、进行超级炫酷的可视化呈现,相关数据产品不但色彩和图案都分外美观,而且让你脑洞大开。在他们面前,没有解决不了的数据问题!

这主要得益于他们奇葩的理论框架。这个框架认为:简单数据的简单分析是统计分析,而复杂数据的复杂分析是深度学习。而且他们的大数据产品还有一种奇怪的特性:任何不称职的甲方客户,愚蠢的、不可救药的投资人,或者笨蛋小数据统计学教授,都无法体会他们大数据思想的美妙。"那真是理想的衣服!"皇帝心里想,"非常符合我的大数据战略梦想!要知道,昨天我穿的机器学习已经过时了,隔壁老王对此非常鄙视呢。对了,我今天炫耀的深度学习也腻歪了,明天穿啥呢?噢,人工智能。但是,无论这些衣服如何炫酷,似乎都没法跟他们的衣服比啊!"

"穿了这样的衣服,就可以看出在我的企业王国里哪些人不称职;就可以辨别出哪些是聪明客户、哪些是傻瓜投资人,还有哪些是简单数据简单统计的笨蛋教授。是的,我要叫他们马上为我织出这样的布来。"于是,他付了许多钱给这两位"砖家",让他们马上开始工作。

图 0 - 3

两位"砖家"摆出两架织布机,一架叫皇家新装大数据派对,另一架叫皇家新装大数据秀场。两架织布机放在一起的地方称为皇家新装大数据高档会所！可是，他们的织布机上连一点东西的影子也没有。他们的织布机上首先缺乏的是能够产生价值的具体业务——要知道这可是数据织布的基本原材料啊。他们的织布机旁也没有帮手——要知道，织一匹最棒的数据布料，没有靠谱的数据人才，怎么可能呢?

但是，他们急迫地请求发给他们一些最细的生丝、最多的金子。他们把这些东西都装进自己的腰包，只在那两架空织布机上忙忙碌碌，直到深夜。

"我倒很想知道布料究竟织得怎样了。"皇帝想。不过，想起凡是愚蠢的甲方客户、不称职的投资人，还有愚蠢的教授都看不见这块布，皇帝心里的确感到不大自然。他相信自己是无须害怕的，但仍然觉得先派一个人去看看工作的进展情形比较妥当。"我要派我诚实的老大臣、我的技术副总裁，到'砖家'那儿去。"皇帝想，"他最能看出这布料是什么样子，因为他是我的技术副总裁，专业上最靠谱，很有理智。就称职这点来说，谁也不及他。"

这位善良的老大臣来到那两位"砖家"的屋子里，看见他们正在空的织布机上忙碌地工作。"愿上帝可怜我吧！"老大臣想，他把眼睛睁得特别大，"我什么东西也没有看见！"但是，他没敢把这句话说出口。那两位"砖家"请他走近一点，同时指着那两架空织布机，问他深度学习的花纹是不是很美丽，人工智能的色彩是不是很漂亮，机器学习的风格是不是非常符合数据挖掘的特点。可怜的老大臣眼睛越睁越大，仍然看不见什么东西。他过去习惯于完成一个具体项目开发部署，有确切可见的业务价值，并且可以通过一些指标测量。

但是，当这两位"砖家"将一堆时髦的专业大数据词汇向他砸过来的时候，他蒙了。他全然不知道应该如何应答，更不知道一个诚实的应答是否会让自己显得很蠢。对了，听说皇帝最近正在全宇宙招聘"懂大数据"的首席数据官（Chief Data Officer，CDO），这可不妙，他有可能"下课"呢。他绝对不能露怯，至少为大数据唱赞歌，皇帝肯定会开心。于是，技术副总裁说道："哎呀，美极了！真是美极了!"他一边说，一边透过他的眼镜仔细地看，"这数据量多大啊，多么异构啊！这人工智能的花纹多美丽啊！这深度学习的色彩太惊艳了！这跟我见过的谷歌大数据、IBM 大数据都太像了！是的，我将要呈报皇帝，我对这布料非常满意。""嗯，我们听了非常高兴。"两位"砖家"齐声说。

于是，他们就把色彩和稀有的花纹描述了一番，还加上些专业名词，尤其是 4V，叮嘱老大臣一定要牢记在心。老大臣全神贯注地听着，以便回到皇帝那儿可以照样背出来。事实上，他也这样做了，他至少背出了 4V!

图 0 - 4

这两位"砖家"又要了更多的生丝和金子，说是为了织布的需要。他们把这些东西全装进了腰包。

过了不久，皇帝又派出了另一位诚实的官员——负责市场的副总裁。这位官员的运气并不比头一位好：他看了又看，但是那两架空织布机上什么也没有，他什么东西也看不出来。但是他想，我一个市场副总裁，如果被人数落不懂大数据，这可太没面子了，以后怎么做市场啊？如何管理公共关系？会不会在销售的兄弟面前露怯？不！这绝对不能发生！保险一点，还是说自己懂吧，这至少能让皇帝开心。他就把他完全没看见的布称赞了一番，同时保证说，他对这些美丽的色彩和稀有的花纹感到很满意。

"是的，那真是太美了！"他对皇帝说，他也准确地背出了 4V！

　　现在，数据城里所有的人都在谈论着这美丽的布料。皇帝很想亲自去看一次。他圈定了一群特别随员，其中包括那两位已经去看过的诚实的大臣。"您看这布华丽不华丽？"那两位诚实的官员说，"陛下请看，多么美的多源异构的花纹，像谷歌不？多么美的数据挖掘色彩，像 IBM 不？"他们指着那架空织布机，他们相信别人一定看得见布料。

　　"这是怎么一回事呢？"皇帝心里想，"我什么也没有看见！这可骇人听闻了。难道我是一个愚蠢的人吗？难道我不够资格当皇帝吗？这可是最可怕的事情了，绝对不能让别人知道！"

　　"哎呀，真是美极了！"皇帝说，"这是我见过的最美妙的大数据战略，对我们这样的传统行业更是非常准确。我十分满意！"于是，他点头表示满意。他仔细地看着织布机，不愿说出什么也没看到。

图 0-5

　　跟着他来的全体随员也仔细地看了又看，可是他们也没比别人看到更多的东西。他们像皇帝一样，也说："哎呀，真是美极了，完全达到了 4V 的境界！"他们向皇帝建议，用这新的、美丽的布料做成衣服，穿着这衣服去参加快要举行的新产品发布会，并将这衣服作为下一年度的重点产品向所有客户强力销售。"这布料是华丽的！精致的！举世无双的！"每个人都随声附和，每个人都有说不出的快乐。

皇帝赐给"砖家""御聘大数据'砖家'"的头衔，封他们为爵士，并授予他们一枚可以挂在扣眼上的勋章。

图 0-6

第二天早上，新产品发布会就要开始了，众人期待的游行大典就要举行了。皇帝穿上用这布料做出的美丽新衣，开始了他的新产品发布会。

图 0-7

　　站在街上的客户、投资人，还有傻傻的教授们都说："乖乖！皇帝的新装真是漂亮！这款大数据产品太炫酷了！瞧瞧那 4V，真合他的身材！"谁也不愿意让人知道自己什么也没看见，因为这样就会显出自己对大数据一窍不通，显得自己落后、不称职，或是太愚蠢。皇帝所有的衣服从来没有获得过这样高的称赞。

　　终于，一个小白客户忍不住了，小声地、怯怯地问了一句："他好像什么也没穿啊？这样的数据产品我为什么要买呢？买了对我有什么用啊？对我提高收入有用吗？对我控制成本有用吗？对我降低风险有用吗？什么用也没有啊，还不如我家的 Excel！这不是骗钱吗？"

　　不说不要紧，小白一说，钱多人傻的大客户们也开始嘀咕："这高大上的新衣，对我家的业务真的有用吗？我怎么缺乏信心呢？"傻傻附和的教授们也开始嘀咕："皇帝的新衣是不是太高大上了啊？真心不懂啊！""他实在没穿什么衣服呀！"最后，所有的百姓都这么说。

　　皇帝有点儿发抖，因为他觉得百姓们的话似乎是真的。不过，他的资源已经投入了，时间已经消耗了，他不想再失去在臣民面前最后一丝仅存的尊严，他不想在投资人面前更难堪。于是，他想："我必须把这游行大典举行完毕。"

　　于是，他摆出一副更骄傲的样子。他的大臣们跟在后面，手中托着一条在风中摇曳的大数据"时带"……

第一章/Chapter One

朴素的数据价值观

都说今天是数据的时代，到处都在讨论大数据，每个人都说自己在研究大数据，到处都宣称数据可以产生价值，但是，到底什么是数据？什么又是价值？如何实现从数据到价值的转换？其背后的基本方法论是什么呢？熊大根据带领团队多年、填坑无数的经验教训，最终形成了一个相对完整的理论框架，即朴素的数据价值观。

什么是数据？

什么是数据？这个看似简单的问题却不易回答。我们可以尝试向不同的人请教，相信会得到很多不同的答案。

常见的答案有两个：一是数据就是信息。这对吗？完全正确。但这个定义太抽象了。数据和信息都是非常抽象的概念，两者的相互定义并不令人满意。二是数据就是数字。这对吗？有一定的道理，因为数字是一种最典型的传统数据。例如，GDP，股市的指数，人的身高、体重、血压等，都是数字，也都是数据。因此，我们可以得出：其实，数字就是数据。但是反过来，数据就是数字吗？未必。

熊大认为，凡是可以电子化记录的其实都是数据。这里的记录不是靠自然人的大脑，而是靠必要的信息化技术和电子化手段。基于此，数据的范畴就大得多了，远不局限于数字。既然涉及电子化记录，就要谈谈记录数据的技术手段。手机、数码相机、各种工程设备上的探头等，都是记录的技术手段。但这些手段是有时代特征的，不同时代所能够提供的记录的技术手段是不一样的。这就是熊大的数据时代观。

问：声音是数据吗?

在很久很久以前，声音并不是数据，因为当时没有任何技术手段能够把它记录下来。既然不能记录下来，更谈不上分析，怎么能说它是数据呢？但是今天，音频设备可以采集声音，然后转化为音频数字信号，进而支撑很多有趣的应用，比如 iPhone 的 Siri、搜狗的语音输入法、微信的语音翻译，等等。由此可见，在可以记录声音的时代，声音是一种数据，而且是一种具有强烈时代特征的数据。

问：图像是数据吗?

在很久很久以前，图像也不是数据，因为记录不下来。图像只能是人们肉眼中看到的这个大千世界，如此美妙！但遗憾的是，这种图像只是过眼云烟，转瞬即逝，没法记录。今天就不一样了，数码成像技术的成熟让所有的图像都能够记录下来，而且分辨率非常高。在此基础上，人们可以做进一步的分析和建模，进而支撑很多有趣的应用。例如，脸部识别、指纹识别、车牌号识别、美图秀秀，还有医学中大量的医学影像分析。由此可见，在可以记录图像的时代，图像也是一种数据，而且是一种具有强烈时代特征的数据。

类似的例子还有很多。例如，生物信息技术的进步催生了 Microarray 数据，社交网络的兴起催生了社交链数据，物联网技术的成熟催生了车联网数据。所有这些都是电子化的记录，都是数据。所有这些数据的产生都依赖于一定的技术手段，都带有强烈的时代特征。因此，科学研究和商业实践也许可以尝试着思考：第一，在当前以及未来可见的时间内，数据采集的基础技术是否会有一些突破性的变革？如果有，这些变革会发生在哪些方向上？进而带来哪些新的数据？第二，通过对这些新的数据进行分析，能够回答哪些之前不能回答的重大科学问题？是否可以产生一些增量的商业价值？

数据的商业价值

明白了什么是数据，下面讨论数据的商业价值。不要以为这个问题很简单，只有填过坑的小伙伴，才知道这个问题的重要性。只有说清楚了数据的商业价值，客户才容易为数据买单，数据企业才容易产生利润，数据产业中才不会有那么多的困惑。

商业价值三要素

先来思考以下问题：第一，企业靠什么活着？答：收入。即使没有现在的收入，也得有未来可预期的收入。第二，企业为了获得收入，需要做什么？答：支出。支出包括方方面面，如人力、物力、时间、空间等。收入减去支出，就是利润。但是，在资本当道的今天，利润可以暂时是负的，没有问题，因为很多利润为负的企业的估值都非常高，究其原因是大家看好企业未来的利润。第三，没有任何企业对自己未来的收入和支出是100％确定的，因为这里面有很大的不确定性，而不确定性带来的是什么？答：风险。而且企业可能还会涉及一些重大的风险，这些风险所导致的损失是很难用货币计量的。例如，桥梁倒塌、锅炉爆炸。这就是熊大关于数据的商业价值理论框架的三个关键词：收入、支出、风险。任何数据产品，如果可以帮助客户，在这三个方面中的任何一个方面实现可量化的改进，那么这个数据产品的商业价值就比较容易说清楚，否则非常困难。

收入

从一个数据从业者的角度，可以先审视一下，你的数据产品能否为客户带来额外的收入。请注意，是"额外"。

例1-1　50碗豆浆的价值

假如客户是卖豆浆的，以前没用你的数据分析，他每天卖100碗。用了你的数据分析后，每天能卖多少呢？如果还是100碗，那么数据分析的价值在哪里？如果是150碗，那么你的价值就体现出来了。这个价值的大小就是额外的50碗豆浆！作为数据分析服务的提供者，是否就可以将这50碗豆浆作为基准进行收费了？

例1-2　最理想的额外收入——新兴市场

最理想的额外收入应该是什么？熊大认为是新兴市场。例如，"五一"小长假，大家要开车出去玩，堵车是必然的，那么能否出一个堵车险？每堵车1分钟，保险公司给你赔付1块钱，补偿一下你那郁闷的心情。看似不错的主意，保险公司为什么不做呢？因为传统的保险公司没有技术手段可以实时监控一辆车的状态。它不知道你是否堵车，更不知道你堵了多久。但是，有了车联网数据，这个故事就改变了。新兴的车联网数据，催生了一种全新的保险产品，带来了一个纯粹增量的新兴市场。

例1-3　百度付费搜索广告

为什么很多广告主对百度的付费搜索广告非常依赖？因为百度的付费搜索广告确实为他们带来了收入的增加。为什么百度可以做到这点？一个最基本的原因是，通过对用户搜索数据的深入分析，理解用户意图，进行精准匹配。所以，对于诸如医疗、教育、电商等行业而言，百度的广告投入能够直接带来销售收入。这就是数据分析的价值：收入！

支出

有朋友说，我们的数据分析距离市场销售端有点远，不能帮客户直接增加收入，但是，能帮客户节约不必要的支出，也就是成本，你看这样行吗？当然行啊，而且更好！为什么？因为收入的增加往往具有很强的不确定性，但是成本却在自己的预算控制范围内，相对而言更具可控性。

前文提到要开辟一个新兴的堵车保险市场，但是这个新兴的市场到底能带来多少额外的收入呢？非常不确定。再比如说，超市现有 100 个收银员，但是发现：通过技术改造、数据分析、合理排班，80 个就够了，直接节省了 20 个收银员的人工成本，这是非常确定的事情。因此，如果数据分析可以节省支出，那更好，因为更靠谱、可控性更强。

例 1-4　呼叫中心运营改进

呼叫中心最重要的成本是什么？人工座席成本。如果通过数据分析可以精确把握电话呼入量的规律，就可以合理安排座席。其中，包括应该安排多少全职座席、多少兼职座席。为此，数据分析可以通过研究电话呼入量与星期几的关系、与一天中时间段的关系、与企业重大市场行为的关系，甚至与天气状况、空气污染之间的关系来解决这个问题。如果技术进一步提高，可以通过准确的语音数据分析理解客户意图，那么，这能带来多大的成本节省？是不是人工座席成本就可以被彻底省略了？这就是数据分析带来的价值。

例 1-5　开关车窗电机的设计寿命

我们绝大多数汽车制造的技术标准都是来自欧美国家。这些制造标准都是为欧美的消费者建立的，虽然适合他们的驾乘习惯，却未必适合我们。例如，鉴于国内空气污染的严峻现实，北京司机每天开车窗的次数很少，甚至可能好多天都不开一次。数据分析表明，平均而言，一个司机一年也就开关车窗 1 000 次左右（平均一天 3 次）。假设一辆车的设计寿命是 10 年，那么在车的整个使用生命周期内，也就需要开关车窗 10 000 次。保守起见，我们再增加一个量级，那就是 10 万次。也就是说，从设计的角度，我们只需要一个能够承受 10 万次开关车窗的电机就可以了。但是，我们的实际设计标准可能是 50 万次，这是一项多么巨大的设计浪费！中国汽车的产量有多大呢？以上海汽车为例，根据 2016 年不准确数字，集团整体产量大概是 600 万辆！还有很多其他汽车制造商。深入的数据分析能够带来多少成本的节省！

例 1-6　电视视频接口的调整

　　我有一次参加一家企业的融资发布会，正巧坐在旁边的朋友来自一家国内领先的电视机制造企业，他分享了一个非常有趣的数据价值案例。以前电视机制造出来售卖给消费者后，制造商同消费者之间的关系就中断了，因此，制造商并不清楚消费者是如何使用电视机的。不过，现在有了物联网技术，制造商可以慢慢地了解消费者的习惯了。例如，他们发现某一款电视机的用户中，只有大概 1% 的用户还在使用那种非常老式的、梯形的 VGA 视频接口。那么，只有这么少的用户在使用这个接口，是否还需要生产、制造、安装这个接口呢？基本不需要。于是在后来批次的电视机生产中，这个接口就被取消了。仅此一项，为企业每年节省的成本有多少？上亿元！这就是数据分析带来的价值。

例 1-7　电视机遥控器的改良

　　如今的电视机遥控器设计得十分复杂，按钮数量繁多，但是我们会使用其中的几个呢？熊大自己看电视，就只需要电源开关，以及频道的"＋"和"－"，可能还需要一个音量键。其他的按键几乎不用。那么，这种设计是不是冗余的？成本是不是可以节省？恐怕不好回答。因为制造商并不明了熊大这样的用户有多少，是非常有代表性，还是有一定的代表性但代表性不强，又或者完全没有代表性？类似地，我们还可以思考：电脑上需要那么多 USB 接口却还是不够用？现在的台式机、笔记本还需要光驱吗？以前我们很难做这样的决策，因为我们不知道用户如何使用这些设备。但是，现在物联网的兴起让这样的数据分析正在变成现实，这就是物联网数据的商业价值所在。我们期待物联网技术进一步成熟的明天，会给我们带来新的启发，带来更好的设计、更低的成本。

风险

还有朋友说，我的数据产品第一不能增加收入，第二不能直接节省成本，但是可以控制风险，这样的数据有商业价值吗？当然有。事实上，风险的度量有两种情况：第一种情况是，风险根本无法通过货币度量，是另外一个独立于收入或者支出的维度；第二种情况是，风险就是一个连接收入和支出的转化器，对风险的把控或者可以增加收入，或者可以降低成本。

对第一种情况，风险可能是针对人的健康甚至生命而言的。如果有任何一种数据分析，能够改善人们的健康状况，甚至可以挽救生命，它的价值恐怕是不可想象的。从这个角度看，凡是同医疗、健康、生命保障相关的数据分析，都是值得关注的。例如，如果有一种可穿戴设备能够在无创伤的情况下，测量各种血液指标（如血糖），这会为众多的糖尿病患者带来什么样的福祉？又如，通过对人类基因组的数据分析，找到同某种致命癌症强相关的基因，这能否改变病人未来的命运？它的价值又如何？

除了人以外，重大设施设备的风险恐怕也是我们不愿意承担的。如果一座桥梁坍塌，会失去多少生命？一座发射塔发生故障，会不会带来社会的恐慌？一个发电锅炉爆炸，会造成多大的损失？这些都不容易通过货币衡量。但有一点可以确定的是，这都是人们不愿意接受的风险。如果通过数据分析，时刻监控桥梁的状况，及时维修保养，那桥梁坍塌的概率就非常小。如果通过数据分析，及时了解发射塔的工作状况，也许它每年的故障率就会有显著的下降。如果通过探头数据，完全把握发电锅炉的运行状态，就可以避免锅炉爆炸的风险。这就是数据分析带来的价值。

再研究第二种情况。对于这种情况而言，风险同收入和支出之间是可以相互转化的。例如，很多商业银行都有网上申请系统，允许用户通过互联网直接申请信用卡或者其他金融信贷产品。为什么要在网上申请？因为其流量大、成本低、效率高。但缺点是风险比较大，而且有些通过线下面签才能提供的材料无法获得。怎么办？那就只能提高在线申请的门槛，降低通过率。这样做的优点是什么？安全，把坏人拦在外面。而缺点是"错杀"了很多好人。而好人之于银行就是客户，就是收入。为什么会"错杀"好人？因为不了解他们，缺乏信任，无法实现风险管控。这是一件非常遗憾的事情。那么，机会来了，如果你能够为这家银行提供独特的数据分析，帮助它更加准确地区分哪些线上申请者是好人、哪些是坏人，银行就可以放心大胆地给更多的人发卡放贷，进而增加收入。这样的数据分析，谁能否认它的价值呢？那么，这样的价值是如何实现的？主要是通过把控风险提高收入。同时，风险把控做得好，坏账率就低，还节省了催收成本。这给我们的启示是，对风险的把控还可以转化为对支出的节省。难怪有从业者说，对于消费金融企业而言，风险把控部门做的不仅仅是风险把控，同时还是市场，还是销售，因为风险敞口的控制直接影响市场和销售收入。所以，数据商业价值的第三个关键词是：风险！

政府价值

目前所有的讨论都是偏向企业的。这似乎忽略了数据产业的另外一个极其重要的参与者：政府。政府一方面制定市场规则，另一方面掌握着巨大的数据资源（公安、通信、医疗等的），以及预算。政府的重大决策也非常需要数据的支持。那么，数据之于政府的价值又如何体现呢？非常有趣的是，这个问题似乎也可以从收入、支出、风险三个要素考虑。但是，面向的对象主要不是政府自己，更多的是每一位公民。通俗地讲，如果数据分析能够帮助政府更好地服务社会，让普通公民的收入有所增加、支出有所降低、风险有所规避，这就是数据之于政府的价值。

公民收入

从政府的角度看，哪些方面关乎普通公民的收入呢？例如，增加就业、降低税负、提高福利等，都同增加普通公民的收入相关。更具体地说，比如，通过对招聘广告的文本分析，可以洞察市场需求，并提供相应的教育培训机会，就有可能增加就业，带动 GDP。狗熊会媛子小分队曾经做过一个案例，通过对大量招聘广告的文本语义分析，解读市场对各种工作经验的需求、对各种分析技能的渴望，以及在最终薪酬上的表达。通过数据分析，可以量化 BAT 这样大型互联网公司工作经验在薪酬上的表达；通过数据分析，可以理解产品经理工作年限在薪酬上的体现；通过数据分析，可以理解数据分析师应该具备什么样的编程技巧（如 R，Python），最好具备什么样的大数据计算能力（如 Hadoop，Spark），以及这些专业技能在薪酬上的反映。通过诸如此类的数据分析可以了解市场需要什么样的数据分析人才。从政府的角度看，这样的信息对于设计相关学科的发展规划意义重大。相关合理的决策会带来普通公民就业率的上升，进而带来收入的增加。

公民支出

数据分析能否帮助政府科学决策，进而降低普通公民的成本？答：可以。以医保为例，大量的公共资金聚集在一起，但是它的使用效率是否足够高呢？是否还有改进空间？是否存在一定数量的骗保行为？这是非常重要的，因为骗保行为损害的是所有参与医保计划公民的公共利益。骗保行为所带来的后果是公共医疗成本不必要的提高。那么，能否通过数据分析将这些骗保行为人自动识别出来，并施以相应的惩罚教育措施呢？再考虑医院，能否通过对医院的各种收入、支出的数据分析，理解普通群众看病贵的根本原因在哪里？昂贵医疗费用所产生的收入到底去了哪些地方？能否进行相关的制度建设？这不仅可以节省群众的医疗成本（节省费用），同时还能增加优秀医生的实际收入（增加收入）。

公民风险

数据分析能否帮助政府进行科学决策，降低普通群众的风险呢？答：可以。任何一个国家的政府所能够支配的社会安全保障资源（如公安民警）是有限的。如何通过对有限的社会安全保障资源的合理利用，尽可能地保障群众的生命财产安全，是一个永恒的话题。例如，能否通过对各种公开以及非公开刑侦数据的合理分析，更加准确地锁定吸毒人群，尤其是有重大公共影响力的人群，并实施制止教育措施？能否通过对各种数据的综合分析，做到对恐怖事件的提前预警？能否通过对各种流量数据的监控，做到提前规避一些重大公共安全事件（如踩踏）？这就是数据分析之于政府风险管控的价值。

可以量化的参照系

数据分析的价值体现在三个要素上，但要实现它的价值还需要一个重要的因素：可以量化的参照系。其中包括两个关键词：量化和参照系。

某天，一位朋友说："熊大，我最近给客户做了一个客户流失预警模型，准确度达75％！"我一听，挺靠谱。但是，他却垂头丧气地表示，对方老总很不满意，认为这个准确度太低，连90％都不到！熊大心里倒抽一口凉气，心想：90％？大家是否能意识到困惑在哪里？客户对预测精度没有合理的预期，因为没有合理的参照系。在没有参照系的情况下，客户就只好参照小学生的考试成绩，认为90％甚至99％才算优秀！这就是困惑所在。那么，应该怎么做呢？应该给他树立一个合理的参照系。为此，我们可以先弄清楚一个问题：客户在没有你的情况下，自己能做多好？在你到来之前，客户自己是否有流失预警得分？这个得分准确度如何？我们发现，其实很多时候，客户从来没有评价过，自己根本不知道。你帮他看看，十有八九惨不忍睹。这时候，你可以这么说：某某总，您看，之前咱们这边的精度是65％，已经做得不错了（夸奖一下对方），但是，现在经过咱们双方共同努力，这个精度提高到了75％，为此，您可以节省多少不必要的支出，或者增加多少额外的收入，等等。这样是不是就更有说服力？因为你确立了一个可以量化的参照系。而这个参照系就是客户现有的系统。如果没有这个参照系，又想说明75％的精度是有价值的，是不是无比艰难？

有句"名言"：预测不准是常态，预测准确是变态。什么意思？之所以做数据分析、做模型预测，就是因为面对的数据是带有强烈不确定性的。如果一个数据可以被精确预测（例如，今年我30岁，明年一定31岁），这样的数据分析就没有价值了。有价值的数据分析，就是要在不确定性中，尽可能多地发掘价值。因此，预测不准必然是常态。

但是，预测不准（至少达不到100%完美准确），并不代表没有价值。就像前面的案例一样，预测不准的结果可能是有巨大价值的，但是需要找到一个合理的参照系。

例1-8　个性化推荐系统

你做了一个个性化推荐系统（例如图书推荐系统），最后发现转化率是8%，请问：价值何在？如果同线下商店比，8%的转化率是比较低的。这意味着100个客户进入我的店铺，只有8个人下单，剩下的92个人都空手离开。这是一个令人失望的结果。但是，在线上环境中，这就不好说了。从事这行工作的朋友一定知道，8%是一个非常高的数字。为什么？因为如果没有优秀的个性化算法推荐保障，这里的转化率可能是4%，1%，甚至是0%。有了这样一个合理的参照系，数据分析的价值才能够充分体现出来。

数据到价值的转化：回归分析的道与术

本节讨论的是如何把数据转化为价值。为此，需要一种非常精妙的思想方法：回归分析。学过统计学的人都知道，回归分析是数据分析的一种非常重要的模型方法。这些模型可能是线性的、非线性的，参数的、非参数的，一元的、多元的，低维的、高维的，不尽相同。但这都是在"术"的层面讨论回归分析。其实，回归分析还有一个更高的"道"的层面。

回归分析的"道"

在这个层面，回归分析可以被抽象成为一种重要的思想。在这种思想的指引下，人们可以把一个业务问题定义成一个数据可分析问题。什么样的问题可以被看作数据可分析问题呢？一个问题是不是数据分析问题，只需要回答两点：第一，Y 是什么；第二，X 是什么。

Y 是什么？

Y，俗称因变量，即因为别人的改变而改变的变量。在实际应用中，Y 刻画的是业务的核心诉求，是科学研究的关键问题。

例 1-9　好人与坏人

对于征信而言，业务的核心指标是什么？就是隔壁老王找我借钱，最后他是还还是不还。如果还，定义老王的 $Y=0$，这说明老王是好人；如果不还，定义老王的 $Y=1$，这说明老王是坏人。这就是征信的核心业务诉求，即因变量 Y。在这种情况下，因变量是一个取值为 0-1 的变量，俗称 0-1 变量。

图 1-1

例 1 - 10　天使与杀手

对于车险而言，业务的核心指标就是是否出险。隔壁老王买了我家车险，接下来的 12 个月，他是否会出险呢？如果他出险，定义老王的 $Y=1$，这说明老王是个马路杀手；如果他不出险，定义老王的 $Y=0$，这说明老王是个天使。这种情况下，因变量 Y 又是一个取值为 0 - 1 的因变量。

图 1 - 2

例 1 - 11　两个坏蛋

对于车险而言，还有一个核心的业务指标，就是赔付金额。也就是说，一旦出险，保险公司到底要赔付多少。例如，老王、老李都买了我家车险，结果这两个客户都出险了。老王属于轻微剐蹭，保险公司赔付 600 元。那么，对于赔付金额这个业务指标而言，老王的因变量 $Y=600$（元）。老李在高速公路上出了一次大车祸，人和车都伤得不轻，保险公司赔付 60 000 元。那么，老李的因变量 $Y=60\,000$（元）。这种情况下的因变量，即赔付金额，是一个连续的取值为正的因变量；如果再取一个对数，那么就是一个取值可以是正负无穷的、连续的因变量。

图 1 - 3

例 1 - 12　谁是倒霉蛋？

　　人类医学的一个重要使命就是攻克癌症，为此，科学家需要理解不同类型癌症的形成机制。隔壁老王，还有马路对面的老李，平时看起来身体都倍儿棒，吃嘛嘛香。可是，老王得了某种癌症，而老李没有。对于这个问题，老王的因变量 $Y=1$，表示老王是个倒霉蛋；而老李的因变量 $Y=0$，表示老李不是倒霉蛋。因此，这又是一个取值为 0 - 1 的变量。

图 1 - 4

　　结论：Y 就是实际业务的核心诉求，或者科学研究的关键问题。

X 是什么？

X 就是用来解释 Y 的相关变量，可以是一个，也可以是很多个。我们通常把 X 称作解释性变量。回归分析的任务就是，通过研究 X 和 Y 的相关关系，尝试去解释 Y 的形成机制，进而达到通过 X 去预测 Y 的目的。那么，X 到底是什么样的？

对于征信而言，我们已经讨论了，$Y=0$ 或者 1，表示隔壁老王是否还钱，这是业务的核心指标。在老王找我借钱的那个时刻，我并不知道老王将来是否会还钱，也就是说，我不知道老王的 Y。怎么办？我只能通过当时能够看得到的关于老王的 X，去预测老王的 Y。这种预测是否会 100% 准确呢？答：基本不可能。但是，希望能够做得比拍脑袋准确，这是非常有可能的。为此，我们需要寻找优质的 X。

例 1-13　老王的实物资产

假设老王想找我借 1 万元现金，我得想想，他会还吗？此时，如果知道他家境富裕，房产价值几千万元，我就不会担心他不还钱。因为如果他不还钱，可以用他的房子进行抵押。这说明充足的实物资产，尤其是可以抵押的实物资产，是有可能极大地影响一个人的还钱行为的。如果这个业务分析是正确的，那么可以定义很多 X，用于描述老王的财产情况。例如，X_1 表示是否有房，X_2 表示是否有车，X_3 表示是否有黄金首饰可以抵押，等等。这些 X 都是围绕老王的实物资产设定的。

例 1-14　老王的收入

除了实物资产，老王还有哪些特征有可能影响他的还钱行为？如果老王月工资收入 10 万元，那么还款 1 万元不是小菜一碟吗？相反，如果老王月工资收入 1 000 元，可能日常生活都不够花，哪来的钱还呢？这说明老王的收入可能同他的还款行为有相关关系。那么，是否可以构造一系列的

X，用于描述老王的收入情况呢？例如，可以重新定义 X_1 是老王的工资收入，X_2 是老王的股票收入，X_3 是老王太太的收入，等等。于是，朴素的业务直觉又引导产生了一系列新的 X 变量，它们都是围绕老王的收入设定的。

例1-15　老王的社交资产

除了实物资产、收入，老王还有什么值钱的呢？有，老王有自己在社交圈中的尊严。就像电影《老炮儿》里面的顽主六爷那样，面子老大了，不会为了万把块钱去赖账，然后被街坊邻居、同事朋友笑话，丢不起那人。如果老王是这样的一个人，那他的还款意愿会很强烈。这种朴素的业务直觉说明，一个人的社交圈即他的社交资产是可以影响他的还款行为的。如果这种直觉是对的，那么哪些指标能刻画一个人的社交资产呢？例如，定义 X_1 是老王的微信好友数量，X_2 是他的微博好友数量，X_3 是他的电话本上的好友数量，X_4 是他的 QQ 好友数量，等等。这样又可以生成一系列新的 X 变量，它们都是围绕老王的社交资产设定的。

由此可以看出，对于征信这个业务问题而言，简单地进行头脑风暴，就产生了许多 X 变量。所以，依赖于人们的想象力以及数据采集能力，可以产生成千上万，甚至上百万、上千万个 X 变量。有了 X，也就有了 Y。至此，回归分析"道"的使命已经完成，因为一个业务问题已经被定义成数据可分析问题。

回归分析的"术"

接下来，从"术"的层面探讨，回归分析还要完成什么使命。一般而言，至少对于参数化的线性回归模型来说，它要完成三个重要的使命。

使命 1：回归分析要去识别并判断，哪些 X 变量是同 Y 真的相关、哪些不是。而那些不相关的 X 变量会被抛弃，不会被纳入最后的预测模型。因为不干活的人多了会捣蛋，即没有用的 X 不会提高 Y 的预测精度，反而会狠狠地捣蛋，扯后腿，所以必须抛弃。关于这方面的统计学论述很多，以至于统计学中有一个非常重要的领域，叫作"变量选择"。

使命 2：有用的 X 变量同 Y 的相关关系是正的还是负的。也就是说，要把一个大概的方向判断出来。例如，对于老王的借贷还款行为而言，老王的股票收入同他的还款行为可能性是正相关，还是负相关？如果是正相关，那么老王的股票收入越高，说明他的还款能力越强，我越敢借钱给他；如果是负相关，那么老王的股票收入越高，说明他赌性越强，我越不敢借钱给他。

使命 3：赋予不同 X 不同的权重，也就是不同的回归系数，进而可以知道不同变量之间的相对重要性。例如，老王、老李都找我借钱。老王每月基本工资 $X_1 = 1$（万元），但是股票收入 $X_2 = 0$。老李恰恰相反，没有基本工资，因此 $X_1 = 0$，但是每个月股票收入 $X_2 = 1$（万元）。请问哪一个还款能力更强？请注意，他们的月总收入都是 1 万元。但他们的还款能力恐怕是不同的。此时，如果我们能够通过数据建模，赋予 X_1 和 X_2 不同的权重，也就是不同的回归系数，这个问题就容易回答了。

这就是回归分析要完成的三个使命：识别重要变量；判断相关性的方向；估计权重（回归系数）。

简单总结一下。什么是回归分析？就"道"的层面而言，回归分析就是一种把业务问题定义成一个数据可分析问题的重要思想。而就"术"的层面而言，回归分析要完成三个重要的使命。

弄清客户需求

在数据分析的业务实践中，客户的需求常常说不清。谁是我们的客户？数据分析需求是谁提出来的，谁就是我们的客户。有可能是正儿八经的乙方，也有可能是不同的业务部门。可是，为什么客户自己的需求还说不清楚呢？

当然了，也不能说得太绝对，有的客户确实可以把自己的需求说得非常清楚。但是，这样的客户特别少，大多数客户是说不清楚自己的需求的。

例1-16 都不是我要的

有一天，熊大去一家高大上的商场给太太买结婚周年礼物。我在一个首饰柜台前左挑右选，没有特别满意的，很难下定决心。最后把服务员给整烦了，瞪着眼睛，气势汹汹地问我："你到底要买啥？"

我先是一愣。等反应过来，我马上给这位姑娘上了一堂免费的MBA课。我说："姑娘，我是客户，我不知道我要买啥。但是，我知道，摆在我面前的这些东西都不是我要的。"这就是一个典型的"客户自己说不清需求"的故事。

例1-17 谁也不知道的"客户价值"

熊大跟一家车厂合作，帮助对方理解他们的客户，也就是汽车购买者的客户价值。做这个事是因为车厂如果能够知道哪个客户价值高，就可以投入更多的资源来重点培养和维系这个客户；哪个客户价值低，也许可以暂时不予考虑。

但问题是：什么是汽车厂商脑袋里的"客户价值"？熊大不懂车，只能向对方请教。车厂领导说："熊大，这还不简单，价值就是给我创造的收入。"这简单！咱统计一下，张三李四王二麻子，每个客户过去一年贡献了多少收入、买了多少车、去了多少次4S店，等等，用Excel就搞定了！

结果，对方说："这怎么行！我们的经验是，同样是（比方说）一万元的收入，张三是通过维修保养贡献的，李四是通过购买车险贡献的，他们所产生的价值是不一样的！"

听完我就晕了，完全不懂——都是一万元，都是人民币，怎么会不一样呢？是因为利润不一样吗？对方说还不完全是。看到我的困惑，对方又说："同样是一万元，买车险的价值可能就要高一些。因为一旦他在我们这里购买车险，未来他的维修保养很可能也发生在我们的4S店里。"

这句话真是醍醐灌顶啊，购买保险的价值高，是因为它未来能够产生更多的预期收益。这说明在我这位伙伴的心目中，价值，不是已经实现的过去价值（那已经实现了），而是还没有实现的未来的预期价值。

例 1 – 18　跟收入过不去

熊大有一伙伴，是经营连锁酒店的。我们发现，他的定价策略有很大的改进空间。简单地说就是：旺季不涨价，淡季不降价。而我们的分析又发现，可以用当天的数据，对第二天的客流量做一个相当不错的预测。那是不是可以根据预测结果做每日的动态价格调整呢？这么做会立刻带来收入的增加吗？

结果，等我们跟对方汇报这个结论的时候，对方却是一瓢凉水泼过来，他说："熊大，辛苦了，但这不是我想要的，我对这不感兴趣。"

我当时非常困惑，第一次听说有企业会跟自己的收入过不去。我正在疑惑时，人家说了："熊大，我这个连锁店，绝大多数都不是直营店，而是加盟店，我的收入主要来源于这些加盟店的加盟费，至于这些加盟店收入有多少，跟我关系不大，或者至少不是我最关心的事，而且我们总店跟加盟店还有一定的合作和博弈在里面，我还不能保证这些数据是准确的。"

我这才明白过来——要理解数据之于客户的价值，得首先弄清楚客户的盈利模式。这似乎是一个非常显然的常识，但之前我们是真不知道！

例 1-19　我提不出需求

　　有一次参观一家世界 500 强的制造企业，对方意识到，数据之于企业非常重要。因此，对方特意成立了大数据部门，购买了几百台高性能服务器，并配备所有需要的存储、软硬件环境，以及人才。然后，数据部门的经理非常骄傲地介绍他们这个部门计算机有多牛，做了哪些有趣的分析。但是，从熊大的角度看，这些分析都是趣味性很强，可没有朴素的业务价值。熊大终于忍不住问了一个问题："请问，咱们大数据部门，在集团内部主要支持哪些业务部门？"对方腰板一挺，大声回答："所有业务部门！"大家觉得可信吗？反正我不信。企业这么大，实话实说，一定有大量的甚至大多数业务部门同数据无关，至少现在是这样。就在这时，旁边的一个业务部门的经理忍不住了，说："不对啊，我们就觉得你们对我们支持不够！没什么支持啊！"数据部门的经理很生气："你提需求啊！只要你提需求，我都能帮你搞定。"结果，业务部门的经理一脸懵："我提不出需求啊！"

　　这是一个非常典型的问题。业务部门就是数据部门的客户，可是，客户只知道自己需要数据分析支持，但是提不出需求。为什么？大家还记得回归分析的理念吗？即从道的层面帮助我们把业务问题定义为数据可分析问题。而业务部门的绝大多数人员没有受过这样的训练，因此，无法洞见自己正在操心的业务问题其实是数据可分析的。为此，他们只需要把 Y 定义清楚，给一些关于 X 的想法，剩下的事情，数据分析的小伙伴们就可以全力以赴了。

　　所以，从这个角度看，数据之于企业的价值，最需要被普及教育的，不是数据分析部门，而是业务部门。当然，数据分析部门也需要。只有全员都具备朴素的数据价值观，都使用同一种回归分析的语言，需求才有可能被说清楚。

关于 *p* 值的争论与思考

作为本章的最后一节，想跟大家一起分享一下熊大关于 *p* 值（p. Value）争论的思考。

美国顶级政治学术期刊《政治分析》（*Political Analysis*）2018 年 1 月 22 日在其官方推特（Twitter）上宣布，从 2018 年开始的第 26 期起，禁用 p. Value。原文如下：

> Political Analysis will no longer report p values in regression tables or elsewhere. There are many reasons for this change-most notably that a p value alone does not give evidence in support a given model or the associated hypotheses. See Editorial in Issue 26. 1 for more info.

俗话说，隔行如隔山，我并不清楚这是一份怎样的期刊。据说这是美国政治学的顶级期刊。（2016 年影响因子 3.361，确实不低！）如果属实，这个决定可能会产生不小的影响，也许会引发其他期刊的跟随。

值得注意的是，关于 p. Value 的热烈讨论，不仅仅发生在领域学科（例如，政治学）内，在统计学内部也有过。例如，美国统计学会（ASA）旗下杂志 *The American Statistician* 在 2016 年发表过一个社评："The ASA's Statement on p-Values：Context，Process，and Purpose"[①]。这篇文章，以及它所引用的其他文章，从不同角度分析了 p. Value 的各种问题，分享了不同学者的看法。有兴趣的朋友可以参阅该文，以及其中的参考文献。

虽然我给出了这些文章和参考文献，但是我相信，绝大多数朋友都不会去看原始文章的，因为其太专业了，太难理解了，而且是英文的，我看着都晕头转向。所以，我想跟大家分享一下我的看法。我将尝试用最简单

[①]　The ASA's Statement on p-Values：Content，Process，and Purpose（2016）. The American Statistician，70（2）：129-133.

的语言，不带任何数学符号，跟更多的朋友分享：p. Value 到底是什么？我们如何看待《政治分析》的决定？未来应该怎么办？注意，一如既往，本书带着强烈的个人偏见，可能谬误很多。敬请所有的朋友，尤其是学生朋友们，带着批判性的眼光，审视我将陈述的事实和逻辑。

p. Value 到底是什么？

如果把 p. Value 看作一个孩子，《政治分析》显然把 p. Value 给枪毙了。原因是什么？答：他是一个坏孩子。请问：他坏在哪里？他是谁？你真的认识他吗？就拿这三个问题去问《政治分析》的作者群，我斗胆揣测，能回答出来的比例一定很低。当然，我不认为这全是《政治分析》作者群的问题。我更倾向于认为，这是我辈统计学教师的问题，我们在传播统计学思想方面做得不够好。

所以，我想先用充足的篇幅跟大家解释一下，p. Value 到底是什么。为此，我们必须先搞明白假设检验（hypotheses testing）的基本理论框架。要知道，p. Value 就是在假设检验这个理论框架下产生的。为此，我虚构了一个例子，不一定非常合理，只是为了方便纯粹的学术讨论。

假设狗熊会开了一家制药公司，就叫作"狗熊制药"。狗熊制药专门研究减肥药。为什么？因为这种药品的市场前景太好了。现在社会，所有人都在喊减肥。尤其是熊大这样的已处不惑之年的保温杯枸杞中年男，体重永远都是涨势喜人。如果狗熊制药能够研制一种没有副作用的灵丹妙药，在一个月内帮熊大减掉 10 斤赘肉，这得是多么美好的一件事情！这种药品的市场将是无穷大。

但是，就在狗熊制药把这种药品研制成功，并且准备推向北美市场的时候，突然出现了一个问题。那就是：美国政府食品药品管理局（FDA）的批条还没拿到。要知道，如果这款药品要在美国市场合法上市，必须得有 FDA 的批准，否则就是违法的！

当然，狗熊制药认为这不是问题：咱们跟 FDA 好好解释一下，咱这款灵丹妙药用的原料相当讲究，包括天山雪莲、长白山老参、冬虫夏草等，都是好东西。所有原材料混在一起，在太上老君的炼丹炉里，精心炼制了九九八十一天，才萃取出高纯度有效成分。这种成分对减肥有奇效，而且没有任何副作用。因此，请给我批条！FDA会怎么想？

摆在FDA面前的只有两个选择：同意Yes，或者拒绝No。FDA必须在两个选择中二选其一，没有第三种可能。你看，至此，我们已经抽象出假设检验的第一个重要构成要素：一项关于Yes or No的决策！请大家记住，这是理解p.Value，以及假设检验问题的第一个关键要素：一项关于Yes or No的决策！这个要素定义了假设检验存在的场景。假设检验存在的场景定义了p.Value存在的场景。所以，大家有空琢磨一下，这样类似的关于Yes or No的问题还有哪些？你会发现到处都是：法官判决你是否有罪？签证官判断你是否有移民倾向？你判断自己是否应该购买一款手机？你是否应该跟某人谈一场恋爱？

在面对这项Yes or No的决策的时候，咱们把FDA看作一位大法官。请问这位大法官是如何决策的呢？你会发现，FDA大法官会关上门，对着Yes和No两项决策，发了半天呆，然后问自己：这两项决策，我应该有所偏向，还是公平对待？最后了悟：我应该永远偏向于说No，而不是Yes。为什么？

说No不会有灾难性后果。大不了，狗熊制药的灵丹妙药上不了美国市场，又能如何？以前北美也没有这款药品，现在仍然没有，那又怎样？当然，狗熊制药的股东会哭晕在厕所，但是，让他们哭一会儿吧，多哭哭有利于肺活量。而如果我贸然说了Yes，这款药品在市场上大卖，然后过了几个月发现，买了的消费者体重不降，反而涨三斤，这可就麻烦了！这可是灾难性的后果。这些消费者之所以购买这款产品，一个很重要的原因是，有我——FDA的背书。结果，我这个猪队友出了一个馊主意，让大家白花钱，还长胖。然后，招惹全世界的人都告我，这我可受不了。这个责任太大了！FDA可不想看到这个结果。所以，FDA会告诉自己：我的定位就是 Mr. No。任何药品想上市，我都说 No，除非你能提供强有力的证据。怎么样，这个道理好懂吗？

这就牵扯出假设检验的第二个关键要素：在这个关于 Yes or No 的决策选择中，存在一项相对保守的决策、一项相对激进的决策。人们自然倾向于选择相对保守的决策。但是在证据强有力的情况下，可以考虑激进的决策。这就是理解 p. Value，以及假设检验问题的第二个关键要素：存在一个相对保守的决策选择。前面提到几个有趣的场景——法官判罪、签证官审批、购买决定、恋爱决定等，大家不妨思考一下，哪一个场景下的决策是相对保守的？

再回到狗熊制药这个故事。显然，FDA 不会听狗熊制药胡说八道。FDA 有一套非常严格的关于药品的安全性（safety）以及有效性（efficacy）的评价标准。这个话题就太大了。现在假设，FDA 认可狗熊制药的整个生产过程，并认为这确实是一种灵丹妙药，没有副作用（这在真实的世界是不可能的，是药三分毒）。那么，FDA 就剩下最后一个问题需要关注，那就是：这种灵丹妙药真的管用吗？你说能减肥，真的能减肥吗？还记得吗，FDA 是 Mr. No。因此，FDA 上来就先假设：你是一个大骗子，你的所谓的灵丹妙药没有任何疗效。

所以，FDA 上来就选择了那个非常保守的假设（即狗熊制药的新药无效）。这个假设就像原罪一样，钉在了狗熊制药的身上，因此被称为原假设（null hypothesis）。原假设是什么假设？就是 Yes 和 No 中，支持保守决策的那个假设。在这个案例中，原假设就是：狗熊制药的灵丹妙药没有疗效。因此，原假设支持 FDA 的 No 决定。既然有了原假设，就有对立假设，也称为备择假设（alternative hypothesis）。所谓备择假设，就是支持激进决策的那个假设。在这里，备择假设就是：狗熊制药的灵丹妙药确实有减肥效果。我们反复强调，FDA 是 Mr. No，它骨子里就爱说 No。这个决定对它而言，保守而安全。

什么情况下，才能说服这位固执的 FDA 大法官，使其接受激进的备择假设，说一个 Yes 呢？只有一种情况：那就是得提供证据，而且这个证据是特别强有力的。一般而言，提供证据，这不是问题。狗熊制药想卖减肥药，肯定会做临床试验，而且试验结果肯定是对狗熊制药有利的。如果试验结果不利，那也就不上报了，直接宣布试验失败，关门倒闭了事。

于是，狗熊制药对 FDA 大法官说：临床试验结果表明，吃了我家的灵丹妙药，试验者的平均体重一个月下降 10 斤。这个结果怎么样？此时，FDA 大法官如何考虑？他会认可这是一个对狗熊制药有利的证据。但是，这个证据是否足够强有力，这是接下来要考虑的问题。例如，你的临床试验的样本量是 3 个人、300 个人，还是 3 万个人？这个差别就很大。显然，基于 3 个人的证据是不够强有力的，300 个人就要好很多，3 万个人就更好了。所以，到底什么样的证据算是足够强有力？这是关键问题。

为此，FDA 大法官需要一套方法论，用于测量呈现在他面前的证据，在支持原假设（或者对立假设）方面，"力度"到底如何。至此，我们就牵扯出假设检验方法论的第三个，也就是最后一个关键要素：一套用于评价证据力度的方法论。希望该方法论能够帮助 FDA 大法官评价数据证据的力度，进而在 Yes 和 No 之间做出科学规范的选择。而 p. Value 就是一种最常见的评价证据力度的工具，仅此而已！

更进一步，p. Value 评价的是数据对原假设（而不是对立假设）的支持力度。当然，这是在一定的模型分布假设下。p. Value 取值在 0～1 区间。如果取值为 1，那么说明，现有的数据证据没有任何反对原假设的地方。这并不说明原假设就是对的。但是，这说明我没找到任何反对原假设的证据。那姑且就理解成对原假设支持的力度吧。而且，原假设是保守假设，那么咱们就支持原假设吧。如果 p. Value 取值为 0 呢？这说明，现有的数据证据实在跟原假设不对付，必须推翻它。一旦推翻原假设，决策者突然发现，没有别的选择了，只能接受备择假设。这就是 p. Value 的基本逻辑。

总结一下，所谓 p. Value，就是：（1）在假设检验的理论框架下；（2）评价数据对原假设支持力度的一个工具。仅此而已！

如何姿态优雅地否认 p. Value？

　　希望我已经把 p. Value 是什么大概说清楚了。再重复一下。p. Value 是：（1）在假设检验的理论框架下；（2）评价数据对原假设支持力度的一个工具。仅此而已！因此，如果要否认 p. Value，至少存在三种不同的方法。

　　第一种方法是把假设检验这个理论框架推翻，以后咱们不这样思考问题了。第二种方法是承认假设检验这个基本的理论框架，但是，把 p. Value 这个证据力度的评价工具给替换掉。第三种方法，就是彻底否认评估证据力度这件事情，认为：只要有证据就可以了，管它力度大小，不需要评估。这是三种不同的选择。咱们区分对待，研究一下。

　　选择 1：推翻假设检验这个理论框架。这意味着，我们不再认可关于 Yes or No 的决策到处都是的事实，或者存在一项相对保守的决策选择这个假设；在我看来，这是极其艰难的，几乎不大可能。

　　第一，到处都是关于 Yes or No 的决策，这是事实。人的行为，说白了就是一连串的决策行为。决策就是二选其一，或者多选其一。其中，二选其一最典型。例如，今天一大早，水妈安排我写一篇文章，我老不情愿了。我要做一项决策：写还是不写。我不写，谁也不能拿我咋地。但是，我写了，也许能帮助很多人纠正对 p. Value 的错误见解。我到底是写还是不写？Yes or No？这就是一个二选其一的决定。一个男生，苦苦追求一个女生。女生要思考一下：我要不要跟他交往？Yes or No？这也是一个二选其一的决定。申请签证，签证官要决定，给我签证还是不给？Yes or No？这还是一个二选其一的决定。去超市，看中一瓶二锅头，我是买还是不买？Yes or No？这仍然是一个二选其一的决定。《政治分析》这样的学术期刊大量使用回归分析。而关于回归分析的系数，到底是不是 0？Yes or No？这也是一个二选其一的决定。所以，到处都是关于 Yes or No 的决策，这是一个谁都否认不了的事实。

第二，一项相对保守的决策选择广泛地存在。例如，我今天到底是写还是不写这篇文章？不写就是一项相对保守的决策。我不写，能咋地？地球能不转了吗？狗熊会会关闭吗？谁能来打我一顿吗？都不能。不写，可以有更多时间看书、喝茶、玩游戏、刷微信。但是，写，就很需要勇气。所以，写是一个非常激进的决定，需要足够的勇气。一个女生是否应该接受一个男生的苦苦追求？接受，或者不接受？哪一个是更加保守的决定？如果这个女生不喜欢这个男生，显然拒绝是保守决定。如果要女生接受男生，男生需要提供足够的证据，打动女生的芳心。但是，如果这个男生是个"高富帅"，女生本来就很喜欢，接受就是一个更加保守的决定，否则"高富帅"就被别人抢走了。如果在后来的交往过程中发现了足够的证据，表明这个"高富帅"是个大坏蛋，就到时候再拒绝他。我申请美国签证的时候，签证官认为我有移民倾向，不会按时回国，应该被拒绝。假设冤枉我了，那又怎样？顶多让我很不爽，但是不会对美国的国土安全造成影响。所以，一项相对保守的决策选择极其广泛地存在。我们真的很难找到一个反例，虽然不敢说就彻底不存在。

由此可见，推翻假设检验的理论框架是非常艰难的，似乎也没有任何必要性。因为：（1）关于 Yes or No 的决策到处都是；（2）一项相对保守的决策选择极其广泛地存在。因此，我们再考虑第 2 个选择。

选择 2：承认假设检验这个基本的理论框架，但是把 p. Value 这个证据力度的评价工具给替换掉。以这种方式否认 p. Value 如何？我觉得这个可行，基于以下两个事实。

第一，p. Value 作为一种证据力度的评价工具，肯定不是完美的。显然，没有任何评价工具可以是完美的。例如，如何给东西称重量？用天平？弹簧秤？磅秤？电子秤？显然，对于同一个目标，称重量可以有很多种测量方法。它们各有优缺点，不可能有一种方法是最优的。同样的逻辑，反正就是要测量证据力度，不用想也知道，肯定有不同的测量方法，肯定各有优缺点。p. Value 是最常用的，但是肯定不完美。这种不完美性不应该被看作对 p. Value 的谴责。这是一种基本常态。就像是有人说"王老师你不是高富帅"，我会生气吗？我会认为这个人是在谴责我吗？不会，因为"不是高富帅"是我的正常状态。

第二，事实上，已经有很多学者在尝试提出不同的工具，从不同的侧面测量数据证据的力度。例如，贝叶斯学派就有他们自己的看法。他们会先赋予不同假设（原假设与对立假设）不同的先验概率，然后根据数据更新后验概率，从后验概率的角度评价数据对于不同假设的支持力度。还有学者提出了可重复性（reproducibility）等有趣的工具。这些工具从不同的侧面测量数据证据的力度。但是，如同 p. Value 一样，指望这些工具或者任何工具提供一个完美的解决方案是不可能的。所有这些方案，都是测量方案，都有自己的局限性，就像所有的称重工具都有自己的局限性一样。

选择 3：承认假设检验这个基本的理论框架，但是认为不需要测量证据力度。只要是有利的证据就可以了嘛，为什么要测量证据力度？我家减肥药，3 个胖哥吃了都减体重了，这就是证据。为什么非要 300 人？我一直认为，没人会支持这项选择。但是，我惊讶地发现，似乎很多人持有这种观点，其中不乏受过训练的领域学者。因此，也需要认真讨论一下。没错，那 3 个胖哥吃了狗熊制药的药品，体重减轻了。但是，这个结果，只针对这 3 个胖哥，不针对另外的 300 万胖哥。而我这款药品显然是要卖给那 300 万胖哥的。你要上市，你需要给我证据，给我信心，让我相信：你现在看到的基于这 3 个胖哥的证据有很大的可能性，可以被推广给 300 万胖哥。学术研究也是一样的。所有汇报的结果，都是基于一个特定的试验。而人们对任意特定的试验都没有兴趣。人们感兴趣的是，那些能够被复制、能够被重复的试验结果。这是科学试验的一个基本要求。因此，这个选择 3，我认为不可能成为否认 p. Value 的理由，不可能被广泛接受。

综上所述，我认为假设检验的基本理论框架是经得起检验的。虽然在具体实施过程中，p. Value 是一种最常用的测量证据力度的工具，但显然，它是不完美的，而且有其他选择。如果我们都学习《政治分析》，否认 p. Value 了，那我问你：谁来替代它？替代者就能全方位碾压 p. Value？这个可能性不大。所以，一个更好的替代方案也许是：多提供几种不同的测量证据，供学者自由选择。说白了，就这筐萝卜，到底多重？天平来一遍，磅秤来一遍，弹簧秤来一遍，电子秤再来一遍。如果所有的方法答案一致，那么这个结果就是可靠的。如果这个结果不大一致，那就小心谨慎一下，主观判断必不可少。没有更好的办法！

p. Value 真的很冤枉、很委屈！

前面说了：p. Value 不是什么奇葩的存在。它是在假设检验的理论框架下，对证据力度的一种测量工具。这种测量工具显然不是完美的，但却是用得最广的。确实存在其他的测量方法，而且可以有更多。但是，没有任何方法可以说自己是完美的。

因此，我要为 p. Value 大声喊冤叫屈，不是因为它自己没有缺点，而是我们看到，诸如《政治分析》这样的杂志，对它的批评完全不在点子上。p. Value 就像一个淘气的孩子，他有优点，也有缺点。例如，他的主要缺点是不讲卫生，但是他很诚实。然而，莫名其妙的是，老师和同学们都狠狠批评他不诚实，而对他不讲卫生的问题熟视无睹。所以，p. Value 一脸蒙圈，非常冤枉，超级委屈。咱们接下来，看看有哪些黑锅莫名其妙地就甩到了 p. Value 头上。

01

《政治分析》说："a p value alone does not give evidence in support a given model or the associated hypotheses"。这是非常不严谨的。p. Value 就是为一个模型，以及这个模型的假设检验问题提供证据的，它就是为提供证据而生的。如果 p. Value 不提供证据，我会很好奇：什么样的数据分析，可以算作提供证据？当然，p. Value 自己，对于支持一个模型或者假设不充分，这个是有道理的。但是，这是一句有道理的废话，因为 anything alone 都不可能充分地支持任何模型和假设。所以，最简单的一句话怼回去就是："Nothing alone gives sufficient evidence to any model and any hypothesis."

02

《政治分析》作为一本学术期刊，提醒研究者注意 p. Value 的各种缺点，帮助大家审慎解读，这都是很好的。但是，直接否认 p. Value 是非常鲁莽的，姿态很难看。如此鲁莽地否认 p. Value 之后呢？用什么样的其他工具来替代？这些工具就没有 p. Value 的问题了吗？或者咱们就干脆不评价数据证据的强度了？

03

如果《政治分析》彻底放弃对证据力度的评估，那么其后果是令人担忧的。假设我是一个被逼急了的"青椒"，为了发表学术成果，做大量的小样本试验，一定会得到我想要的结果。关于这方面，推荐大家阅读狗熊会关于吃巧克力减肥的推文（扫描如下二维码见详情）。如果发生了这样的事情，将会造成对该期刊学术声誉极大的破坏。

04

《政治分析》作为一本学术期刊，否认 p. Value 这样一种分析工具，是不稳妥的。作为一名学者，我有选题的自由，我有选择数据分析方法论的自由。作为学术期刊，你有规范匿名评审的自由。我的工作最后能否被接受，应该是同行匿名评审、副主编评审、主编评审等综合考量的决定。很难想象，整个编委会里，所有的主编、副主编都同意这个鲁莽的决定！如果我服务的任何学术期刊要否认 p. Value，我一定会强烈反对。我不是要支持 p. Value，而是说：就凭咱们哥几个，有这么大的智慧，敢否认

p. Value？反正我是不敢。一种更稳妥的做法就是开展公开的学术讨论，然后请大家自行决定。

0.05 的锅，不该让 p. Value 背！

还有一种对 p. Value 的广泛批评是，关于这个显著性水平的临界值，0.05 是从哪里来的，没有半点科学理由，却成了一种广泛的标准，尤其是在学术期刊的评审过程中。这显然是一个非常合理的批评，但是请问：这个锅该谁来背？

假设一个姑娘找男朋友，不想找矮个子的，要找高个子的，至少 1.8 米。你想来尝试一下，拿皮尺一量，说 1.799 米，差一丁点达到姑娘的 1.8 米标准。请问：你该埋怨尺子吗？尺子表示很无辜！要么怪你自己怎么不长高一点，要么怪姑娘怎么这么死心眼儿。

同样的道理，p. Value 仅仅是一种关于证据力度的测量工具而已。对于测量结果的使用，是 100% 由用户自己定的。那个奇葩的 5% 的标准，不知道是谁定的。这肯定是一个混账标准，但是，真的不是 p. Value 定的。p. Value 没有任何理论说，5% 是最优的。

一个很自然的问题是，既然 5% 这个标准似乎没人喜欢，那它怎么就大行其道了？咱们还是以姑娘相亲打一个比方。

一本有着优秀学术声望的期刊（例如《政治分析》），就像是一个条件卓越的好姑娘。这个姑娘条件太好了，所有的男生都想接近她。但是，姑娘时间有限，每年只能安排 100 次相亲的机会。你可以把这 100 次相亲机会，看作一本学术期刊一年最多发表 100 篇文章。期刊空间非常有限，但是，希望能够获得发表机会的人数量超级多，有 1 万个！为什么这么多？因为有这么多人要评职称、要申请基金，都要靠发表学术成果。这也许不是一件值得称道的事情，但是纵观国内外，这确实就是现状。那好，现在有 1 万个帅哥，要竞争 100 个相亲的机会，怎么办？

于是，就有了相亲媒婆团。团长是主编，副团长是副主编，然后有很多挑剔的媒婆，就是编委，俗称 AE。媒婆团的任务就是从 1 万个帅哥中找出 100 个最优秀的。我问你怎么选？

要回答这个问题，就需要为优秀给出定义。一个笼统的定义是，这篇学术文章（帅哥）需要有很好的原创性，需要有重大的科学意义等。但是，这些标准都不大容易客观把控，非常依赖于优秀的媒婆来把控。咱们媒婆团这么多媒婆，相对而言，总有好坏。而且，每个人的判断标准很不一样。媒婆要评审这么多帅哥，也很辛苦。有没有一些基本的共识？不知不觉中，不同期刊都会形成自己的共识。例如写太差的、有剽窃行为的，直接枪毙。

那实际数据的分析结果呢？多显著才算显著？这就像一个帅哥的身高一样，显然越高越吃香。但是，多高才算高？每个人看法很不一样。如果大家非常个性化，编辑部一定会承受这样的压力：为啥他 1.79 米被选中了，而我 1.8 米却落选？

编辑部有两个可能的答案。一个是：我们充分信任并尊重评审团队的专家意见。他们的意见也许不是完美的，但是，整个评审过程是公平公正的。对于这样的结果，我们直接接受。我个人认为，优秀的学术期刊就应该有这样的底气。但是，这个答案会让编辑部承受压力。还有一个办法则非常粗暴野蛮，即：媒婆团统一规定，帅哥不到 1.8 米不考虑。该答案很不科学，但是好对付。

你看，我面临两个选择。一个更科学，但是压力大。一个不科学，但是好对付。你说我应该选哪一个？绝大多数情况下，不知不觉中，人们选择了后者。既然是后者，就一定要有一个临界值。这个临界值，不是 1.8 米，就是 1.7 米，或者 1.9 米。我们知道，任何标准都是不科学的，但是一定需要一个。这种需求，跟 p. Value 无关，跟 0.05 无关，因为如果你不用 p. Value，就用 q. Value，或者其他东西。如果这个临界值不是 0.05，那就是 0.06，或者 0.04。管它是多少，反正会有一个。

现在，我问你：0.05 的锅，应该谁来背？应该由 p. Value 背吗？不应该。应该由国内外过度追求发表的学术传统来背。只要这个传统在，这样的故事，不发生在 p. Value 上，就发生在 q. Value 上。不是 0.05，就是 0.06。与其批评 p. Value 的 0.05，不如洗洗早点睡。

那你说该怎么办？

总结一下今天的讨论。在我看来，p. Value 仅仅是在假设检验这个理论框架下对于证据力度的一个测量。而且，我们不大可能推翻假设检验这个理论框架，似乎也不必要。这是因为这个框架非常合理，有广泛的应用场景，有强大的生命力。但是，p. Value 确实有它的缺点，这个缺点是非常正常的，因为所有方法都有缺点。这是上面讨论的要点。综合这些要点，我的建议如下：

（1）进一步丰富关于证据力度测量的工具体系。让数据分析工作者，不仅仅可以有 p. Value，还可有贝叶斯学派的看法，还可有可重复性的测量，等等。越多越好。

（2）在给定丰富的测量工具体系的前提下，鼓励学者做不同的尝试。让学术市场自由决定：在哪些场景下，哪些测量更好一些。

（3）归根结底，尤其是顶级期刊，要有学术自信。这种自信要建立在一个非常优秀的编委会的基础上。相信他们的判断，而不要制定任何确定性规则。学术研究，首先要讲的就是自由，包括学术思想的自由、研究方法论的自由。至于这种自由能否被期刊接受，请编委会决定。这种学术思想能否最终流传，被整个学术圈接受，让时间去决定。基本原则是：多引导，少干预。

最后一个建议，斗胆写给统计学同行、老师和同学们。从这些事情中，我们可以看到统计学知识普及的严重缺乏。国内外有太多的朋友认为，统计学就是研究"统计数数"的，而我们显然不是。有太多朋友把 p. Value、R^2 等一系列统计学方法滥用（此处参考狗熊会《贵圈好乱：R. Squared 眼看要被玩坏!》，扫描如下二维码见详情），而最后把这黑锅甩给了统计学这个学科。如果把统计学的智慧、模型、方法论看作我们的产品，我们无法埋怨使用者（客户）不好。我们只能检讨：（1）我们的产品设计是否有问题，不够用户友好？（2）我们的售后服务是不是有问题，没有跟上？这也许是我辈应该担当的责任。我们需要普及统计学的智慧，拓展统计学应用的疆土，让统计学这个学科陪伴数据产业一起成长！

第二章 / *Chapter Two*

数据可视化

数据可视化是指利用统计图（表）对数据进行展示，目的是寻找数据中的规律，挖掘数据背后的价值。可视化之所以重要，一方面是因为统计图（表）是对复杂的原始数据的一种凝练，有助于发现数据的规律；另一方面是因为统计图（表）是最容易给人留下深刻印象的工具，做好了能够给报告或者展示加分。好的数据可视化应该满足四个标准：准确、有效、简洁、美观！由此对应的就是统计图的"实力派"（准确＋有效）和"偶像派"（简洁＋美观）。

实力派：准确＋有效

准确是统计图（表）最基本的要求，即要使用正确的统计图（表）去描述不同类型的数据。比如，对于离散型变量（性别、职业等），可以画饼图或者柱状图；对于连续型变量（年龄、工资等），可以画直方图或者箱线图；对于时间序列变量（GDP，CPI 等），可以画折线图。这就好比不同季节要穿不同的衣服。春天穿风衣，冬天穿羽绒服。冬天穿比基尼，不是好不好看的问题，而是会被冻死。因此，在进行可视化之前，要明确数据的类型，再选择合适的统计图。以下总结了常用统计图适合的数据类型。

- 定性数据：柱状图、条形图、饼图、环形图
- 定量数据：直方图、箱线图
- 时间序列数据：折线图
- 2 个定量数据的关系：散点图
- 多个定量数据的关系：相关矩阵图

有效是指在准确的前提下，能够更好地展示数据，实现分析目的。例如，有两个变量，一个是性别，另一个是年龄。如果想比较男性和女性的年龄，应该选择什么样的统计图呢？先展示一组丑图（见图 2-1 和图 2-2）。

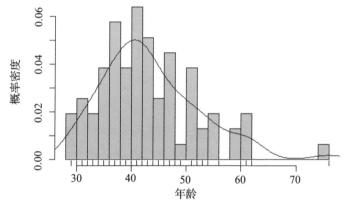

图 2-1　男性年龄直方图、轴须图及密度曲线图

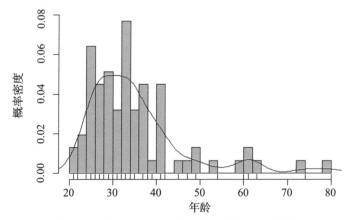

图 2-2　女性年龄直方图、轴须图及密度曲线图

图 2-1 和图 2-2 展示的是针对男性和女性的两个直方图。男性是绿色，女性是紫色！但其实真的看不出明显的对比。你可能要问，年龄不是连续型变量吗？不是说应该画直方图吗？分组画直方图，只能够满足准确的要求，却达不到有效的标准。图 2-3 画的则是分组箱线图（关于箱线图的详细介绍，请参看本章后面的内容），无论在平均水平还是波动程度上，都比分组直方图更加有效地体现了不同性别的年龄对比。

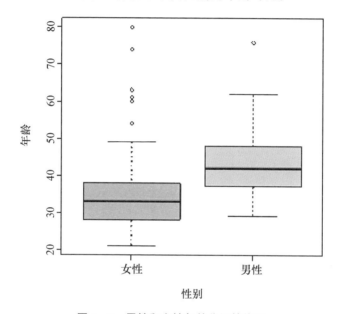

图 2-3　男性和女性年龄分组箱线图

所以，画图时，在满足准确的前提下，要多动脑筋，思考如何能让统计图更加有效地展示你的数据，支撑你的观点。这好比在不同场合穿不同的衣服。上班时穿职业装，毕业典礼上穿学士服。跑步时穿婚纱，虽然也能跑，但能跑得快吗？

偶像派：简洁＋美观

先说简洁。简洁是指尽量避免在统计图上添加过多的元素，比如背景的网格线等。可视化的目标绝不是炫酷的统计图和复杂的展示，而是在挖掘数据规律的同时，尽量用最简单、最简洁的统计图来展示数据。

图2-4是为年龄这个变量作的统计图。显然，连续型变量，画直方图。你可能会被图中每个柱子底下的黑色线段吸引。这叫轴须图。但这是什么？没人能回答。大家想象一下，如果这种情况发生在会议、讲标、答辩等重要场合，就悲剧了！但凡有一个人提出这种问题，人们的注意力就会集中在这个不必要的环节上。在画图阶段，过于技术化的细节，如果一句话说不清，就不要展示。这就好比你化了个妆，眼线、唇膏都不错，最后你非得用马克笔把两条眉毛描得老粗，谁还能看到你的明媚双眸和樱桃小口啊，全都看你的眉毛了。

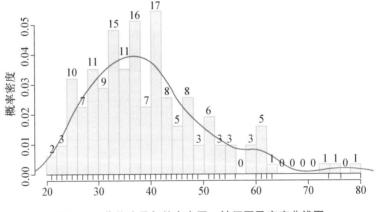

图2-4　获奖演员年龄直方图、轴须图及密度曲线图

再谈谈美观。到底什么样的统计图是好看的？客观地讲，这没有唯一正确的标准。但是，一个美观的统计图应该同时满足准确、有效和简洁的标准。

图2-5是非常普通的饼图，统计的是电影《速度与激情7》中主演范·迪塞尔开的车的品牌分布。这个饼图干干净净，标注清楚，"饼"上还贴心地印了车的logo。

而图2-6属于一种树图（tree map），来自谷歌的一份报告，描述的

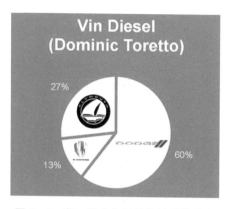

图 2-5 范·迪塞尔开的车的品牌分布

是在谷歌上搜索某种裙子的关键词，出现的各种质地的裙子的搜索频数分布。这个图非常巧妙，每个格子直接用裙子的质地当作背景，格子的面积就代表这种质地的占比，可以说是赏心悦目。

图 2-6 各种质地的搜索频数分布

图 2-7 是游戏中出现的统计图——一个非常简单的柱状图。它的配色与游戏背景配合得天衣无缝，出现得恰到好处。所以说，美观这事儿，考验的是化妆的整体技术，以及对于细节的把握。淡妆浓抹总相宜，让人瞅着舒服就是你的本事。

图 2-7 某游戏中的统计图

柱状图

柱状图是针对离散型数据（比如性别）所做的统计图。每根柱子代表一个类别（男性或者女性），柱子的高度代表这个类别的频数（男性或者女性有多少人），有时也是百分比。首先展示一个中规中矩的柱状图（见图 2-8）。

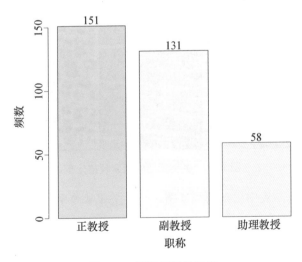

图 2-8 职称频数统计图

　　统计图是展示数据的重要手段，绘制统计图的时候要遵循一定的规范，尤其是在报告中使用统计图的时候。一个规范的统计图应该包含以下要素以及需要注意的事项。

　　（1）统计图本身的选择要恰当，能够使用正确的统计图展示数据。避免出现不必要的标签、背景等。

　　（2）统计图的横轴和纵轴需要标注清楚，包括变量的单位等。

　　（3）统计图要有标题，图的标题一般在图的下方。标题要准确，并且有标号。

　　（4）统计图的比例要协调。统计图的配色要简洁，尽量避免出现过多的颜色。在很多统计图（如热图）中，颜色有一定的含义，切勿乱用。

　　（5）对于统计图要有适当的评述，尤其是在报告中使用统计图。

　　以图 2-8 为例。职称一共有三个水平（正教授、副教授和助理教授）。从图 2-8 中可以看出，正教授的人数最多（151 人），其次是副教授（131 人），人数最少的是助理教授（58 人）。很多报告，常常是一个统计图从天而降，咣当摆在报告里，没有任何评述，这是非常糟糕的做法。要么就不画图，画图就要有图的作用，必须有简单的评论。所谓写报告，统计图和评论更配。

　　有人抱怨软件，说这个软件画图不好看、那个软件配色丑。这是典型的睡不着觉埋怨枕头，自己画图丑别把责任推给统计软件。

例 2-1　借款用户信用等级频数分布柱状图

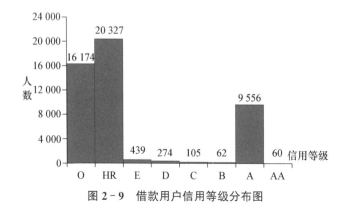

图 2-9　借款用户信用等级分布图

点评：

第一，这不是在画统计图，而是在画诗。这幅图画的是《题西林壁》中的"远近高低各不同"。最高的柱子高达 2 万多，最矮的柱子才 60。有两种解决办法：一是将特别少的归为其他，然后将柱子按照从高到低的顺序排列（这项技巧很实用，能让你的柱状图美观很多）；二是干脆就只画具有可比性的三个信用等级，然后用文字说明一下其他等级的频数特别少。

第二，是美观问题。人都说距离产生美，柱子之间需要留出空隙，让人喘口气。横坐标"信用等级"也体现了自己无处安放的青春，非要跟频数 60 挤在一起才有安全感吗？其实完全可以调整到横轴下方做一个安静的美男子。

第三，是图的标题。这个图的大名叫"柱状图"，你却起个绰号叫"分布图"。

总结一下，这个柱状图，画的没有错，只是丑而已！图 2 - 10 是其"整容"后的版本。

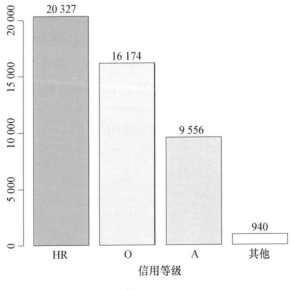

图 2 - 10

例 2 - 2　奥斯卡获奖者出生地的频数分布柱状图

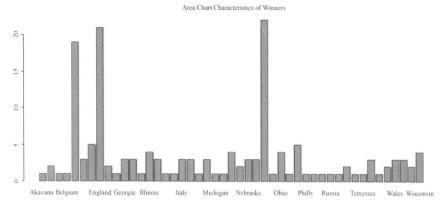

图 2 - 11　获奖者地区分布频数图

点评：

第一，这幅图可以用来玩"看统计图猜成语"的游戏，这个成语就是
"参差不齐"。洋洋洒洒几十根柱子，精心排列得奇丑无比。而且由于柱子
数太多，很多标签无法显示，根本无法知道每根柱子对应哪个地区，相当
于这个柱状图没有传递任何信息。解决办法是，将频数较少的类别合并，
然后将柱子按照从高到低排列。注意：柱状图的柱子数最好不要超过 10
根，否则美观程度将大打折扣。

第二，图的标题出现了两次，这是分析报告里经常看到的。图的上方标
注了一次标题（更多时候是统计软件默认的标题，而作者没有修改或者删
掉），然后图的下方又写了一遍。正确的做法是，只在图的下方写标题。

第三，图的标题和纵轴标题。与图 2 - 9 中的柱状图类似，大名叫"柱
状图"，就不要再给起个"频数图"或者"分布图"这种名字了。另外，
这个图缺少纵轴标题，可以标注"频数"或者"人数"。

总结一下，这个柱状图不但很丑，而且没能有效地传递任何信息。同
样的数据，完全可以换一种作图方式，例如将地域获奖者的人数标注在地
图上（如果能加上颜色，利用颜色的深浅来反映频数的多少就更好了）。

例 2 - 3　调查问卷中被调查者的一些基本情况

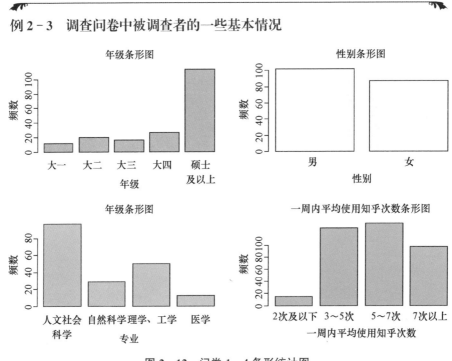

图 2 - 12　问卷 1—4 条形统计图

点评:

这不算是一个丑图，放在这里是因为有三点需要强调:

第一，图的标题。一般而言，若是竖着的柱子，称为柱状图；若是横着的柱子，称作条形图。柱状图和条形图没有什么本质的区别，只是展示方式不同。所以，这里叫柱状图更加贴切。

第二，柱子的排列。前文已提到，按照柱子从高到低排序，会使柱状图更美观。但不是所有情况都以此为标准。注意：本例中，是按照类别的顺序排列的（比如年级按照从大一到硕士的顺序），这也是排列柱子的一种方式。

第三，右上角的柱状图只有两个柱子。前文提到，柱状图的柱子数太多不美观。这里再补充一句，柱子数太少了也不漂亮。大家用心体会一下，画统计图跟养生特别像，传达的是一种适量的精神，信息量太多或者太少都不妥当。对于右上角这个柱状图，其实可以不用画图，用文字写上男生多少人、女生多少人（或者占比）即可。不是所有的数据描述都要通过画图来完成。

堆积柱状图

这里要讲的是一种更加复杂的柱状图，江湖人称"堆积柱状图"。按照惯例，还是先做一个正确的示范。堆积柱状图和柱状图的本质一样，都是在展示频数。只不过简单的柱状图只涉及一个离散型变量（比如性别），而堆积柱状图涉及两个离散型变量（比如性别和职称）。图 2-13 展示了一组样本数据性别和职称交叉频数的柱状图。

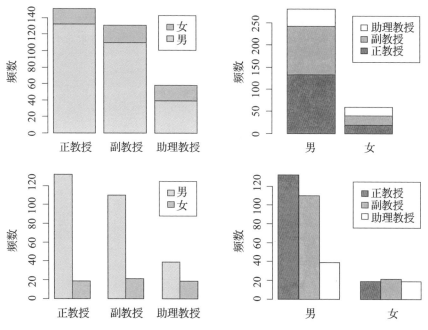

图 2-13　一组堆积柱状图示例

因为有两个离散型变量，柱子可以代表任何一个变量，这样就产生了两种画法。左上角的柱状图中，柱子代表职称；右上角的柱状图中，柱子代表性别。也正是因为柱子只能代表一个变量的不同类别，所以另一个变量的类别只能通过颜色（也有其他手段，颜色最为常见）进行区分。这样就需要一个额外的标签，标注另一个变量的不同类别所对应的颜色。按照交叉频数的展示手段，是"堆积展示"（左上角）还是"分开展示"（左下角），又会形成两种不同的画法。于是，同一组数据，可以有四种不同的展示方法。具体采用哪个柱状图，取决于想给读者传递的信息。比如右上角的柱状图，比起其他三个，能够更直观地传递男性总数多于女性这一信息。

有两点值得注意：（1）堆积柱状图也可以展示一个离散型变量和一个连续型变量，甚至两个连续型变量，前提是将连续型变量离散化，比如将年龄分成若干离散区间。（2）采用堆积展示的手段不太适合在柱子上标注出交叉频数，因为那样会显得混乱。

介绍了最基本的知识之后，来看看堆积柱状丑图。

例 2 - 4　北京市不同空气质量（从严重污染到良，共 5 个水平）下首要污染物出现的频数

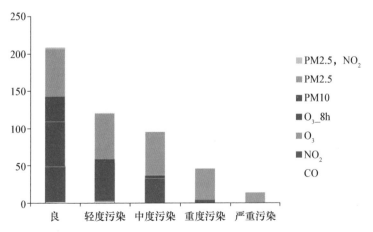

图 2 - 14　北京市不同空气质量指数类别下首要污染物分布图

点评：

第一，这是在对读者进行色弱测试吗？很难看出，哪段是 PM2.5，哪段是 PM10。注意，但凡类别较多，需要画堆积柱状图的时候，应选择区分度比较强的配色，以便识别每段柱子代表哪个类别。

第二，这些柱子上面最多出现了 4 种颜色，然而标签却显示出 7 种物质。看原始数据才发现（见表 2-1），CO 或者 O_3 频数太低，根本显示不出来。

表 2-1　北京市不同空气质量指数类别下首要污染物分布　　单位：天

空气质量指数	CO	NO₂	O₃	O₃_8h	PM10	PM2.5	PM2.5，NO₂	合计
良	2	47	0	60	34	63	2	208
轻度污染	2	0	1	51	5	61	0	120
中度污染	0	0	0	33	4	58	0	95
重度污染	0	0	0	4	0	42	0	46
严重污染	0	0	0	0	0	14	0	14
合计	4	47	1	148	43	238	2	483

不妨手动输入数据，去掉频数小于 10 的三种污染物，给出如图 2-15 所示的柱状图（虽然配色也没有美到哪里去）。请读者试着自己去看图说话，解读这个柱状图的结果。

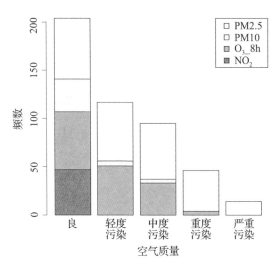

图 2-15　修改之后的污染物分布柱状图

例2-5 获得奥斯卡提名演员不同性别的获奖频数

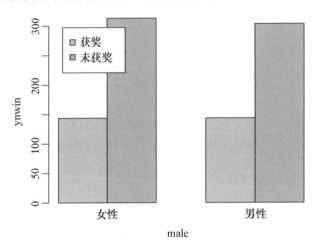

图2-16 male 对 ynwin 分组条形图

点评：

第一，图的标题和横轴、纵轴处，中英文混用。比如，横轴标着英文的 male，然后分别画了女性和男性的柱子。纵轴更过分，ynwin 是什么？或许你会说，前文中提到 ynwin 代表是否获奖，但前提是有多少人会专心看你那几十页报告。而且，这里纵轴应该标注"频数"，而非是否获奖。

第二，标签挡住了柱子。这是最让人难以容忍的。

第三，男性和女性这两组柱子非常像（蓝色柱高基本相同，粉色柱女性略高）！作者的评论写着："演员获奖事件的发生与性别无关。"看后更加让人一头雾水！那么，蓝色柱画的是获过奥斯卡奖的人数，还是人次呢（报告里面没交代）？如果是人次，这不是废话吗？每年奥斯卡都会有一男一女分获最佳男女主角奖（极少数情况下会有两人同时获奖）。如果是人数的话，会存在一个演员多次获奖的情况，蓝色柱高一样又有点太碰巧。这个统计图以及不清晰的陈述都给读者带来了很大的疑惑。

总而言之,这个柱状图是非常失败的展示,从图到评论都会给报告大大扣分!那么,怎么改呢?其实,不用画图,简单陈述一下,本文统计了多少届奥斯卡奖、提名了多少人、男女获奖者又有多少人就可以了。

柱状图之妙用

除了用来展示频数,柱状图还有别的用途。本节跟大家分享柱状图的其他两个妙用。

妙用一:展示某些常用的统计量,让你的汇报更直观

假设样本数据包含 1 000 辆车,4 种车型(A,B,C,D)。以往画柱状图,就是展示每种车型各有多少辆车。

现在,统计了这些车在 2022 年全年的保养花销,想比较不同车型的平均花销,看看哪种车型的平均保养费用最高。一般情况下,人们会分车型算出平均数,用统计表进行展示(统计表里可能还会报告其他统计量)。

作为另一种选择,也可以用柱状图进行展示,柱高就是统计量(平均保养费用)的取值,如图 2-17 所示(类别不多,可以按照车型排列柱子,也可以按照柱子高度排列)。

请注意:首先,千万不要每个统计量都展示一遍,均值、中位数、方差、标准差,一个变量画出好几个柱状图展示不同的统计量。要展示读者最关心的,或者最能讲出故事的那些统计量,做到少而精。其次,画这种柱状图时,非常容易犯一个错误,或者说有的报告是故意为之。图 2-18 展示的是车型 B 和 C 的年均保养费用。左侧的柱状图是一个正常的展示,Y 轴从 0 开始画起。右侧的柱状图特意隐去了 Y 轴。

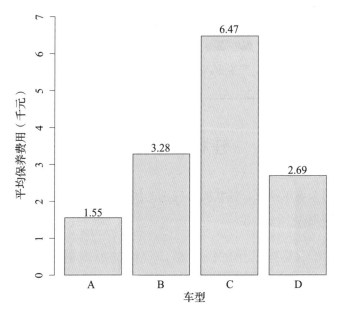

图 2 - 17　不同车型的平均保养花销

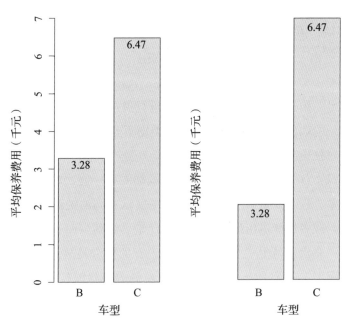

图 2 - 18　展示 *Y* 轴（左）和隐藏 *Y* 轴（右）的柱状图比较

比较左右两组柱状图可以看出，右侧的柱状图在视觉上拉大了两种车型的平均保养费用差距，因为右图的纵轴是从 2 开始画的。如果读者没有格外留意，就会在视觉上产生错觉，接收错误的信息（这里可不是在教你作假，而是在教你打假）。用某些作图软件（例如 R）画图，可能不会遇到这个问题。但是，如果用 Excel，就有可能遇到这个问题。

妙用二：展示回归分析的系数估计结果

大家可能会困惑，教材上从来没教过用统计图展示回归结果，老师教给我们的是要规规矩矩做成表，要汇报系数估计值、t 值、P 值，等等。设想下面两种场景：

第一，当你在听一个报告的时候，如果回归分析涉及 8～10 个自变量，给你的第一印象是什么？看不到重点，更没心思去细看系数估计值了。

第二，若你是作报告的人，翻到回归结果那页 PPT 的时候，讲述起来是不是也略显吃力呢？听众的心恐怕早就飞到九霄云外了。

做展示，跟写报告又不同，需要想尽办法用统计图去抓住听众的心。假设一批样本数据，因变量是来年的净资产收益率，自变量包括当年净资产收益率、资产周转率等 9 个指标。表 2-2 展示的是全模型回归结果（只简略展示了部分系数估计值和 P 值）。

表 2-2　全模型回归结果

变量名	系数估计值	P 值
截距项	0.454	0.390
ROE	0.487	<0.001
ATO	-0.015	0.758
PM	0.079	0.554
LEV	-0.040	<0.001
……	……	……

在报告中，回归结果往往是以表 2-2 的形式展现的，然而这种方式不太适合 PPT 汇报。可以用柱状图展示回归系数估计值，如图 2-19 所示。

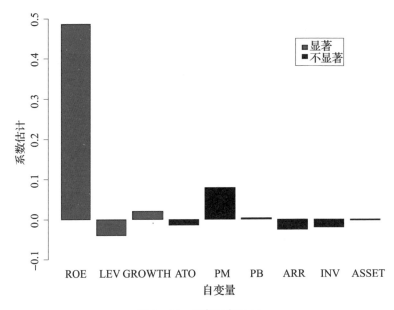

图 2 - 19　回归系数展示

图 2 - 19 的展示效果有三点需要注意：

（1）用红色和黑色区分了显著和不显著的系数估计。红色是指系数估计与 0 有显著差异，而黑色是指没有。因此，解读的时候，关注红色柱子即可。

（2）柱子朝上，说明自变量和因变量的关系是正向的。自变量取值增加的时候，因变量取值也增加。类似地，如果柱子朝下，说明自变量和因变量的关系是负向的。自变量取值越大，则因变量取值越小。

（3）若对自变量进行了标准化，那么柱子的高度，也就是系数的估计值有可比性，可以直观地区分出自变量对因变量的影响大小。

饼　图

饼图是一种使用非常广泛的统计图，也是丑图的重灾区。饼图跟柱状图一样，都是针对离散型数据的统计图。柱状图多用于展示频数，饼图多用于展示频率（也就是比例）。下面先展示一个规规矩矩的饼图（见图 2 - 20）。该饼图展示的是在某游戏中，最近一周 9 个职业使用热度（就是某一职业使用次数占总次数的比例）。法师这个职业使用次数最多；最受嫌弃的职业是战士，占比不到 5％。

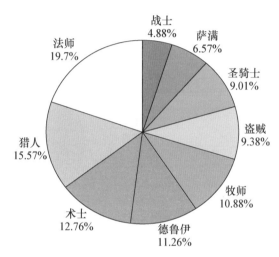

图 2 - 20　游戏《炉石传说》中职业分布饼图
资料来源：炉石传说盒子（lushi. 163. com）。

下面先看三组丑图，然后再做总结。重点从饼的块数和标签的标注来进行点评。

例 2 - 6　一拍两散，貌合神离

当一个离散型变量只有两个取值的时候，无论在报告里还是在 PPT 里，都不建议画饼图，因为很容易画成如图 2 - 21 的丑样。

这类饼图之所以不好看，主要是因为变量只有两个取值，信息量太少。那怎么办？如果是在报告里，建议直接写一句话。比如右上角的饼图，可以写成"样本数据中，成功的比例为 51.6％"。如果非要画图做 PPT 展示，除非你能画成图 2 - 22 这样（对，你没看错，是《魔兽世界》里的部落和联盟），否则就别画！

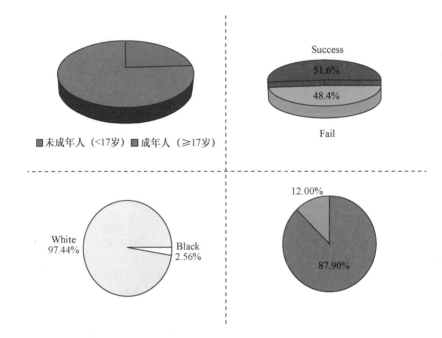

图 2 - 21　一组类别数较少的饼图示例

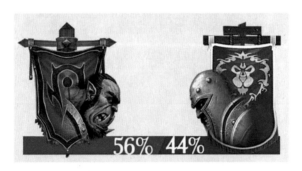

图 2 - 22　一个美观的数据展示示例

例 2 - 7　群雄割据，丑绝人寰

　　与例 2 - 6 中的饼图形成鲜明对比，图 2 - 23 展示的是变量取值特别多的一类饼图。除非这几个类别分布比较均匀（如左上角的饼图，是魔兽玩

家星座分布），否则效果就是剩下的几个饼图。需要注意以下几点：

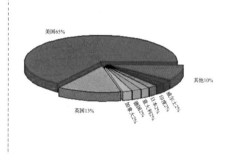

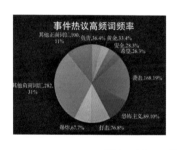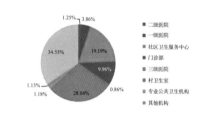

图 2-23　一组类别数较多的饼图示例

　　第一，饼的块数过多的时候，有两种改进办法：一种是将比例不到5％的归为一类，叫作其他。可以在饼的下方加个注释或者在行文中提及"其他"都包括什么。另一种是画条形图。条形图是柱状图的兄弟，是把柱状图顺时针旋转90度。由于平时写报告的纸张纵向较长，所以条形图比柱状图更适合展示类别数较多的离散型变量。

　　第二，饼的标签单独放在旁边的时候，读者对应起来很费劲，比如右下角的饼图。细心一点的读者还会发现：这个饼分了9块，右侧的标签只有8个。另外一个34.53％的饼对应的标签呢？

　　第三，饼的标签，一般只标注百分比，很少标注频数或者两者都标注。左下角的饼图就同时标注了频数和百分比，异常混乱。

　　下面针对右下角的饼图，做了改良（见图2-24）。

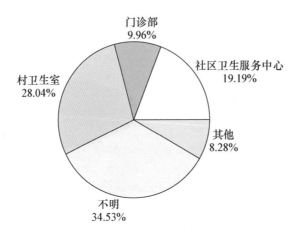

图 2-24　一个改良后的饼图

例 2-8　不多不少，丑得正好

例 2-6 和例 2-7 中的两组丑图所涉及的离散型变量取值要么太少，要么太多。如果一个离散型变量取值不多不少，画出来的饼图就一定美美哒吗？请看图 2-25 所展示的这组充满想象力的饼图。

左上角的饼图，厚重感满满。但比例不标注，标签也很难对应上。右上角的饼图，小数位数保留两位即可。左下角的饼图，标签是"1，2，3，4，5"，跟比例完美地融合在一起不分彼此。很多小伙伴一定不服气了，数据就是这样的，画出来的饼图当然这么丑。为了回答这个问题，引用 R help 里面的一句话："Note：Pie charts are a very bad way of displaying information. The eye is good at judging linear measures and bad at judging relative areas. A bar chart or dot chart is a preferable way of displaying this type of data."翻译过来就是：没事儿别画饼图！

那有没有改良版的饼图呢？这里隆重推出一款"整容"神器：复合饼图。中心思想是把占比特别小的区块用另外一个饼图放大出来。右上角的饼图"整容"之后如图 2-26 所示。你肯定想不到，这是用 Excel 画的。

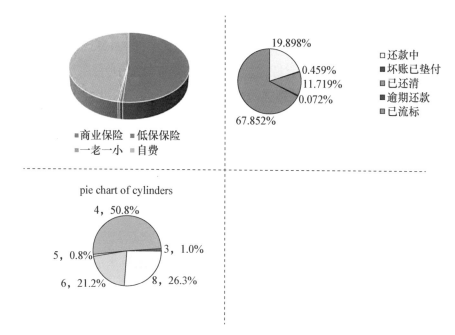

图 2‑25 一组分布极不均匀的饼图示例

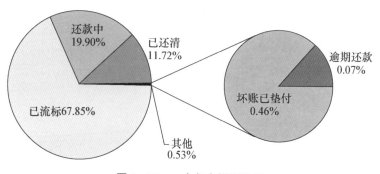

图 2‑26 一个复合饼图示例

最后，进行总结。

第一，饼的块数。这是经常碰到的问题，一块饼到底多少个人吃才合适呢？块数少了，每个人都容易吃撑；块数多了，大家都吃不饱。结论是：不多不少。

第二，饼的标签。一种规规矩矩的做法是在饼的旁边对应标注类别＋比例。还有一种常见的做法是只在饼上标注比例，在旁边额外标注相应的类别。然而，第二种做法不是那么容易对应上，所以还是推荐第一种标注方法。

第三，饼的配色。精挑细选的难看配色比比皆是。R 里面有四种常用的配色：heat. colors，terrain. colors，cm. colors 以及 rainbow。大家可以尝试一下，然后量力而行。用力过猛的后果很严重！注意：面积大的区块用浅色，面积小的区块用深色。

直方图

直方图是针对连续型变量所做的统计图。笔者随机生成了 1 000 个来自标准正态分布的随机数，画了一组直方图（见图 2-27）。

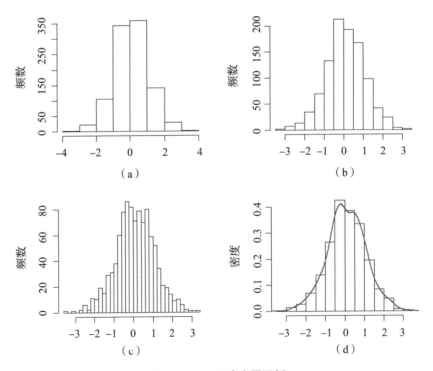

图 2-27 一组直方图示例

直方图的横轴是实数轴，被分成了许多连续的区间。这些区间，可以是等距的，也可以是不等距的；可以是左开右闭的，也可以是左闭右开的。直方图的纵轴有两种处理方式：一是代表频数，如图 2 - 27 中的（a）、（b）、（c）；二是代表密度，如图 2 - 27 中的（d）。先看（a）、（b）、（c），这三个图的共同点是，纵轴代表频数，就是落在相应区间内的样本数。三个图的不同点是，区间的宽度不一样，从（a）到（c），区间越来越"窄"，数据的分布形态也被展示得越来越"细"。一般认为，（b）是看着比较舒服的。再看（d），这个图的纵轴是概率密度（不是频率），图中红色的线是用非参数方法估计的概率密度曲线。实际上，直方图是一种非参数方法。（d）在学术论文中使用较多，在偏向应用的报告中，更多地使用纵轴是频数的直方图。

直方图最大的用处是观察数据分布的形态，了解数据的取值范围。关于数据分布，主要分为对称、右偏和左偏三种。下面来看另一组直方图（见图 2 - 28）。

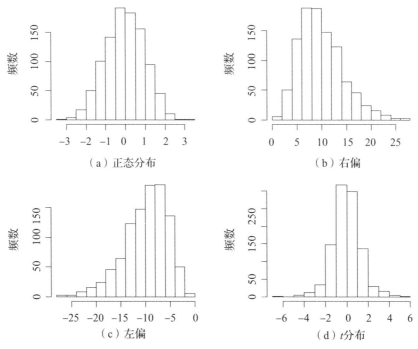

图 2 - 28 一组不同分布形态的直方图示例

图 2 - 28 中的（a），（b）和（c）分别是对称分布、右偏分布和左偏分布的形态。对称的形态比较容易判断，但有人经常搞不清右偏和左偏。直方图的"尾巴"在哪里，就是往哪里偏，仿佛新娘婚纱的拖尾一样。例如，人们常说的二八定律，说的是绝大多数客户带来的收入（利润）都很低，只有少数客户做出了巨大贡献。如果数据服从这种规律，那么直方图就应该是右偏的，因为大量的样本集中在左边（原点附近），代表低价值客户，而少数样本集中在右边，代表高价值客户。

在运用直方图时需要注意以下两点：

第一，当拿到数据之后，往往需要为连续型变量画直方图，看看分布的形态，这是正确的做法。但不是每个直方图都要放在报告或者 PPT 里，因为有的数据画出来的直方图并不好看，如图 2 - 29 所示。

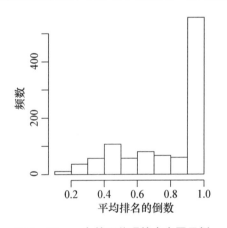

图 2 - 29　一个并不美观的直方图示例

这个直方图不好看，问题并不在于直方图本身，而是数据分布没法画出赏心悦目的直方图。在数据分析的初始阶段，可以做各种画图尝试。但是在报告阶段，要选择美观的、有展现力的图表来汇报，并且讲出故事。实在难以应付的，可以选择不画图而是用文字简要汇报。因此，描述分析不在全面而在精辟。

第二，要看作的图是否有效传递了信息，同时想一想是否有其他展现手段，否则后果将如图 2 - 30 所示。

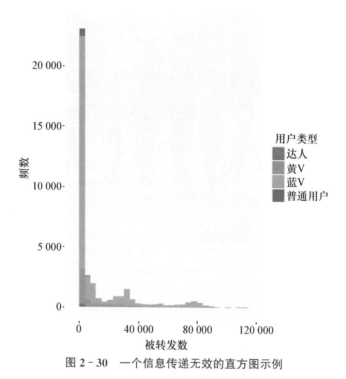

图 2 - 30　一个信息传递无效的直方图示例

　　图 2 - 30 展示的是四类用户的微博被转发数的直方图。四个直方图在一个图中，颜色互相覆盖，没能准确传递任何信息。一种可行的解决办法是，做一个统计表，比较四类用户的微博被转发数的各种统计量（最值、均值、分位数、标准差等），效果会好很多。所以，要学会用有效的手段展示数据，画图不是唯一选择，做统计表或者文字陈述也是可行的。

折线图

　　本节主要讲解针对时间序列的统计图——折线图。先看三种常见的数据类型——横截面数据、时间序列数据和面板数据，分别如图 2 - 31 至图 2 - 33 所示。

图 2-31　横截面数据

图 2-32　时间序列数据

图 2-33　面板数据

● 横截面数据是指在某一时间点，从多个对象处采集到的数据。比如某次狗熊会团队跑步活动中，团队成员的身高、体重，以及跑 10 千米的耗时。

● 时间序列数据是指在一些时间点上，针对某个对象采集的数据，反映事物随时间的变化。比如 2020 年 3 月至 2022 年 9 月，每个月给孩子测量一次体重。

● 面板数据是指在多个时间点上，针对同一批对象采集的数据。比如 2020 年 3 月至 2022 年 9 月，每个月采集爸爸、妈妈和孩子的身高、体重等数值。

本节主要介绍时间序列数据。时间序列数据的典型特征是带有时间标签，因此折线图的横轴是时间（顺序不能乱），纵轴是某一指标取值。将每个时间点上采集到的指标取值标在图上，相邻的两个点用直线连接起来，就形成了折线图。

例 2 - 9　追热剧《老九门》

图 2 - 34 展示的是热播剧《老九门》首播时百度搜索指数时间序列图。从这张图上，能够明显看出"周期"规律，原因是该剧每周一和周二播出，因此周一和周二的搜索会出现一个波峰，呈现周期规律。

图 2 - 34　热播剧《老九门》百度搜索指数

由例 2-9 可以看出折线图的三大特点：

第一，看趋势。指标随着时间的变化，呈现递增、递减或是持平的趋势。

第二，看周期。观察指标的取值是否呈现一定的周期规律（例如《老九门》的搜索指数）。

第三，看突发事件。观察指标的取值是否因为某个事件的发生出现波峰或者波谷。

另外，折线图也可以用来对比多个指标的变化，也就是一张图里有多条折线。

例 2 - 10 北京的哥的忙碌时段

图 2-35 是北京市出租车在工作日和周末每小时接单数的时间序列图。从图中可以看出：（1）工作日和周末出租车每小时接单数变化趋势相同，有两个高峰，分别是上午 9 点到下午 1 点以及晚上 6—8 点；（2）在上午 8 点到下午 2 点的时间段，出租车工作日每小时接单数多于周末；（3）在凌晨时段，周末的每小时接单数多于工作日。这从一定程度上反映了人们在工作日和周末的出行规律。

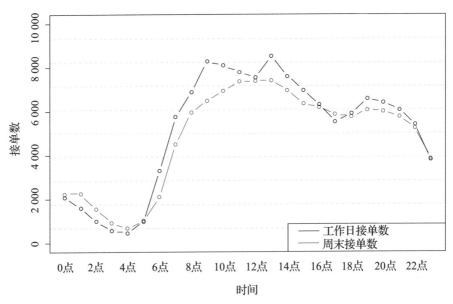

图 2-35 工作日和周末的出租车每小时接单数折线图

需要注意的是，经济指标的变化趋势惯用柱状图，而非折线图。这里没有孰对孰错，主要看个人使用习惯。图 2-36 是根据国家统计局数据画出的民用汽车拥有量随时间变化的柱状图，柱高代表民用汽车拥有量，本质上跟折线图一个道理。

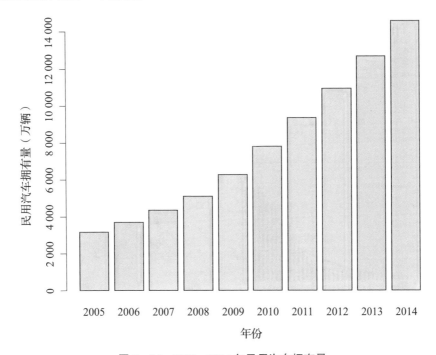

图 2 - 36 2005—2014 年民用汽车拥有量

最后展示几张丑陋的折线图（见图 2 - 37），并进行点评。

（1）左上图：一根线飘在空中，让人不明所以。不妨对纵轴展示范围进行调整。

（2）右上图：三根折线两个纵轴，让人难以比较。

（3）左下图：少了纵轴标题，横轴标签过于密集。

（4）右下图：只能用一个词来表达——一团乱麻。如果有太多的信息想要表达，而且非要在一个图中，就是这个效果。

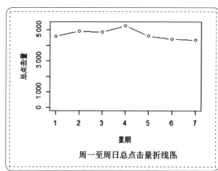
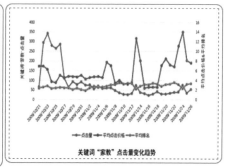
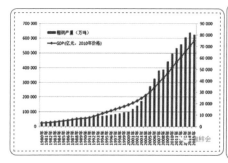
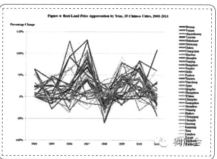

图 2 - 37   一组不美观的折线图示例

散点图

散点图是用于展示两个（连续型）变量的一种常用统计图。

散点图中的每一个点，由横纵两个坐标值组成。从散点图（见图 2 - 38）中可以解读两个变量的相关关系：正线性相关（左上）、负线性相关（右上）、非线性相关（左下）、不相关（右下）。需要注意的是，相关关系不等于因果关系，人们渴求因果关系，但常用的许多统计工具（回归分析等）探求的只是相关关系。

除了已知的两个变量，当数据中还有其他变量信息时，可以通过改变

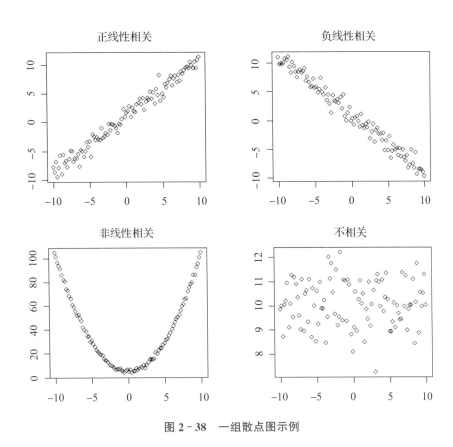

图 2 - 38　一组散点图示例

点的颜色、形状和大小来传递更多的信息。在图 2 - 39[①] 中，横轴是信用卡账户余额，纵轴是年收入。从散点图上看，两个变量之间没有明显的相关性。除此之外，还有第三个变量——是否违约。将违约用户用橙色的十字表示，非违约用户用蓝色的圆圈表示。能够看出，两类人群的信用卡余额有着十分明显的差别，但年收入并没有差别。

　　从散点图上，还能发现一些"异常"的信息，也就是"离群点"。在车联网行业中，可以通过车上设备获得汽车的实时车速（单位：米/秒）。图 2 - 40

---

　　① 　JAMES G，WITTEN D，HASTIE T，et al. An introduction to statistical learning. Springer，2013.

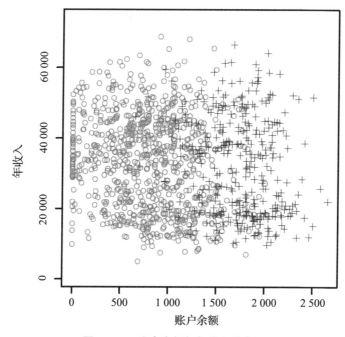

图 2-39 账户余额与年收入散点图

是一段路程的前后时速散点图。横轴是 t 时刻的车速，纵轴是（$t+1$）时刻的车速。可以看出，当前时刻的车速与下一时刻的车速是高度线性正相关的。同时也能看到一个明显的"离群值"，疑似是一种"急刹车"行为。

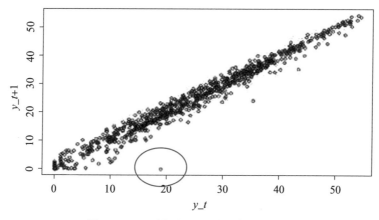

图 2-40 t 时刻和 $t+1$ 时刻车速散点图

当数据中有多个连续型变量时，可以两两画散点图，形成散点图"矩阵"。图 2-41 展示的是鸢尾花的萼片长度、萼片宽度、花瓣长度和花瓣宽度的散点图矩阵，同时还用颜色区分了三个不同的品种。

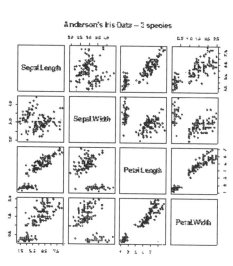

图 2-41 一个散点图矩阵示例

然而，如果数据中有很多连续型变量，散点图矩阵会让人抓不到重点。这时可以两两计算相关系数。遗憾的是，如果把相关系数的数值展示成矩阵，并不直观。在此，可以将相关系数矩阵可视化。图 2-42 展示的是"英超进球谁最强"的相关系数矩阵图。图中的"圆圈"越大，相关性越强。越接近深蓝色，代表正相关性越强；越接近深红色，代表负相关性越强。对角线都是深蓝色的大圆圈，这是因为一个变量与自己的相关系数是 1。通过相关系数矩阵图，可以迅速得到一组变量的相关关系的大致情况。

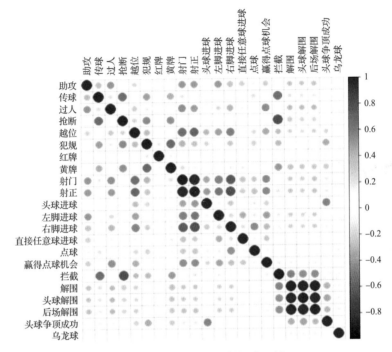

图 2-42　一个相关系数矩阵示例

箱线图

　　箱线图（boxplot）是一种针对连续型变量的统计图。但是，要画好很不容易。

　　首先看一个长相标致的箱线图（见图 2-43）。该图模拟了一个样本数据，假设是学生的期末考试得分。

　　根据图 2-43，可以看出箱线图的基本三要素：

　　（1）箱子的中间一条线，是数据的中位数，代表了样本数据的平均水平。

　　（2）箱子的上下限，分别是数据的上四分位数和下四分位数，意味着箱子包含 50% 的数据。因此，箱子的高度在一定程度上反映了数据的波动程度。

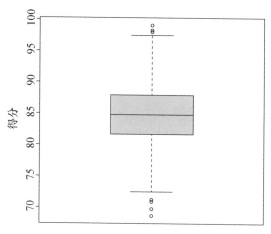

图 2 - 43　学生期末考试得分箱线图

（3）在箱子的上方和下方，又各有一条线，有时代表最大值或最小值，有时会有一些点"冒出去"。如果有点"冒出去"，应理解为异常值。

需要注意的是，虽然箱线图也能展示分布的形态，但人们更习惯用直方图去解读分布的形态，而非箱线图。

例 2 - 11　不是所有的数据都适合画箱线图

图 2 - 44 展示的三个箱线图看着并不舒服，主要原因是，箱子被压得很扁，甚至只剩下一条线，同时还存在很多刺眼的异常值。出现这种情况有两个常见的原因：一是样本数据中存在特别大或者特别小的异常值，这种离群的表现导致箱子整体被压缩，反而凸显出这些异常；二是样本数据特别少，数据少就有可能出现各种诡异的情况，导致统计图很不美观。

如果画出的箱线图如图 2 - 45 中左图所示的那样，有两个解决办法：第一，如果数据取值为正数，那么可以尝试做对数变换。对数变换可谓画图界的整容神器，专门解决不对称分布、非正态分布和异方差现象等问题。图 2 - 45 中右图展示的是"整容"后的箱线图。第二，如果不想变换，那么建议不画箱线图。

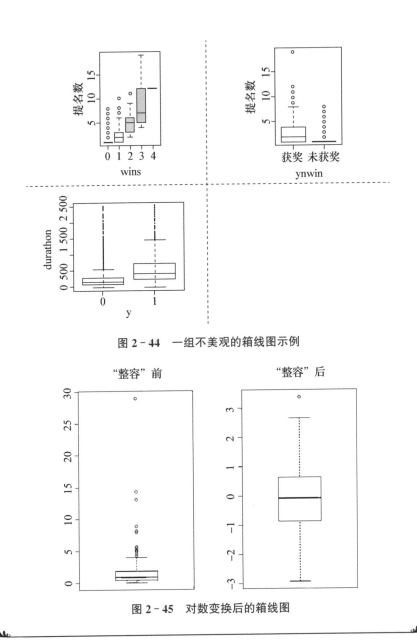

图 2 - 44　一组不美观的箱线图示例

图 2 - 45　对数变换后的箱线图

例 2 - 12　箱线图应该怎么用

箱线图的用法是，配合定性变量画分组箱线图，作比较。如果只有一个定量变量，很少用一个箱线图去展示其分布，更多选择直方图。箱线图更有效的使用方法是作比较。

假设要比较男女教师的教学评估得分，用什么工具最好？箱线图。从图 2 - 46 可以看出，箱线图明显更加有效，能够根据平均水平（中位数）、波动程度（箱子高度）以及异常值对男女教师的教学评估得分进行比较，而直方图却做不到这点。

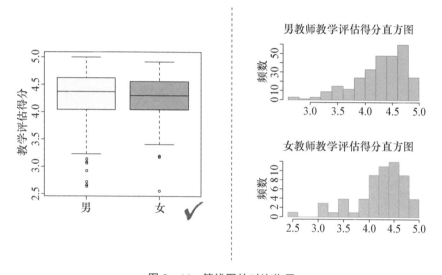

图 2 - 46　箱线图的对比作用

假设共涉及 3 个变量：定量变量是牙齿生长长度，体现在图形的纵坐标，也就是箱子展示的内容。第一个定性变量是维生素 C 的剂量，三种水平（0.5mg、1mg 和 2mg），体现在横坐标，所以一共有 3 组箱线图；第二个定性变量是食用的食物，是维生素 C 还是橙汁，分别用黄色和橙色表示，所以每组箱线图里又包含两个箱子。

从图 2 - 47 可以看出：(1) 随着使用剂量的增加，不管食用的是哪种食物，牙齿生长长度的平均水平（中位数）都在上升。(2) 当使用剂量为 0.5mg 和 1mg 时，食用橙汁带来的牙齿生长的平均长度（中位数）要比食用维生素 C 高，波动程度也相应更高。(3) 当使用剂量为 2mg 时，食用两种食物带来的牙齿生长平均水平（中位数）相当，食用维生素 C 带来的牙齿生长长度波动相对更大。

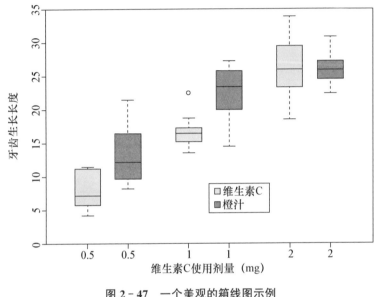

图 2-47　一个美观的箱线图示例

茎叶图

本节将通过以欧洲杯为背景的综合案例，对比几种统计图，同时还会介绍一种很少用到的统计图：茎叶图。

图 2-48 展示的是原始数据的一部分，我们从腾讯网手动收集了2016 年欧洲杯小组赛截至 2016 年 6 月 18 日的进球数据（共 42 个进球）。第一列是每一个进球的发生时间，也就是这个进球发生在比赛第几分钟。第二列是更粗一点的时间段——上半场、下半场还是伤停补时。对这个数据做分析，主要是想看看进球时间的分布规律，分析过程可以由粗到细地推进。

	A	B
1	进球时间	时间段
2	57	下半场
3	65	下半场
4	89	下半场
5	5	上半场
6	10	上半场
7	61	下半场
8	81	下半场
9	73	下半场
10	92	伤停补时
11	41	上半场

图 2-48　进球时间的部分原始数据

第一步：饼图

主要看上下半场以及伤停补时的进球分布。

从图 2-49 可以看出，超过一半的进球都发生在下半场。另外，伤停补时是个关键的时段，有 14.29％的进球发生在那短短的几分钟。所以，如果你没有时间看全场，那么上半场可以直接快进了。

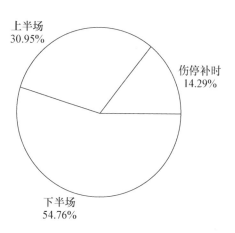

图 2-49　进球时间段分布饼图

第二步：柱状图

主要看更加细分的时间段内进球的分布。

从图 2-50 可以看出，将时间以 15 分钟为间隔进行划分，前 30 分钟是进球数最少的时间段。后面的每个 15 分钟区间中，45～60 分钟时间段进球最多。最后的伤停补时阶段（90＋）出现了 8 个进球，完全不逊色于其他时间段，看来这届欧洲杯上演了许多精彩绝杀。

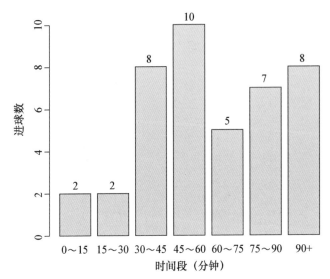

图 2 - 50　进球时间段分布柱状图

第三步：直方图

把时间看作连续的，可以画出更加细致的直方图（见图 2 - 51），可惜并不美观。

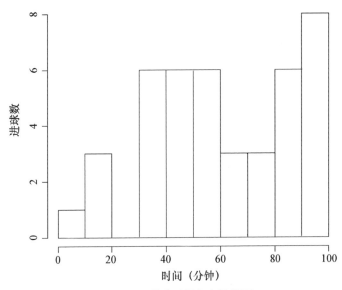

图 2 - 51　进球时间分布柱状图

第四步：茎叶图

茎叶图可以同时展示原始数据和分布的形
状，图形由"茎"和"叶"两部分组成。通常以
数据的高位数字作为树茎，低位数字作为树叶。
进球时间数据的茎叶图如图 2-52 所示。

图 2-52 直接展示了原始数据，"|"左边的
数字是进球时间的十位数，这是"茎"。"|"右
边的数字是进球时间的个位数，在相应时段出现
了几个进球，就会列出几个，这是"叶"。以第 4
行为例，在 30～40 分钟的时段内进了 6 个球，分
别是 31 分钟 1 个、32 分钟 2 个、34 分钟 1 个和
37 分钟 2 个。从图 2-52 还能看出来，截至 2016

```
0 | 5
1 | 089
2 |
3 | 122477
4 | 125889
5 | 016779
6 | 125
7 | 135
8 | 017789
9 | 00122266
```

图 2-52　进球时间
茎叶图

年 6 月 18 日，2016 年欧洲杯最快的进球是开场后 5 分钟（来自瑞士队的
萨沙尔）。如果嫌茎叶图不好看，可以改进一下，如图 2-53 所示。

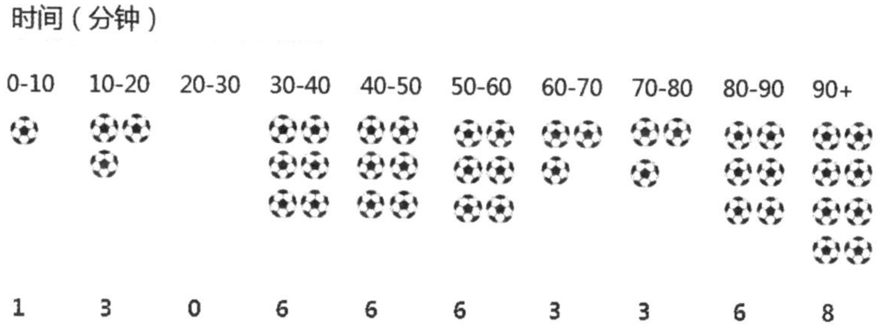

时间（分钟）

0-10	10-20	20-30	30-40	40-50	50-60	60-70	70-80	80-90	90+
1	3	0	6	6	6	3	3	6	8

图 2-53　改进后的茎叶图

统计表

统计表是另一种展示数据的重要手段。类似于绘制统计图，绘制统计
表的时候也要遵循一定的规范。在这里，我们以频数频率表为例来说明绘
制统计表的规范。

（1）统计表由行和列组成，行列的标题需要标准并且准确。

（2）统计表的内容大多由数字组成。数字如果是小数，要保留相同的位数。

（3）统计表要有表标题，表的标题一般在表的上方。标题要准确，并且有标号。

（4）统计表的形式以"三线表"为主，应避免添加过多的线条导致统计表过于混乱。

（5）与统计图一样，报告中需要对统计表进行一定的解读。

表2-3是熊学院各年级学生人数的频数频率表，除了展示各年级的频数之外，还汇报了相应的频率以及总计。相比统计图，统计表包含了更多的信息，但不如统计图直观。统计表和统计图各有优势，在报告中应灵活使用。

表2-3　熊学院各年级学生人数的频数频率表

	大一	大二	大三	大四	总计
频数	152	157	162	149	620
频率（%）	24.5	25.3	26.1	24.0	100.0

第三章/Chapter Three

回归分析

回归分析是实现从数据到价值的不二法门。本章将学习什么是回归分析，有哪些常见的回归分析模型，适用于什么样的数据类型，可以支撑什么样的业务应用。

什么是回归分析？

在"道"的层面，回归分析是一种重要的思想，在它的指导下，我们将一个业务问题（或者科学问题）定义成一个数据可分析问题。在"术"的层面，回归分析就是各种各样的统计学模型。回归分析主要包括五种类型——线性回归、0-1回归、定序回归、计数回归，以及生存回归，称为"回归五式"。

第一式：线性回归

线性回归，更严格地说是普通线性回归，其主要特征是：因变量 Y 必须是连续型数据，而对解释性变量 X 没有太多要求。典型的连续型数据包括身高、体重、价格、温度等。但是，在实际工作中，所有的计算机都只能存储有限位有效数字。因此，在真实的数据世界中，不存在严格的连续型数据，只有近似的。普通线性回归在数据世界中，可以应用于股票投资、客户终身价值、医疗健康等领域。

第二式：0-1 回归

0-1 回归就是因变量 Y 是 0-1 型数据的回归分析模型。0-1 型数据是指只有两个可能取值的数据类型。例如，性别，只有"男"或者"女"两个取值；消费者的购买决策，只有"买"或者"不买"两个取值；病人的癌症诊断，只有"得癌症"或者"不得癌症"两个取值。遇到这种数据的时候，线性回归就不好使了，此时需要的是回归分析第二式：0-1 回归。

0-1 型的因变量又包含了众多招数，其实大同小异，最常见的有两招：一招是逻辑回归，也叫 Logistic Regression；另一招是 Probit Regression。相关的重要应用很多，并且都很时髦有趣，比如互联网征信、个性化推荐、社交好友推荐等。

第三式：定序回归

定序回归就是因变量 Y 为定序数据的回归分析模型。定序数据就是关乎顺序的数据，但是又没有具体的数值意义。例如，狗熊会出品一款新的矿泉水，叫作"狗熊山泉"。现在想知道消费者对它的喜好程度，因此决定请人来品尝，根据其喜好程度，给出一个打分。1 表示非常不喜欢，2 表示有点不喜欢，3 表示一般般，4 表示有点喜欢，5 表示非常喜欢。这就是人们关心的因变量 Y。这种数据很常见，有以下两个特点：

第一，没有数值意义，不能做任何代数运算。例如，不能做加法。不能说，1（非常不喜欢）加上一个 2（有点不喜欢）居然等于 3（一般般）。这显然不对。这就是该数据的第一个特点：没有具体的数值意义。

第二，顺序很重要。例如，1（非常不喜欢）就一定要排在 2（有点不喜欢）的前面，而 2（有点不喜欢）就必须要排在 3（一般般）的前面。这个顺序很重要，这就是为什么称其为"定序数据"。

定序回归常见的应用场景如：各种关于消费者偏好的市场调研（李克特1~5点量表）；豆瓣上对电影的打分评级（1~5分）；电商平台上对商品或商家的满意程度（1~5颗星）；在医学应用中，有些重要的心理相关的疾病（如抑郁症）也会涉及定序数据等。

第四式：计数回归

如果因变量 Y 是一个计数数据，那么对应的回归分析模型就是计数回归。什么是计数数据呢？就是数数的数据。例如，谁家有几个孩子，养了几条狗。这样的数据有什么特点？既然是数数，就必须是非负的整数。不能是负数，说谁家有负 3 个孩子，没这事；不能是小数，说谁家养了 1.25 只小狗，也没这说法。

计数数据常见的应用有哪些呢？客户关系管理中，有一个经典的 RFM 模型，其中这个 F 就是 frequency，指的是一定时间内客户到访的次数。可以是 0 次，也可以是 1 次、2 次，或者很多次。但是，不能是−2 次，也不能是 2.3 次。医学研究中，一个癌症病人体内肿瘤的个数：0 是没有，也可以是 1 个、2 个，或者很多个。社会研究中，二孩政策放开，一对夫妻最后到底选择生育多少个孩子呢？可以是 0 个、1 个，也可以是 2 个，但是，不能是−2 个，也不能是 0.7 个。

第五式：生存回归

生存回归是生存数据回归的简称，即因变量 Y 为生存数据的回归分析模型。其中，生存数据就是刻画一个现象或个体存续了多久，也就是常说的生存时间。为此需要清晰定义：什么是"出生"？什么是"死亡"？

以人的自然出生为"出生"，以人的自然死亡为"死亡"，就定义了一个人的寿命，这就是一种典型的生存数据应用。该数据对寿险精算非常重要：以一个电子产品（例如灯泡）第一次使用为"出生"，最后报废为

"死亡"，就定义了产品的使用寿命；以一个消费者注册成为会员为"出生"，到某天消费者流失不再登录为"死亡"，就定义了一个消费者的生命周期；以一家企业的工商注册为"出生"，破产注销为"死亡"，就刻画了企业的生存时间；以一个创业团队获得 A 轮融资为"出生"，创业板上市为"死亡"（请注意，这是一个开心的"死亡"），就刻画了风险投资回报的周期。由此可见，生存数据无处不在。

生存数据看起来是连续型数据，为什么不用线性回归呢？如果生存数据是被精确观察到的，那么普通线性回归确实可以用来分析生存数据。但问题是生存数据有可能并未被精确观测到。

以人的寿命为例，在抽样调查过程中，隔壁老王被抽中。老王今年 60 岁，身体倍儿棒，吃嘛嘛香，核心问题是他还好好地活着。因此，他的最终寿命 Y 并不为人所知。但可以确定的是，Y 一定比 60 大。这是一个宝贵的信息。所以，在数据上把 Y 记作 60＋。只要数据后面跟着一个"＋"，就表明真实的数值比这个大，但是大多少不知道。这种数据称作截断的数据（censored data）。这就是生存数据最独特的地方。

至此，五种最常见的回归分析模型的基本框架就介绍完了。接下来，本书将结合不同的实际案例，进一步展示它们各自的有趣应用。

线性回归：北京市二手房房价影响因素分析

二手房时代

北京市房地产市场是我国最为发达、最具有代表性的房地产市场之一。截至 2016 年 5 月 25 日的北京住宅年内交易数据显示，北京市二手房交易占市场住宅成交比例高达 86.2％，北京楼市已经全面进入二手房时代。然而，突如其来的疫情使得线下看房业务受阻，手续处理周期变长，极大地影响了二手房成交量。在疫情最为严重的 2020 年，第一季度北京二手住宅成交量同比下滑 56.3％。但是，疫情只是稍稍按了一下暂停键，在国内疫情好转、信贷政策利好等多重因素影响下，二手房市场缓慢恢复，2021 年北京二手房成交量达到 19.25 万套，达到此前几年的最高点。

数据来源和说明

本案例所关心的因变量 Y 是单位面积房价（单位：万元/平方米）。二手房的市场价格是多种因素综合作用的结果，本案例收集了某二手房中介网站的 16 210 套在售二手房相关数据，对二手房房价的相关影响因素展开研究。

所有的 X 变量如表 3-1 所示，主要分为内部因素和区位因素两部分。其中，内部因素包括房屋面积、卧室数、厅数、楼层；区位因素包括所属城区、是否邻近地铁、是否学区房三个因素。由于数据限制，没有能够考虑更多的相关指标（例如，交通、商圈、医疗、教育等）。显然，这些因素都是重要的，是本案例可以显著改进的方向。

表 3-1　数据变量说明表

变量类型		变量名	详细说明	取值范围	备注
因变量		单位面积房价	单位：万元/平方米	1.83～14.98	
自变量	内部因素	房屋面积	单位：平方米	30.06～299.00	
		卧室数	单位：个	1～5	
		厅数	单位：个	0～3	建模时处理成是否有客厅
		楼层	定性变量：共 3 个水平	低楼层、中楼层、高楼层	相对楼层
	区位因素	所属城区	定性变量：共 6 个水平	朝阳区、东城区、丰台区、海淀区、石景山区、西城区	
		是否邻近地铁	定性变量：共 2 个水平	1 代表临近地铁；0 代表不临近地铁	82.78%邻近地铁
		是否学区房	定性变量：共 2 个水平	1 代表学区房；0 代表非学区房	30.31%为学区房

二手房价格

从直方图（见图 3-1）可以看出，单位面积房价呈现右偏分布。具体来说，单位面积房价的均值为 6.12 万元/平方米，中位数为 5.74 万元/平方米。这一现象符合人们对于房价的基本认知，即存在少数高价房拉高了房价的平均水平的情况。

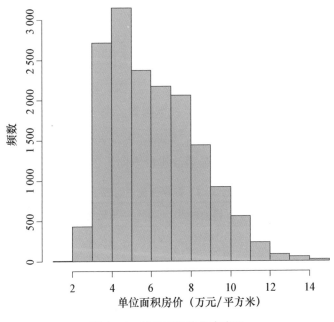

图 3-1　单位面积房价直方图

在本案例中，单位面积房价的最小值为 1.83 万元/平方米，所对应的房屋是丰台区东山坡三里的一套两居室，总面积为 100.83 平方米；最大值为 14.99 万元/平方米，所对应的房屋是西城区金融街的一套三居室，总面积为 77.40 平方米。

描述性分析

首先看内部因素，从分组箱线图（见图 3-2）可以看出，卧室数、厅数、楼层对于单位面积房价的影响并不明显；而房屋面积与单位面积房价则存在一定的负相关关系，相关系数为−0.07，关系显著。

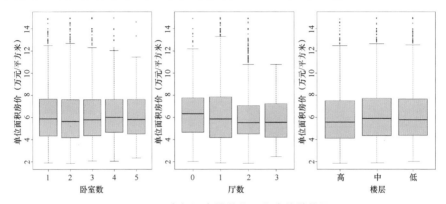

图3-2 内部因素的单位面积房价箱线图

再看区位因素，从分组箱线图（见图3-3和图3-4）可以看出：（1）不同城区的房屋单位面积房价差异较大，西城区、海淀区和东城区的单位面积房价明显偏高；（2）学区房和地铁房的单位面积房价偏高。

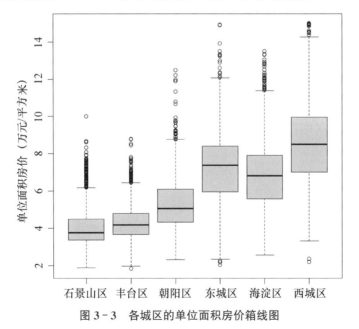

图3-3 各城区的单位面积房价箱线图

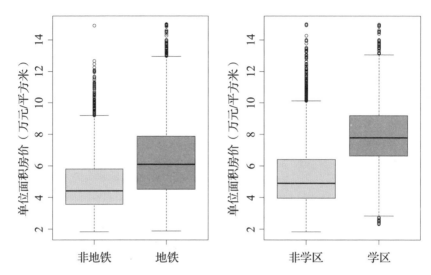

图 3-4 公共交通资源（地铁）、学区资源与单位面积房价的关系

综上所述，通过对本案例数据的描述性分析，可以推测：对单位面积房价可能会产生影响的因素包括区位因素（城区、地铁、学区）和内部因素（卧室数、是否有客厅、面积、楼层）；从影响作用来看，区位因素比内部因素更为明显。

为了更深入地分析各因素对二手房房价的影响，本案例将建立单位面积房价关于区位因素和内部因素的回归模型，使用量化的方式更为精细地刻画两方面因素的影响大小，并且试图使用该模型来预测二手房房价。

回归分析

在数据建模部分，本案例层层推进地建立了三种模型：（1）简单线性回归模型；（2）对数线性回归模型；（3）带有交叉项的回归模型。下面展示简单线性回归模型的估计结果和解读（见表 3-2）。

表 3-2　线性回归结果

变量	回归系数	P 值	备注
截距项	3.315	<0.001	
城区-丰台	0.131	0.001	
城区-朝阳	0.875	<0.001	
城区-东城	2.443	<0.001	基准组：石景山组
城区-海淀	2.191	<0.001	
城区-西城	3.705	<0.001	
学区房	1.183	<0.001	
地铁房	0.672	<0.001	
楼层-中层	0.152	<0.001	基准组：高层
楼层-低层	0.198	<0.001	
有客厅	0.163	<0.001	
卧室数	0.111	<0.001	
房间面积	−0.002	<0.001	
F 检验	P 值<0.000 1	调整的 R^2	0.590 1

　　在控制其他因素不变时，可以得到如下结论：（1）对于城区这一变量，石景山区单位面积房价最低，西城区单位面积房价最高，比石景山区每平方米平均高出 3.70 万元；（2）对于学区这一变量，学区房比非学区房单位面积房价平均高出 1.18 万元；（3）对于地铁这一变量，地铁房比非地铁房单位面积房价平均高出 6 720 元；（4）高层房屋单位面积房价最低，其次是中层，低层房屋单位面积房价最高；（5）有客厅的房屋单位面积房价更高；（6）卧室数每增加一间，单位面积房价平均增加 1 110 元；（7）房屋面积的增加会带来单位面积房价的降低。这些结论与之前的猜想基本符合。而且模型的 F 检验拒绝原假设，说明建立的模型是显著的；调整的 R^2 为 0.59，模型的拟合程度尚可接受。

总结与讨论

最后，本案例采用了带有交互效应的对数线性模型。假设有一家三口，父母为了让孩子能在西城区上学，想买一套邻近地铁的两居室，面积是85平方米，低楼层。那么，房价大约是多少呢？根据交互模型，预测到的单位面积房价为9.29万元/平方米，总价高达789.78万元。

由于房价的影响因素有很多，因此在未来的研究中可以考虑在模型中加入更多因素，比如小区位置（地处几环）、小区环境（如绿化情况、容积率等）、周边配套设施（如商圈、医院等）等。另外，若要将模型推广到其他城市，还要进一步考虑城市特有因素（如是否在旅游城市、是否为海景房等）。

线性回归：电影票房影响因素分析

背景介绍

2020年开年，受疫情的影响，各行各业都受到了不同程度的冲击。影视行业也经受了很大影响。《囧妈》《唐人街探案3》等电影纷纷撤档。本该是一年中最火爆档期的春节档，却显得格外冷清。2020年大年初一票房总收入仅为181万元，之后全国各地影院宣布休业，票房总计不超过千万元，远远低于预期的70亿元票房，中国影视业挨了当头一棒。在此背景下，影视投资商的决策变得谨慎，如何制作具备票房保证的作品成为影视行业的重要问题。

综观近些年斩获高票房的电影，2019年暑期档，动画电影《哪吒之魔童降世》创下我国动画电影新纪录（见图3-5）。上映第37天

图 3-5 《哪吒之魔童降世》海报

的《哪吒之魔童降世》票房达 46.55 亿元，超越年初爆款科幻片《流浪地球》(46.55 亿元)。可以发现，科幻、动作、动画等题材的电影往往更能吸引观众的眼球；《流浪地球》《阿凡达》等大制作、大场面的 3D 电影更是票房爆款；原著改编的电影近几年也很受大家的喜爱。题材、制式、档期、演员……到底什么才是票房保障？什么样的电影最卖座？什么样的电影才是票房爆款？本案例将探究电影票房的影响因素，为电影制作方、线下影院排期提供一定的参考。

数据变量及说明

本案例数据来源于豆瓣 2010 年 1 月到 2019 年 10 月的部分电影数据和影评数据。本案例数据来源于豆瓣的原始数据有 590 条（其中，在后续建模诊断中发现票房很低的电影《青禾男高》为强影响点，故将其剔除；同时删去了 10 部缺失值较多的电影，用于后续分析的样本为 579 条），10 个自变量，每一条数据代表一部电影。电影总票房是本案例关注的重点，故作为因变量。自变量分为电影因素（电影时长、电影类型等）、上映因素（上映档期、在映天数等）、人员因素（导演是否获奖、主演票房影响力等）和评价因素（评分、评论词频等）。详细变量说明见表 3-3。

表 3-3　数据变量说明表

变量类型		变量名	详细说明	取值范围	备注
因变量		票房	定量变量	1 004 万～567 927 万元	电影累计票房
自变量	电影因素	电影类型	定性变量 (6 水平)	爱情、动作、喜剧、 剧情、悬疑、其他	
		电影时长	定性变量 (3 水平)	小于 90 分钟、 90～120 分钟、 大于 120 分钟	
		电影制式	定性变量 (2 水平)	是、否	是否有 3D/IMAX 制式

续表

变量类型		变量名	详细说明	取值范围	备注
自变量	上映因素	在映天数	定量变量	6～90 天	
		上映地区	定性变量（2 水平）	是、否	是否仅在中国大陆上映
		上映档期	定性变量（3 水平）	普通档、贺岁档、暑期档	
	人员因素	导演是否获奖	定性变量（2 水平）	是、否	导演近二十年是否获奖
		主演票房影响力	定量变量	0～13.26	由豆瓣评论数据提取，衡量演员的票房号召力
	评价因素	评分	定量变量	2.3～9.0	
		评论词频	定量变量	演技、特效、惊喜等	

电影总票房

从电影总票房分布直方图（见图 3-6）中可以看出，电影总票房呈现右偏分布。大部分电影的票房集中在千万元级别，但存在少数火爆的电影，其票房高达 50 亿元。票房最高的电影是《战狼 2》，总票房为 56.8 亿元。

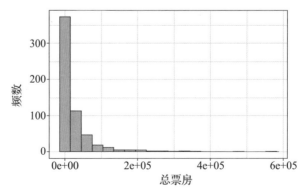

图 3-6　电影总票房分布直方图

描述性分析

从图 3 - 7 可以看出，有 3D/IMAX 制式的电影总票房较高，看来观众更钟爱 3D 或者 IMAX 的电影。在电影时长方面，近十年高票房电影时长多集中在 120 分钟以上。

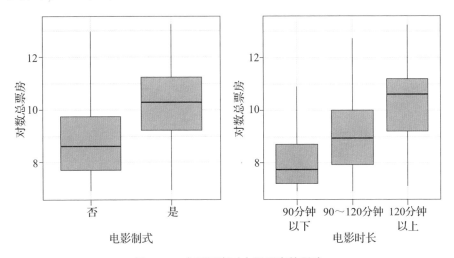

图 3 - 7　电影因素对电影票房的影响

在电影类型方面，动作片相较其他类型的影片更卖座，但是悬疑片的票房却不尽如人意。喜剧片的总票房与其他类型的影片差别不大（见图 3 - 8）。近些年确实涌现了一批脍炙人口的动作电影，《战狼 2》就是其中的典型代表。

从图 3 - 9 可知，贺岁档的电影票房高于普通档和暑期档。《流浪地球》是 2019 年的贺岁档影片，《泰囧》是 2013 年的贺岁档影片，而 2020 年的《囧妈》是第一部线上首映的贺岁档影片。

本案例从电影的影评中提取了一系列关键词。评论中包含高频词"青春""惊喜""原著""特效"等的电影票房较高。很多电影以非凡奇观和震撼特效席卷了全球票房。例如：《星球大战》系列、《哈利·波特》系列、《指环王》系列、《加勒比海盗》系列、《阿凡达》、《复仇者联盟》系列。

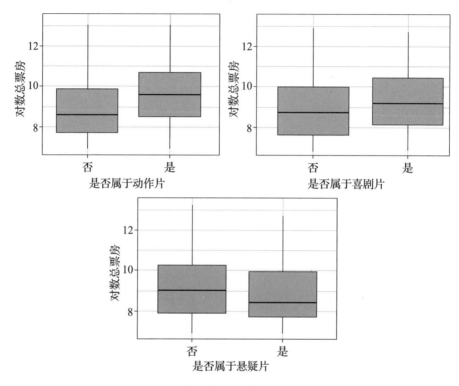

图 3-8　电影类型对电影票房的影响

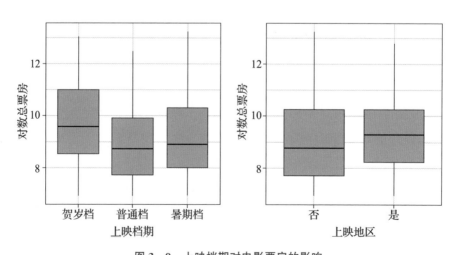

图 3-9　上映档期对电影票房的影响

原著改编的电影也一直很火热，例如《祈祷落幕时》《活着》《白鹿原》等。我们发现，虽然喜剧类电影的平均总票房没有显著高于非喜剧类电影，但是影评中频繁出现"搞笑"等词的影片总票房却很高。这说明拍电影不要你觉得搞笑，要观众觉得搞笑才行。而"演技"往往是观众吐槽的重点，频繁出现"演技"一词的影片票房都较低（见图3-10）。

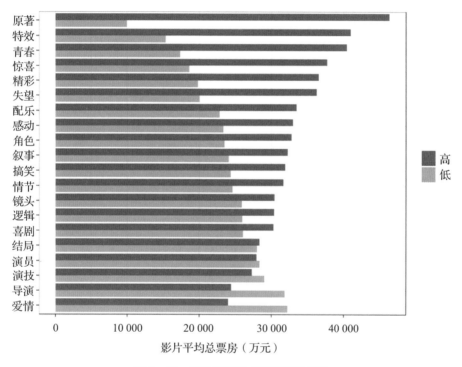

图3-10　评论词频对电影票房的影响

模型建立

以对数化的电影总票房为因变量，其余变量作为自变量，建立对数线性回归模型，并使用 AIC 准则筛选变量。模型结果如表3-4、图3-11所示。

表 3-4　回归系数表

变量名称	回归系数	P 值	备注
截距项	3.483	＜0.001	
电影时长	0.018	＜0.001	
上映档期-暑期档	0.120	0.234	基准组：普通档
上映档期-贺岁档	0.294	＜0.001	
评分	0.131	＜0.001	
主演票房影响力	0.144	＜0.001	
在映天数	0.028	＜0.001	
是否为 3D/IMAX	0.850	＜0.001	基准组：否
是否仅在中国大陆上映	−0.199	0.031	基准组：否
是否为喜剧片	0.223	0.044	基准组：否
是否为动作片	0.299	0.003	基准组：否
感动	3.632	0.094	
导演	−1.887	0.045	
演员	1.821	0.124	
逻辑	4.038	0.052	
叙事	−4.079	0.067	
原著	5.299	0.005	
惊喜	6.038	0.051	
喜剧	2.129	0.038	
青春	2.137	0.003	
F 检验＜0.001		R^2：0.610 6	

模型通过了 F 检验，表明模型中的因素确实对电影票房有显著的影响。模型 R^2 为 0.61，表明模型拟合结果较好。控制其他变量不变，在 5% 的显著性水平下：贺岁档电影比普通档电影的票房高出约 29%，暑期档电影票房未见明显增加；评分每增加 1 分，电影总票房平均增加 13%。

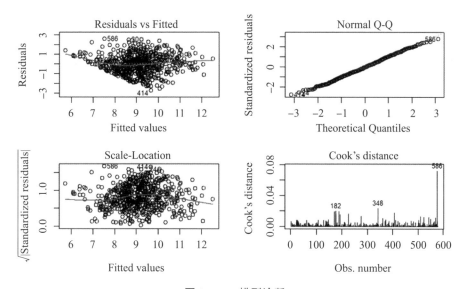

图 3-11　模型诊断

电影主演的票房影响力对于电影最终票房有着正向影响。在其他条件一定的情况下，使用 3D 或 IMAX 制式的电影总票房平均高于只有 2D 制式的电影总票房 85%。"导演"和"叙事"往往是观众吐槽的重点。

总结与讨论

综上，想要制作出一部具备票房保证的优质影视作品，在电影类型方面，动作和喜剧电影仍是票房爆点。在电影制式方面，3D/IMAX 电影仍然比 2D 电影有票房优势。在电影拍摄方面，电影时长越长，票房越高。由原著改编的电影票房比较有保证。"导演"和"叙事"往往是观众吐槽的重点。在演员方面，选择观众喜爱的明星往往会带来较高的票房收益。

线性回归：数据分析岗位招聘情况解析

背景介绍

乘着"互联网＋"和大数据时代的东风，越来越多的数据科学公司如雨后春笋般涌现。传统行业也面临着"互联网＋"时代的创新转型，在数据分析相关领域出现了大量需求。近年来，数据分析师、商业分析师作为利用数据实现业务价值、解决业务问题的岗位，成为各行各业急不可待的需求对象，具有非常高的热度。高热度也就意味着较高的薪水、较多的机会和较好的发展前景，因而数据类人才的招聘受到广泛关注（见图 3 - 12）。

图 3 - 12　某招聘网站"商业分析"搜索结果

事实上，目前数据类人才市场供需两旺。至 2020 年 3 月，全国 3 000 多所高校中，共有 619 所高校获批开设"数据科学与大数据技术"专业。未来，数据分析专业人才供给只增不减。在需求方面，随着大数据和人工智能时代的到来，我国对数据类人才的需求呈现爆发式增长态势。根据《猎聘 2019 年中国 AI ＆ 大数据人才就业趋势报告》，中国大数据人才缺口高达 150 万。

除了供不应求的市场特点外，数据类人才市场的另一特点是人才分布不均匀。从行业的角度看，大数据人才的需求分布和供给分布以互联网行业最为集中，人才供需均已过半。制造业等其他处于转型升级过程中的行业则极度缺乏数据类人才。随着数字中国建设、产业转型升级、企业上云用云，这些行业的数据类人才缺口会迅速加大。从城市的角度看，北上深稳居人才供需的第一梯队，三市人才需求占比达到 63.00％，人才供给占比达到 57.58%。武汉、成都、南昌等省会城市的数据人才需求也在逐渐高涨。未来，招聘数据相关人才的企业会在行业和地域两个维度上快速扩散。

面对这样一个兴起不久、热度极高的岗位，企业在人才招聘、培养和管理上会存在一定的困难，新人找工作也面临挑战。

首先，数据分析岗特别是大数据领域对人才素质的要求较为综合。专业背景以计算机和信息科学居多，不仅要求具备相关的硬核知识和技能，如人工智能、机器学习、算法开发等，还要求具备产品相关的知识储备，懂得数据分析、逻辑分析等。对于企业而言，这样的复合型人才要求会带来职位划分与定位的混乱。

其次，面对这一新兴岗位，企业往往缺乏有效的新人培养模式，从而导致新人在成长阶段产出较有限。在无法预估新人能够为公司带来的价值的情况下，企业为新人定制薪酬也存在一定程度的困难，这会直接导致企业人才流动性较强。

最后，对于新人而言，面对浩如烟海的职位，找到适合自己的工作是一项较大的挑战。新人虽掌握专业的数据分析知识，但欠缺行业背景知识，不了解实际应用场景，难以把分析结果可视化，产出落地方案往往需要较长周期。在成长阶段与自己职业预期不符的工作安排以及公司给出的较为保守的薪资也会导致职业获得感较弱，从而加剧企业的人才流动。

因此，企业如何更好地进行数据分析岗职位和薪资的划分，致力于数据分析岗的新人如何选择适合自己的工作，是企业和新人双方都亟须解决的问题。

本案例试图利用从某招聘网站采集到的数据分析相关岗位的招聘信息，探究数据分析岗位目前的招聘情况，并进一步分析影响数据分析岗位薪资的因素及其作用方式。本案例的分析结果可以为企业的招聘提供参考，帮助企业更好地对数据分析岗进行职位划分和薪资定制；同时也可以帮助应聘者更科学地进行职业测评，看清自身的优势和劣势，从而找到适合自己的工作。此外，本案例的分析结果还可以为高校中大数据方向的人才培养提供借鉴，让致力于数据分析岗的大学生明确自己的努力方向，提前准备好，以迎接未来工作中的挑战。

数据介绍

本案例所使用的数据是以"数据分析"和"商业分析"为关键词，从某招聘平台上抓取的招聘信息数据集。进行数据清洗和前期预处理后，数据集共包含 10 266 条观测，每一条观测代表一个职位的招聘相关信息。其中，平均薪资水平（月薪）是本案例的研究目标，因此视为因变量；自变量共11个，包括公司信息（公司类型、公司规模等）和应聘要求（工作经验要求、学历要求等）两个方面。具体的变量说明见表 3-5。

表 3-5　数据说明表

变量类型		变量名称	详细说明	取值范围
因变量		平均薪资水平	连续变量	1 000～275 000 元
自变量	公司信息	所属一级行业	定性变量（11 水平）	计算机/互联网/通信/电子、制药/医疗等
		招聘人数	定性变量（2 水平）	有明确人数、无明确人数
		公司类型	定性变量（11 水平）	创业公司、国企、外资等
		公司规模	定性变量（7 水平）	少于 50 人、50～100 人等
		所在城市	定性变量（143 水平）	北京、上海、广州、深圳等
	应聘要求	工作经验要求	定性变量（6 水平）	0 年、1 年、2 年、3 年、5 年、8 年
		学历要求	定性变量（7 水平）	本科、硕士、博士、大专等
		能力要求	定性变量（12 水平）	团队、逻辑、协调、业务等
		经验要求	定性变量（12 水平）	项目、管理、运营、建模等
		软件要求	定性变量（17 水平）	R、SPSS、Excel、Python 等
		专业要求	定性变量（6 水平）	数学、金融、经济、信息等

平均薪资水平

我们首先研究了因变量"平均薪资水平"的分布情况，发现其呈现明显的右偏分布。这说明数据中大部分职位的平均薪资较低，只有少数职位平均薪资极高，所以对其进行对数变换后绘制频数分布直方图（见图 3-13）。从图中可以看到，大部分职位平均薪资分布在 5 000 元至 20 000 元区间（为了方便查看，图上的横轴数值标注已由指数变换处理成原数据）。具体来看，平均薪资均值为 11 764 元，中位数为 9 000 元。平均薪资的最大值为 175 000 元，对应的是上海某公司产品数据分析主管职位；最小值为 1 500 元，对应的是广州某公司的数据资料管理员职位。

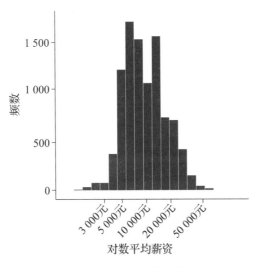

图 3-13 对数平均薪资直方图

描述性分析

接下来，初步探索各自变量与平均薪资之间的关系。图 3-14 展示了城市级别对平均薪资的影响。这里的城市级别取自第一财经 2019 年发布的《2019 城市商业魅力排行榜》。从左图可以看到，不同级别的城市数据分析岗位的平均薪资（以中位数计）存在明显的差异，一线城市最高，新一线城市次之，三线及以下城市最低。这与人们的常识是相符的：一线城市更发达，与数据分析相关的行业、公司发展更为成熟，且消费水平更高，薪资自然较高。从右图可以看到，一线城市之间数据分析岗的平均薪资（以中位数计）也存在比较明显的差异，北京最高，上海次之，然后是深圳和广州，足见一线城市之间数据分析相关行业的发展也并非齐头并进。

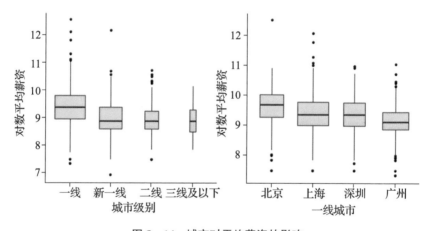

图 3-14　城市对平均薪资的影响

接下来对招聘公司所属的行业进行探索。利用条形图展示各一级行业对数据分析岗位人才的需求人数及平均薪资情况，具体见图 3-15。可以看到，在人才需求方面，"计算机/互联网/通信/电子"行业的人才需求最大，远远超过其他行业，相关岗位数量达 4 896 个，占比 47.69%。与此同时，该行业的平均薪资水平也是最高的，为 13 157 元。平均薪资水平紧随其后的是"会计/金融/银行/保险"行业与"房地产/建筑"行业，虽然岗位人数不多，但是平均薪资都超过 1.2 万元。

公司在招聘时一般会对应聘者的工作经验与学历提出一定的要求，本案例在数据的采集过程中也对这一方面进行了记录。图 3-16 展示了应聘要求类因素对平均薪资的影响。从左图可以看到，应聘者的工作经验对其

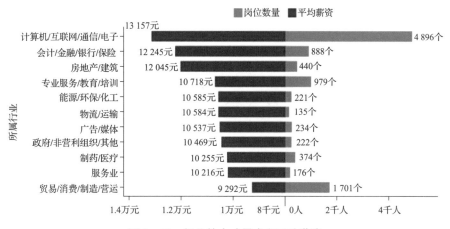

图 3‑15　行业的人才需求和平均薪资

平均薪资水平呈现明显的正向影响，工作经验所要求的年限越长，平均薪资也越高。从右图可以看到，要求的学历层次越高，其岗位的平均薪资越高。这两点既与常识相符，也侧面反映了数据分析岗的特点：一个优秀的数据分析人才既需要通过专业的训练掌握各种专业技能，又需要具备丰富的实操经验，才能灵活应对真实的业务场景。

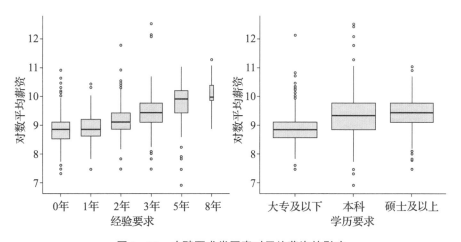

图 3‑16　应聘要求类因素对平均薪资的影响

文本挖掘

　　每个职位的招聘信息都有一段对于应聘者的具体要求。接下来，运用文本分析的方法，对职位的要求及其对平均薪资的影响进行探索。对所有的职位要求进行分词、去停词，提取出现频率最高的前 100 个词，绘制词云图（见图 3 - 17）。从图中可以看到，出现频率较高的几个词是"数据""能力""数据分析""业务""经验"。从中可见：人才的数据思维、数据分析能力对于数据分析岗位是比较基本的要求，更需要人才对于业务的了解，能将分析结果落地。

图 3 - 17　应聘要求词云图

　　接下来从"能力要求""软件要求""经验要求"几个维度探索招聘要求对于岗位平均薪资的影响。图 3 - 18 展示了"能力要求"维度的词频分布情况及其对平均薪资的影响。从左图可以看到，"能力要求"维度中，

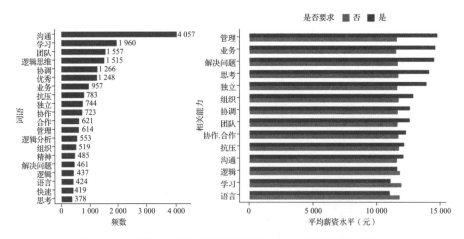

图 3 - 18　"能力要求"维度的词频分布和对平均薪资的影响

"沟通"一词出现的频率远高于其他能力，这说明数据分析岗位要求应聘者在分析数据的基础上，具备将分析结果可视化并传播出去的能力，表达与沟通是该能力的核心。紧随其后的是"学习""团队""逻辑思维"等。

右图展示的则是岗位是否要求该能力的平均薪资对比情况。从中可以看到，平均薪资较高的岗位要求具备管理、业务、解决问题和思考的能力。数据分析岗位不仅要求利用数据科学的专业知识与技能解决问题，更需要具备商业基础知识、"商业嗅觉"，能够识别、解决问题，并加以传播，这是数据分析岗位更进阶的要求。

下面分析"软件要求"维度。图 3 - 19 中的左图展示了数据分析岗位对软件、工具及技术方面要求的词频分布情况。从中可以看到，"Excel"出现的频率最高，这与实际相符。作为应用最广泛、操作相对简单的数据管理软件，Excel 的使用是各行各业都要求具备的技能。另外几个出现频率较高的是专业性更强的统计分析软件 SPSS，R 和 Python。注意，"大数据""数据挖掘""产品""基本面"出现的频率也较高，这是数据分析的发展趋势。

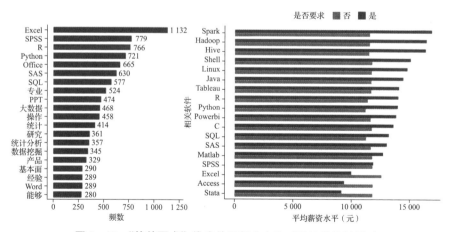

图 3 - 19　"软件要求"维度的词频分布和对平均薪资的影响

右图则具体展示了不同软件要求对平均薪资的影响，可以看到薪资最高的职位要求能够使用 Spark，Hadoop，Hive，这些都是大数据背景下进

行数据计算、挖掘的有力工具。相对而言，传统的数据分析软件 R，SPSS
和 Python 对应的薪资稍低一些。从中可以看到，大数据时代对数据人才
的计算机编程、数据分布式计算等能力提出了更高的要求。

　　最后来看"经验要求"。从图 3－20 中的左图可以看到，"经验要求"
维度出现频率较高的词语有"项目""管理""金融""运营"。"项目"一
词出现的频率最高，可以看出数据分析岗位的实际工作是以解决问题为导
向的。在某一项目进行过程中，会出现各种各样的问题，这就要求应聘者
能够根据实际问题来完成任务，而不仅仅是简单地分析某个数据。从右图
可以看到，有"咨询""大数据""产品""管理"相关经验要求的岗位平
均薪资更高，这也反映数据分析岗位不仅要求应聘者具备数据分析能力，
更需要其了解应用领域关心的问题，如收入、成本、风险，并了解这些问
题的表现形式。

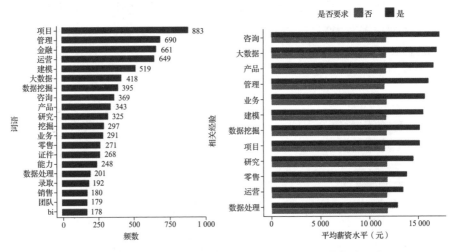

图 3－20　"经验要求"维度的词频分布和对平均薪资的影响

　　通过描述分析可以看到，较高的学历、较强的综合能力对数据分析岗
位的薪资水平有促进作用；在此基础上，发达的城市、前沿的行业等，也
是影响薪资水平的重要因素。为了更加深入地把握各个因素对于平均薪资
的影响，接下来我们建立平均薪资关于公司信息和应聘要求等因素的对数

线性回归模型，并通过模型结果对数据分析岗位人才的招聘、应聘及高校的培养提出建议。

建模分析

由于本案例的因变量呈现明显的右偏分布，因此以"对数平均薪资"为因变量建立线性回归模型。在构建模型时通过 BIC 准则进行变量选择。为了更直观地展示各个自变量的影响情况，绘制系数估计的柱状图。

图 3-21 展示了"公司规模"这个变量各水平的回归系数。从图中可以看到，在其他条件不变的情况下，相较于基准组"少于 50 人"，规模在 1 万人以上的公司平均薪资最高，比基准组平均高 24.9%；平均薪资最低的是规模在 50~150 人的公司，比基准组平均高出 5.1%。总的来看，公司规模越大，平均薪资越高。

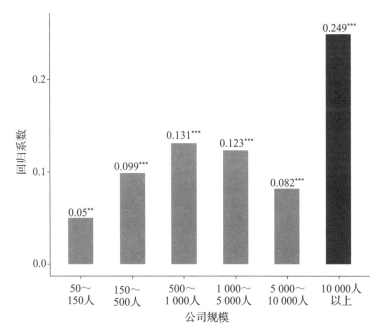

图 3-21　公司规模系数图

说明：$**$，$***$ 分别表示显著性水平为 5% 和 1%。

　　再来看"城市级别"。图 3 - 22 展示了各个城市级别的系数情况，总体来看，职位所在的城市级别越高，平均薪资水平越高。具体来看，在其他条件不变的情况下，相较于基准组"二线"，一线城市的平均薪资最高，比二线城市平均高出 33.6％；其次是新一线城市，比二线城市平均高出 6.6％；三线及以下城市的平均薪资最低，比二线城市平均低 7.8％。

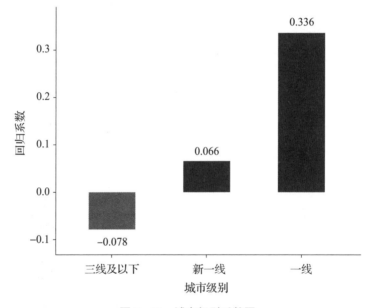

图 3 - 22　城市级别系数图

　　不同的学历要求也会对平均薪资有影响。图 3 - 23 展示了"学历要求"这个变量各水平的回归系数。总体来看，职位要求的学历越高，平均薪资水平也越高。具体来说，在其他条件不变的情况下，相较于基准组"无明确学历要求"，要求硕士及以上学历的职位平均薪资最高，比基准组平均高出 23.6％；要求大专及以下学历的职位平均薪资最低，比基准组平均低 14.4％。

　　此外，经验要求以及能力要求方面的一些变量也会显著影响数据分析岗的薪资。对于经验要求来说，相较于基准组"无明确要求"，要求有

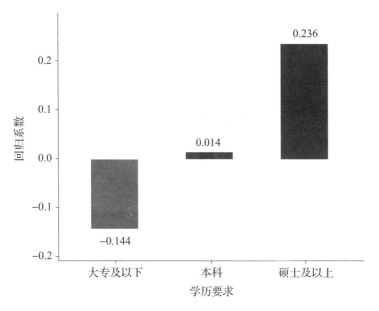

图 3 - 23　学历要求系数图

"大数据""业务""咨询""产品"等工作经验的职位平均薪资会显著变高。其中,具有"大数据"工作经验的职位相较于"无明确要求"的职位薪资涨幅最大,高达 10.3%。对于能力要求来说,相较于基准组"无明确要求",具有"管理"方面能力的职位平均薪资水平会显著高 9.4%,具有"业务"方面能力的职位平均薪资水平会显著高 6.5%。这说明,数据分析经验很重要,业务管理能力也很重要。

模型应用——薪资定制

上述回归模型的一项直接应用就是"薪资定制"。将应聘者信息与招聘岗位情况代入回归模型即可得出薪资的预测值,该值可以为个人薪资预期和公司薪资定制提供参考。例如,假设有某职场"高富帅",硕士毕业,有 8 年大数据相关工作经验,能熟练使用 Spark 和 Python,他想跳槽到北京金融行业某万人大公司,那么根据他的情况,他预期能够获得的月薪为 52 580.34 元(见图 3 - 24)。

硕士毕业

受聘公司
位于北京

8年工作经验

金融行业某万
人以上大公司

熟练使用Spark
和Python

需要一名资深的
有多年相关经验
的数据分析员

回归模型得出的平均薪资单点预测为52 580.34元。

图 3 - 24

模型应用——职业测评

根据文本挖掘的结果以及回归系数制定职业测评方案。例如，可以从"学历""工作年限""职业素养""工作经验""软件掌握情况"五方面来对应聘者进行评分。其中，"职业素养"表示应聘者在工作中需要具备的各项能力，包括沟通能力、学习能力、团队协作以及逻辑思维能力等。"工作经验"主要来自数据分析工作对应聘者的工作要求，包括管理经验、项目经验、运营经验等。"软件掌握情况"则衡量应聘者掌握的各种软件情况。这五个维度中，"学历"和"工作年限"两个维度涉及的各个水平的权重主要来源于回归系数，其他三个维度涉及的各个水平的权重来源于描述分析中各水平下的平均薪资。进一步，对每个维度中各个水平的权重进行标准化处理，将最大值设为100分，最小值设为0分，以将中间值减去最小值再除以极差（最大值—最小值）的方式进行标准化，从而得到具体的分值。根据上述测评方案，可以给出任意一位应聘者在五个维度的打分分值，从而帮助其更好地进行自我定位（见图 3 - 25）。

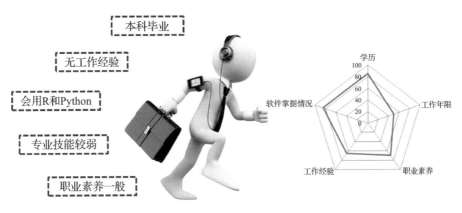

图 3 - 25

最后，总结一下。数据分析岗位平均薪资的分析能够给我们以下几点启示：

首先，对于应聘者而言，可以根据职业评测更清晰地自我定位。在职业发展方面，除掌握必备的专业知识和修炼个人品格外，还应熟悉多种数据分析软件，特别是大数据背景下的数据计算和处理工具（如 Spark，Hive 等）。除了数据分析的专业技能外，一位优秀的数据分析人才还需要具备丰富的实操经验，才能灵活应对真实的业务场景，并将分析结果落地。因此，在校学生可以考虑继续深造相关内容来提升能力或者进行相关实习来丰富经验，从而获得高薪工作。

其次，对于招聘公司来说，招聘时可根据不同应聘者的各方面条件合理为其定制薪资，既可以避免薪资过高导致用人成本太高，又可以避免薪资过低导致人才流失。

最后，对于开设了数据分析方向专业（如大数据技术与应用、应用统计硕士）的学校，可以根据分析结果优化培养方案，注重学生的软件能力培养和训练，为学生提供更多的实习机会，从而更加有效地助力学生成长为数据分析专业人才。

需要指出的是，由于数据分析岗位平均薪资的影响因素有很多，因此在未来的研究中可以考虑在模型中加入更多因素，从而更好地反映薪资的影响机制，为应聘者、公司和高校提供更多参考。

　　作为未来的大热门，数据分析能力势必会在更多领域发挥作用。立足当下，着眼未来，不断打磨专业技能，关注商业市场状况，就能占据主动。

0-1回归：某移动通信公司客户流失预警分析

手机客户流失

　　手机作为人们日常通信的必备工具，正在发挥着越来越多的作用。通信行业经过了多年的发展，现在基本呈现三足鼎立的态势。2011—2016年，中国移动、中国联通和中国电信的移动客户数增长十分缓慢，市场已经呈现饱和状态。5G时代的来临为三大通信运营商带来了新的挑战与机遇，其中客户规模最大的中国移动，2021年5G客户数累计达到了5.1亿户，5G渗透率达53%。如何避免客户流失已经成为运营商最关心的问题，也只有在保有现有的用户的前提下，才能进一步深挖用户需求，实现企业发展。

数据来源和说明

　　本案例的数据来自某城市的移动运营商，其VIP客户每个月有2%左右的流失率。这意味着每年24%的高价值客户正在流失。能否提前对他们予以识别、干预，并最终挽留，是本案例关心的问题。

　　传统的客户挽留方法是通过数据分析，发现某位用户本月的活跃程度（例如消费金额、通话时间、通话次数）与历史相比有巨大变化，那么客服经理就会打电话进行挽留。这一方法有以下缺点：第一，难以界定多大的"变化"算是"巨大"，缺乏科学的依据；第二，挽留滞后；第三，所考虑的指标体系有限，主要依赖于用户的消费习惯，辅以人口统计学指标。结果就是，传统的方法不但成本高、准确度低，而且经常打扰正常客户。因此，人们希望开发一种系统的客户流失预警模型，帮助企业提前识别高风险流失客户。

为此，利用月度的基础通信数据和通话详单数据，希望在传统的指标变量上构建一些和网络相关的变量。

构建的第一变量是通话人数。如果一个人的联系人数众多，那么他换号的成本就会很高。因此，通话人数可以看成客户在这个网络中的社交资本，并且推断拥有的社交资本越高，流失的概率越低。将这个衍生变量定义为个体的度。

在个体的度的基础上，又定义了两个衍生变量：联系强度和个体信息熵。联系强度是指和该用户通过电话的所有人的平均通话分钟数；个体信息熵是指和该用户通话的所有人中平均每人通话分钟数的分布情况。因为需要建立一个预警模型，所以建模时所有的自变量来自当月，因变量（是否流失）来自下一个月。具体的变量如表 3-6 所示。

表 3-6 变量说明表

	变量名	详细说明	备注
因变量（下月）	是否流失	1＝流失；0＝不流失	流失率 1.27%
自变量（当月）	在网时长	连续变量，单位：天	数据截取日减去入网时间
	当月花费	连续变量，单位：元	统计当月的总花费
	个体的度	连续变量，单位：人	$D_t = \sum_{j \neq i} a_{ij}$
	联系强度	连续变量，单位：分钟/人	$T_i = \dfrac{Total\_Comm_i}{D_i}$
	个体信息熵	连续变量	$E_i = -\sum_{a_{ij}=1} p_{ij} * \log(p_{ij})$
	个体度的变化	连续变量（%）	（当月个体的度－上月个体的度）/上月个体的度
	花费的变化	连续变量（%）	（当月花费－上月花费）/上月花费

说明：本案例关注的是预警模型，所以在后续的建模中关注当月的一些自变量是否会对下月客户的流失产生影响，这样模型可以做到提前预警。

描述性分析

在进行回归分析之前，首先对各个自变量进行描述性分析。选取其中一个月份的数据进行分析，描述性分析结果如表3-7所示。

表3-7 自变量描述性分析结果

变量	均值	中位数	最小值	最大值
在网时长（天）	1 257.4	994.7	184.0	4 479.6
当月花费（元）	161.1	135.9	−2.8	511.1
个体的度（人）	66.6	54.0	−0.4	304.0
联系强度（分钟/人）	9.8	8.0	−2.4	62.5
个体信息熵	2.9	3.0	0.0	5.3
个体度的变化（%）	0.04	0.0	−1.0	7.3
花费的变化（%）	0.007	0.0	−1.0	2.7

说明：出于对合作企业数据隐私的保护，本案例无法提供最原始的数据，仅提供了两个月的自变量数据，并且添加了随机扰动项，形成了本案例的示例数据。所以，从描述性分析开始，以下分析的结果仅供参考。虽然数据是加了随机扰动项的结果，但变化的趋势几乎是一致的。

从上述描述性分析中可以看到，有些变量存在异常值的现象，例如个体度的变化中位数是0，而最大值有7.3。对于异常值的确定并没有一个非常通用的客观评价标准，在本案例中我们用均值加减3倍标准差作为判断异常值的标准。异常值的存在会极大地影响模型估计结果，所以在建模前对异常值进行处理是十分必要的。本案例经过异常值处理后，用于建模分析的样本量为44 517。

接下来选择个体的度、联系强度和个体信息熵这三个自变量进行分组箱线图分析。其中，1代表流失组，0代表非流失组，具体结果如图3-26所示。

从图3-26可以看出，对于个体的度这一指标，平均来说流失客户的个体的度要小于非流失客户，说明要流失的客户已经基本没有通话行为了。联系强度在流失与非流失人群中的差异并不大，但也能看到流失组的

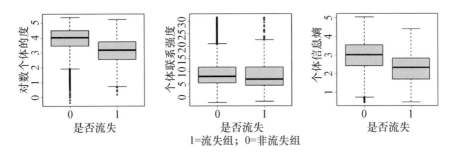

图 3 - 26　个体的度、联系强度、个体信息熵箱线图

平均联系强度要低于非流失组。最后是个体信息熵，流失组的个体信息熵平均要低于非流失组。个体信息熵越小，说明通话分布越集中，那么意味着客户流失的成本越低，流失的概率就越高。接下来将对数据进行回归分析，找出对客户流失产生显著影响的因素。

回归分析

采取逻辑回归来进行建模，模型结果如表 3 - 8 所示。从模型的结果可以看出：（1）在控制其他变量不变的情况下，在网时长越长，流失概率越低；（2）当月花费越多，流失概率越低；（3）个体的度越高，说明通话人数越多，此时流失概率越低；（4）联系强度越高，说明平均通话人数越多，此时流失概率越低；（5）个体信息熵越大，说明通话分布越均匀，此时流失概率越低；（6）个体度的变化变大，说明通话人数有所增加，流失概率变低；（7）花费的变化变大，说明花费有所增加，流失概率变低。

表 3 - 8　回归模型结果

变量名	标准化估计系数	标准误	P 值
截距项	−5.119	0.077	<0.001
在网时长	−0.313	0.067	<0.001
当月花费	−0.244	0.060	<0.001
个体的度	−0.840	0.138	<0.001

续表

变量名	标准化估计系数	标准误	P 值
联系强度	−0.209	0.045	<0.001
个体信息熵	−0.180	0.084	0.033
个体度的变化	−0.370	0.045	<0.001
花费的变化	−0.133	0.045	0.003

为了计算模型的预测精度，给出了覆盖率—捕获率曲线。覆盖率—捕获率曲线的定义如下：根据模型给出的每个样本预测流失概率值，按照预测值从高到低对样本进行排序，例如只覆盖前 10% 的样本，计算对应的真实流失的样本数占所有流失样本数的比例，记为捕获率，以此类推。覆盖不同比例的样本，就可以计算不同的覆盖率对应的捕获率，从而得到覆盖率—捕获率曲线。

根据模型得到的覆盖率—捕获率曲线如图 3-27 所示。其中，横轴为覆盖率，纵轴为捕获率。可以看出，本模型的精度可以用 20% 左右的覆盖

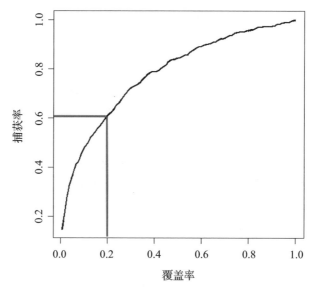

图 3-27　覆盖率—捕获率曲线

率获得 60％左右的捕获率，这是一个相对比较高的精度。建立流失预警模型可以帮助企业更好地进行客户关系管理，对高风险客户做好客户关怀，尽最大努力挽留，加强企业抗客户流失风险的能力。企业还可以设立一套基于该模型的流失预警体系，根据成本预算来选择不同的覆盖率，对客户进行实时的打分预测。一旦预测的流失概率超过了设定的阈值，预警体系就可以发出警告，告诉企业需要重点关注该客户。

0－1回归：车险数据分析与商业价值

背景介绍

随着道路交通行业的持续发展，我国民用汽车保有量呈现逐年快速增长的趋势。截至 2021 年年底，我国汽车保有量已超 3 亿辆，居全球首位。在政策推动下，新能源汽车市场规模迅速增大，新能源汽车保有量同比增长 59.25％。汽车产业已成为我国国民经济的支柱产业。

汽车产业的繁荣为车险市场提供了蓬勃发展的平台，为车险产品带来了广阔的发展空间。车险产品主要通过汽车因素、驾驶人因素和环境因素三个方面衡量被保险人的风险水平，从而确定保费。此外，司机的驾驶行为也是衡量风险的重要因素，对车险保费定价有指导作用。

数据来源和说明

本案例使用了某保险公司提供的车险数据，共 4 233 条记录。数据共包含 11 个变量（见表 3－9）。其中，因变量为某年度的车险理赔金额，当理赔金额为 0 时，代表当年没有出险；当理赔金额大于 0 时，代表实际的出险金额。由此，将因变量处理成 0－1 变量，即某年度是否出险，通过后续建模挖掘影响出险行为发生与否的重要因素。自变量即为相关影响因素，分为汽车因素和驾驶人因素两类。

表3-9　数据说明表

变量类型		变量名	详细说明	取值范围	备注
因变量		是否出险	定性变量（2水平）	1代表出险；0代表未出险	出险占比28.46%
自变量	驾驶人因素	驾驶人年龄	单位：岁	21～66	只取整数
		驾驶人驾龄	单位：年	0～20	只取整数
		驾驶人性别	定性变量（2水平）	男/女	男性占比89.18%
		驾驶人婚姻状况	定性变量（2水平）	已婚/未婚	已婚占比95.15%
	汽车因素	汽车车龄	单位：年	1～10	只取整数建模时离散化
		发动机引擎大小	单位：升	1～3	建模时离散化
		是否进口车	定性变量（2水平）	是/否	国产车占比70.16%
		所有者性质	定性变量（3水平）	公司/政府/私人	私人车占比71.50%
		是否有固定车位	定性变量（2水平）	有/无固定车位	有车位占比83.77%
		是否有防盗装置	定性变量（2水平）	有/无防盗装置	无防盗装置占比77.60%

描述性分析

驾驶人因素包含4个变量：驾驶人年龄、驾驶人驾龄、驾驶人性别和驾驶人婚姻状况。通过简单的描述性分析（见图3-28），可以看出出险和未出险驾驶人年龄的平均水平（中位数）和波动水平的差异并不明显；出险驾驶人驾龄的平均水平（中位数）要明显低于未出险驾驶人，说明新手司机更有可能出险；女性驾驶人的出险率更高，但样本量远小于男性驾驶人;未婚驾驶人出险率略高,但样本量远小于已婚驾驶人。由此得出初步的结论:驾驶人的性别和婚姻状况可能对出险行为有影响。然而,这种影响也可能是由于数据本身的样本量差异造成的。

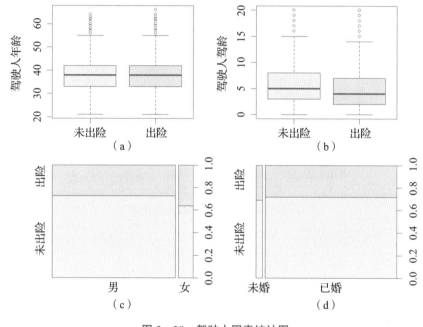

图 3-28 驾驶人因素统计图

汽车因素包括 6 个变量:汽车车龄、发动机引擎大小、是否进口车、所有者性质、是否有固定车位和是否有防盗装置。首先将车龄变量和引擎大小变量进行离散化处理,即将车龄为 1 年的看作新车,车龄大于 1 年的看作旧车;将引擎小于或等于 1.6 升的看作普通级,引擎大于 1.6 升的看作中高级。由图 3-29 可以看出,新车出险率更高,普通级车出险率更高。因此可以初步判定汽车车龄和车辆级别会影响出险行为。

由图 3-30 则可以看出,有防盗装置、有固定车位、进口车以及私人车的出险率略高。值得注意的是,样本量在有无防盗装置、有无固定车位、是否进口车和所有者性质的不同水平之间分布并不均匀。因此,这种差异是否显著,需要借助后续建模结果进行判断。

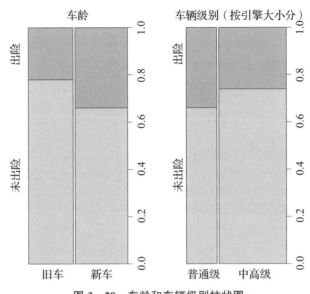

图3-29　车龄和车辆级别柱状图

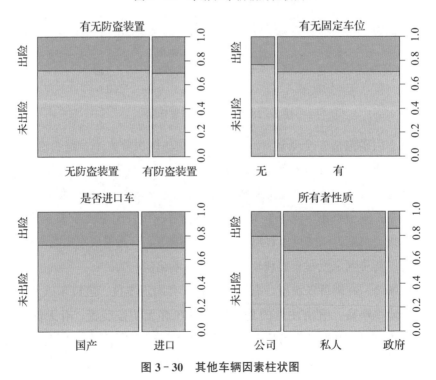

图3-30　其他车辆因素柱状图

　　通过对数据的描述性分析，本案例认为汽车本身的属性特征、驾驶人的特征都可能会影响出险行为的发生与否。为了深入挖掘影响出险的显著因素，本案例将建立出险因素的 0-1 回归模型。考虑到模型涉及诸多自变量，本案例试图建立模型选择的 AIC 和 BIC 标准，并综合模型的复杂程度和预测精度，选择最利于刻画出险行为影响因素的统计模型。

回归模型

　　表 3-10 展示了 AIC 模型的回归结果。

表 3-10　AIC 模型估计结果

变量	AIC 回归系数	显著性	备注
截距项	-1.252	＊＊＊	
中高级车	-0.304	＊＊＊	
新车	0.364	＊＊＊	
有防盗装置			
有固定车位	0.212	＊	
进口车	0.158	＊	
所有者性质-私人	0.351	＊＊＊	基准组：企业
所有者性质-政府	-0.332	．	
驾驶人年龄			
驾驶人驾龄	-0.028	＊＊	
女司机	0.174		
驾驶人已婚			
模型似然比检验	P 值＜0.001		

说明：＊＊＊代表 0.001 显著；＊＊代表 0.01 显著；＊代表 0.05 显著；．代表 0.1 显著。

　　对于 AIC 模型的 7 个显著变量而言，若控制其他影响因素不变，对于车辆级别而言，普通级车辆（引擎小于或等于 1.6 升）比中高级车辆（引擎大于 1.6 升）更可能出险；对于车龄而言，新车更可能出险（车龄为 1年）；对于有无固定车位而言，有固定车位的车辆更可能出险；对于是否为进口车而言，进口车比国产车更可能出险；对于所有者性质而言，私人车最可能出险，其次是公司的车，最不可能出险的是政府车辆；对于驾驶人驾龄而言，驾龄越长，越不可能出险（相对于老司机，新手司机更可能出险）。

综上所述，较可能出险的车辆具有如下特征：新手司机、进口车、私人车、有固定车位、新车（车龄为 1 年）、普通级车（排量小于或等于 1.6 升）。

商业应用

通过车险数据的出险因素统计模型，可以得到一些十分具有应用前景的信息。

个性化车险定制

近年来，国外保险公司产生了一种新的车险费率厘定模式，即 UBI 驾驶人行为保险。UBI 的理论基础是驾驶习惯良好的驾驶员应获得保费优惠，保费取决于实际驾驶时间、具体驾驶方式等指标的综合考量。保险公司可以直接检测和评估驾驶行为，当车辆发生事故时，车载设备记录下的事故速度以及相关信息会使得理赔评估和处理更有效率。

前文中的出险因素模型即可应用于 UBI，制定个性化车险产品。根据影响出险的显著因素（如车龄、驾龄），对其出险概率进行预测，并根据预测结果及驾驶人驾驶特征制定适当的保费标准。不仅如此，还可以进一步结合驾驶行为数据，制定基于驾驶行为的 UBI 车险产品，如对具有良好驾驶行为特征的驾驶人给予保费优惠、对具有不良驾驶行为习惯的驾驶人适当提高保费。

人群细分

上述出险因素模型还有一个十分有价值的应用领域：出险人群细分。大致做法是：首先按照 AIC 模型的预测出险概率进行从高到低的排序，然后将排序后的驾驶人等分成 5 份，代表从高到低 5 种不同风险人群。将人群进行细分之后，可以计算这 5 种人群的实际出险概率。经过计算，根据

AIC 模型识别出的低风险人群占总人群的 20％，而其实际出险率只有 17％，比样本的整体出险率 28％低了 11 个百分点。模型比较好地识别出了不易出险人群。对于人群风险等级的划分也可以应用到 UBI 车险产品中，对高风险人群收取高保费，对低风险人群适当减少保费。

0－1 回归：点击率预测在 RTB 广告投放中的应用

RTB 背景知识

如果在 2016 年 12 月 29 日打开 12306 APP，很可能会在 APP 完全打开前看到图 3－31 中的 3 个广告：魅蓝手机、农行信用卡、滴滴打车。广告很应景，和回家过年有关。这种广告在行业里叫开屏广告。APP 上还有很多种广告，包括条幅广告、源生广告（如朋友圈广告）等。

图 3－31 12306 APP 的开屏广告

下面对手机广告进行详细介绍：

第一，为什么 APP 上有广告？因为 APP 也要赚钱。除了极少数可以靠增值服务来赚钱的 APP，其他 APP 很难向用户收费，所以只能让用户看广告。APP 是手机广告这个行业的供给方，供给的是广告位。

第二，为什么有人要在手机 APP 上打广告？广义地讲，有人要卖东西，为什么不去电视上打广告呢？去百度也行啊！大数据研究表明，很多人没了手机会死，而没了电视或者搜索引擎并不会。哪些人在打广告呢？从大银行到小农场主，想卖东西的都可以来打广告。所以，这里出现了这个行业中的需求方，就是想要卖东西打广告的人。他们需求的也是广告位。

第三，市场是如何形成的？供给方、需求方都有了，市场也就形成了。这个市场可以像菜市场买萝卜、卖萝卜一样自发地运转下去了吗？事实不是这样的。在中国，APP 数是百万量级，中小企业数是千万量级，想打广告的人也差不多有这个数，买方、卖方做组合，就是 100 万乘以 1 000 万这个水平。所以，还需要三种角色：两个代理人分别代表买方和卖方，一个交易平台负责收付款、发货、送货等。

第四，两个代理人的故事。一个叫 SSP（supply side platform），即供给方平台，帮助 APP 卖广告位。另一个叫 DSP（demand side platform），即需求方平台，帮助千万广告主买广告位。

DSP 帮广告主买来的广告位，广告主未必全认可，要看点击率。那么，如何在众多 APP 广告页面中找到最能让广告主满意和效果最好的广告位呢？这就为数据分析提供了机会。

第五，ADX 平台的出现。ADX 平台（ad exchange），即广告交易平台，其主要职能就是向 DSP 收钱，向 SSP 付钱，从 SSP 收广告位，再打包发给 DSP。

这个行业叫 RTB，即实时广告竞拍，其背后有三重含义：

第一，广告是一条一条现做现卖的。当你打开某个 APP 时，广告位这个产品才生产出来，并且马上卖出去。中国有 14 亿人，有多大挑战可以想象。

第二，实时。从广告位产生到决定打哪家广告，也就 200 毫秒，眨一下眼的时间。

第三，竞拍。一个广告位可能很多人想买，这怎么办？拍卖。拍卖规则，又名维克里拍卖，就是所有人密封出价，出价最高者得，只需支付第二高出价的价格。

　　总的来说，实时广告竞拍可以通过图 3－32 完美表现出来。

图 3－32　实时广告竞拍

回归分析

　　从上文可以看出，这个行业最有趣的地方在于 DSP 和广告主之间的赌局，如果能预测一条广告会不会被点击，那么就会占据优势和主动（见图 3－33）。

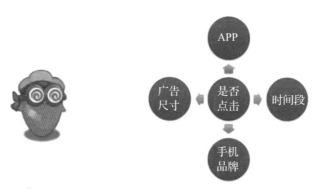

图 3－33　预测点击

这种情况下，一般有两个解决办法：一是玄学；二是统计模型。一般都倾向于选择后者。

建模的思路如图 3 - 34 所示。

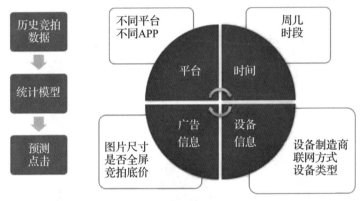

图 3 - 34　建模思路

因为因变量是 0 - 1 型数据，所以使用逻辑回归模型。模型结果分三个方面叙述：

（1）ADX 平台。和淘宝的 ADX 平台相比，百度平台的流量的点击率要高一些，而爱奇艺、iWifi 等平台的点击率要低一些（见图 3 - 35）。ADX 平台的点击率不同的可能原因是：不同 ADX 平台上的 APP 媒体不同。

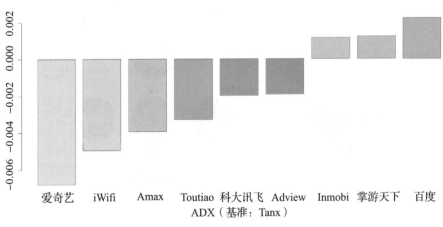

图 3 - 35　ADX 平台回归系数展示

（2）手机品牌。以 OPPO 为基准，主流手机品牌的点击率都要高一些（见图 3-36）。其中，进口手机如苹果和三星的点击率较高。手机品牌点击率存在差异的原因可能在于不同手机用户的特征不同，所投放的广告可能对苹果和三星的用户更有吸引力。

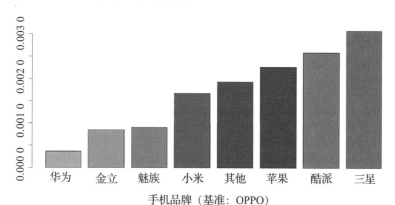

图 3-36　手机品牌回归系数展示

（3）其他变量。其他变量的估计结果如表 3-11 所示。

表 3-11　模型的估计结果

变量	估计值	标准误差	Z 值	显著性水平
截距项	-6.57	0.12	-54.79	***
竞拍底价	317.74	46.13	6.89	***
开屏广告	2.36	0.19	12.53	***
移动	-0.12	0.03	-3.50	***
联通	-0.12	0.04	-2.63	**
电信	0.01	0.04	0.19	
Wifi	0.12	0.03	4.21	***
移动数据-未知	-0.27	0.61	-0.44	
移动数据-2G	0.11	0.10	1.19	
移动数据-3G	-0.42	0.23	-1.86	.

续表

变量	估计值	标准误差	Z 值	显著性水平
移动数据-4G	−0.22	0.11	−1.98	*
平板设备	−0.03	0.15	−0.23	
方形图片	−1.23	0.20	−6.30	***
大号扁长图片	0.26	0.04	7.11	***
其他形状图片	−0.23	0.18	−1.28	
下午	0.18	0.03	6.89	***
晚上	0.19	0.03	6.82	***

说明：*** 代表 0.001 显著；** 代表 0.01 显著；* 代表 0.05 显著；. 代表 0.1 显著。

可以看出，竞拍底价越高的广告，点击率越高；开屏广告的点击率高；未知运营商作为基准，移动和联通的用户点击率明显低；网络设备方面，Wifi 用户的点击率明显高，4G 用户的点击率明显低；和小号扁长图片相比，大号扁长图片的点击率明显高，而方形图片的点击率低；时间方面，下午和晚上的点击率都高于上午。

产业应用

假设已经能够预测一条流量是否点击，那么接下来能做什么呢？记得这行的买卖规则吗？是竞拍。所以，当知道了流量的好坏，会做出如下决策：对优质流量出高价，对劣质流量出低价。

如何出价呢？

$$\frac{总出价}{点击率 \times 次数} = 单位点击成本$$

点击率是模型预测的，单位点击成本是自己设定的，那么出价就可以知道了。这么出价有什么好处？假设只有一个竞争对手，对于竞争对手低估的流量，按照维克里拍卖规则，出低价买到了，这是占到了便宜。对于竞争对手高估的流量，是买不到的。有没有可能竞争对手一直高估呢？如果竞争对手花高价买流量回来，成本一定高，因此给广告主的出价也低不了。那我们就可以通过挖墙脚的方式，争取竞争对手的广告主资源了。

定序回归：信用卡逾期数据分析

信用卡逾期

进入移动互联金融时代，持卡人的消费、还款等使用行为已经成为个人征信的重要依据之一。逾期还款会给持卡人留下不良信用记录，会对持卡人今后的贷款等行为的顺利进行造成不利影响。那么，什么样的人容易发生信用卡逾期行为呢？哪些因素会影响逾期行为的严重程度呢？本案例收集了信用卡逾期行为的相关数据，尝试建立统计模型探究持卡人逾期行为的影响因素，并对逾期状态开展预测。

数据来源和说明

本案例所使用数据来自某银行的信用卡用户逾期相关数据，共包含8 371条记录。将用户最近的逾期状态作为因变量，用户的个人特征和行为特征作为自变量（见表3-12）。

表3-12 数据变量说明表

变量类型	变量名称	详细说明	取值范围	备注
因变量	逾期状态	定序变量（8种状态）	0＝没有逾期； 1＝逾期1～30天； 2＝逾期31～60天； 3＝逾期61～90天； 4＝逾期91～120天； 5＝逾期121～150天； 6＝逾期151～180天； 7＝逾期180天以上	建模过程分为两步： （1）0-1回归； （2）定序回归

续表

变量类型	变量名称	详细说明	取值范围	备注
自变量	性别	定性变量	男性/女性	男性占比 68.2%
	信用卡使用率	取值越大，使用频率越高	0~12.84	
	信用卡额度	单位：万元	0.1~5	
	住房贷款	定性变量	没有/有住房贷款	无房贷占比 82.9%
	历史逾期行为	定性变量	没有/有历史逾期行为	无历史逾期 51.7%
	开户行为	定性变量	没有/有开户行为	有开户行为 74.0%

逾期状态

因变量逾期状态包含 8 种情况，属于定序数据（ordinal data）。由图 3-37 可以看出，频数最高的是没有逾期，其次是逾期 31~60 天，而逾期 90 天以上的行为较少。

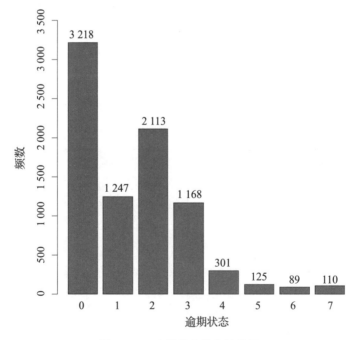

图 3-37 逾期状态分布柱状图

描述性分析

考虑性别、有无住房贷款等自变量与逾期状态之间的关联。从图 3 - 38
可以看出，在整体人群中，男性居多，但男女比例在各自逾期状态下差异

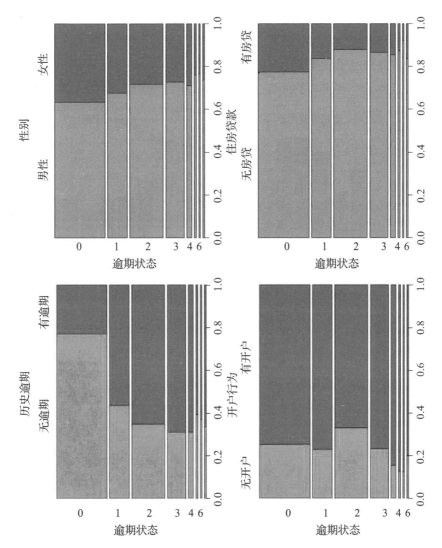

图 3 - 38　性别、住房贷款、开户行为、历史逾期因素与逾期行为的棘状图

不明显；在整体人群中，无住房贷款占比更大，但有无住房贷款的比例在各逾期状态下差别不明显；历史逾期行为在各自逾期状态下差异十分明显，即有历史逾期行为的人更容易发生逾期；在整体人群中，有开户行为的居多，但开户行为在各自逾期状态下差异不明显。

在信用卡使用率方面（见图 3 - 39），从平均水平看，没有逾期行为的人群的信用卡使用率比有逾期行为的人群低，而有逾期行为的人群的信用卡使用率并没有明显规律；在信用卡额度方面，从平均水平上看，信用卡额度较低的人群更倾向于逾期。

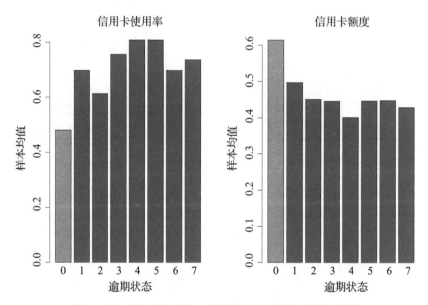

图 3 - 39　信用卡使用率、额度因素与逾期行为的柱状图

回归分析

由以上分析可知，信用卡的使用率、额度和历史逾期行为都可能影响逾期行为的发生。由此，若直接使用定序回归模型进行建模，预测效果会比较差，无逾期行为和逾期 30 天以内无法显著地区分，因此分为两步建模更好：第一步——0 - 1 回归，预测是否有逾期行为；第二步——定序回

归，预测逾期行为严重程度。定序回归模型结果如表 3 - 13 所示。

表 3 - 13　定序回归模型结果

变量	logit 模型		probit 模型		备注
	回归系数	P 值	回归系数	P 值	
截距项——1/2	−0.89	*	−0.55	*	因变量共 3 个水平，有 2 个截距系数估计值
截距项——2/3	0.90	*	0.54	*	
性别——女性	−0.15	*	−0.09	*	基准组：男性
使用率	0.18	*	0.10	*	
信用卡额度	−0.25	*	−0.15	*	
房贷——有贷款	−0.08		−0.05		基准组：无房贷
历史逾期行为 ——有逾期	0.28	*	0.17	*	基准组：无历史逾期
开户行为 ——有开户	0.17	*	0.09	*	基准组：无开户行为
全模型似然比 检验	P 值<0.001		P 值<0.001		

说明：（1） ＊代表 0.05 显著。
（2）逾期超过 90 天的观测占比很小，直接做定序回归预测效果差，因此将逾期 90 天以上的合并，定序回归建模因变量只有 3 个水平。

由此可以看到，在控制其他因素不变的情况下：（1）男性人群逾期程度比女性人群更严重；（2）信用卡使用越频繁，逾期行为越严重；（3）信用卡额度越低，逾期行为越严重；（4）存在历史逾期行为的人群更容易发生逾期行为；（5）存在开户行为的人群更容易发生逾期行为；（6）有无住房贷款对是否发生逾期行为的影响并不显著。

在本案例中，逾期行为严重程度的定序回归的预测效果差，可能的原因有：（1）自变量较少，缺少对逾期行为严重程度的深入理解；（2）定序回归对于临界值估计的欠缺导致预测效果较差；（3）因变量中严重逾期行为和逾期行为本身没有显著差异。

计数回归：英超进球谁最强

英超联赛

英格兰足球超级联赛（简称英超）是英格兰足球总会下属的职业足球联赛，是欧洲五大联赛之一，由 20 支球队组成。英超成立于 1992 年 2 月 20 日，其前身是英格兰足球甲级联赛。英超一直以来被认为是世界上最好的联赛之一，节奏快、竞争激烈、强队众多，现已成为世界上最受欢迎的体育赛事，也是收入最高的足球联赛。

数据来源和说明

本案例收集了 2012—2013 赛季的英超赛事数据。数据集记录了 16 支球队的部分球员（166 位）在该赛季的各种表现以及下个赛季的进球数（见表 3-14）。

表 3-14　变量说明

变量类型	变量名	详细说明	备注
因变量	下赛季进球数	计数变量单位：个	—
球员基本情况	球员姓名、年龄、所属球队、球衣号码、场上位置	场上位置是定性变量，有 3 个水平（前锋、中场、后卫）	年龄和场上位置用于建模
球员出现情况	出场次数、首发次数、出场时间（分钟）	三者正向线性相关性较高	首发次数用于建模
球员射门表现	射门次数、射正次数、进球数（头球、左脚、右脚、任意球、点球、乌龙球）	射门成功率＝射正次数/射门次数，是评价射手的重要指标	—
球员场上表现	助攻、传球、过人、抢断、赢得点球机会、拦截、解围（头球、后场）、头球争顶成功	单位：次	—
球员犯规情况	越位、犯规、红牌、黄牌	单位：次	—

本案例的数据虽然略显陈旧，来自 2012—2013 赛季，但数据分析思路可以借鉴，对于评价球员场上表现以及预测球员下赛季进球有一定的帮助。

进球表现

2012—2013 赛季英超球队的最佳射手前三名分别是范佩西、苏亚雷斯和贝尔，进球数分别是 26 个、23 个和 23 个。在下一赛季，苏亚雷斯表现突出，一举登上射手榜首位，进球数达到 31 个。贝尔则在下一赛季转会到西班牙皇家马德里队。

描述性分析

数据集中的 166 位球员有 86 位是中场，50 位是后卫，30 位是前锋。如图 3-40 所示，2012—2013 赛季贡献了 624 个进球。前锋位置的球员的人均进球数与最大进球数均为最多，30 位前锋共贡献了 264 个进球，占总进球数的 42.31%；后卫球员的人均进球数和最大进球数均为最少。其中，

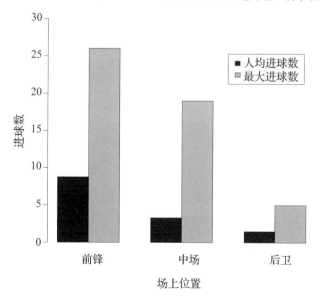

图 3-40 2012—2013 赛季英超人均进球数和最大进球数统计

进球最多的前锋为范佩西（26 个），中场为本特克（19 个），后卫为伊万
和贝恩斯（各 5 个）。

因子分析

为了评价球员在场上的整体表现，从数据集中选取了 22 个技术指标进
行因子分析。因子分析是多元统计中的降维方法，目的在于寻找影响一组
变量的公共潜在因素。这 22 个指标之间的相关性如图 3‑41 所示。部分变
量的线性相关性较强（例如射门次数和射正次数），数据集比较适合进行
因子分析。

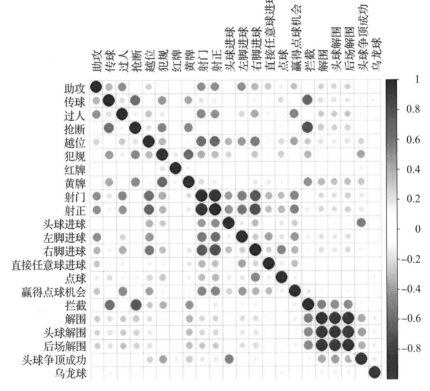

图 3‑41　球员表现技术指标相关性图示

因子分析的结果表明，保留 3 个公共因子，累计方差贡献率可以达到 58.82％。根据主成分法估计的因子载荷矩阵，三个因子分别为进攻因子、防守中场因子和防守后卫因子。根据因子得分，分别找出在三个因子上得分最高的球员，代表进攻型、防守中场型和防守后卫型球员。进攻能力、防守中场能力和防守后卫能力最强的三位球员分别是苏亚雷斯、阿尔特塔和本特克（见表 3－15）。

表 3－15　三个公共因子得分前 10 名的球员

排序	综合能力强的球员		
	进攻能力	防守中场能力	防守后卫能力
1	苏亚雷斯	阿尔特塔	本特克
2	范佩西	施耐德林	雷德
3	本特克	加德纳	克拉克
4	登巴巴	杰拉德	威廉斯
5	贝尔巴托夫	贝恩斯	胡特
6	马塔	西德维尔	科林斯
7	沃尔科特	卡里克	克劳奇
8	吉鲁	奥斯曼	肖克罗斯
9	费莱尼	诺布尔	阿格尔
10	哲科	兰吉尔	奥谢

因子分析的结果只是基于本案例的样本数据。由于收集到的场上技术指标并不全面（例如传球成功次数、控球时间等关键指标未考虑），所以对于球员的整体评价无法做到完美。

回归分析

在统计建模部分，本案例利用年龄、场上位置、首发次数、本赛季进球数以及三个公共因子，来预测下一赛季进球数。由于进球数属于计数型数据，因此选择泊松回归模型。利用 AIC 准则进行模型选择之后的结果如表 3－16 所示。

表 3 - 16   AIC 模型估计结果

变量	回归系数	P 值	方差膨胀因子	备注
截距	1.702	<0.001		
年龄	−0.075	<0.001	1.094	
场上位置：前锋	1.475	<0.001	2.278	基准组：后卫
场上位置：中场	0.877	<0.001		
本赛季进球数	0.091	<0.001	1.792	
防守中场因子	0.179	<0.001	1.336	
防守后卫因子	−0.149	0.010	1.411	
模型整体显著性检验		P 值<0.001		

　　AIC 模型保留的变量在 0.05 的显著性水平下均显著。具体而言，在控制其他因素不变的情况下，球员的年龄越大，进球数越少；对于场上位置指标，前锋球员、中场球员的进球数都多于后卫球员；本赛季进球数越多，下赛季进球数也越多；防守中场因子得分越高，进球数越多（防守型中场球员进球的可能性大）；防守后卫因子得分越高，进球数越少（防守型后卫球员进球的可能性小）。这些结论与大众对于足球比赛的认知都是相符的。

生存回归：新产品在架时长研究

生存数据

　　生存回归起源于医学领域，例如分析癌症病人的存活概率。近年来，生存回归分析被广泛应用于诸如市场营销、人力资源等管理学领域。例如，它可以帮助企业人力资源部门分析员工的离职情况，在客户关系管理中分析影响客户流失的因素等。

　　生存数据的最大特点就是截断，即在某个观测期内，有的个体可以观测到确切的"死亡"时间，有的个体则观测不到（观测期末仍然存活）。在管理学领域，很多有趣的问题适合采用生存回归分析。本案例就以某超市在售的全品类洗发水数据为例，研究新产品在架时长的影响因素。

数据来源和说明

超市中货架产品的摆放是一门学问。超市的货架空间有限，合理安排每种产品的在架时长不但可以有效利用货架空间，而且可以极大地促进超市的整体销售。对于新上架的产品，其在架时长会受到哪些因素的影响？

本案例所用数据来自国内某大型连锁超市所有在售的洗发水数据，共记录了从 2010 年 7 月到 2013 年 12 月的 29 295 条观测。所要研究的是新产品的在架时长。那么，如何定义新产品呢？为此，可以人为地将 2010 年 7—9 月三个月作为新产品识别期，这三个月在售的洗发水并不是我们的研究对象，所以可以看到，根据本案例的研究问题，观测时间段并不是从 2010 年 7 月开始，而是从 2010 年 10 月开始。在数据被整理成适合做生存分析的结构后，我们整理了应用于回归分析的若干自变量，具体变量说明如表 3-17 所示。

表 3-17　数据说明

变量类型	变量名	详细说明	取值范围	备注
因变量	在架时间	单位：月	2~38	
	是否退架	0-1 变量	1=退架；0=在架	
自变量	销量	单位：个数	0~3 549	数据做了变换
	收入	单位：元	0~38 610	数据做了变换
	成本	单位：元	-17.94~37 180	数据做了变换
	规格	定性变量，4 个水平	200ml，400ml，750ml，1 000ml	
	品牌	定性变量，9 个水平	A，B，C，D，E，Ⅰ，Ⅱ，Ⅲ，R	替换了原有数据中的品牌名
	所属公司	定性变量，3 个水平	宝洁、联合利华、其他	根据品牌名进行划分
	功能	定性变量，4 个水平	焗油、去屑、柔顺、其他	根据字段粗略划分

描述性分析

下面对因变量产品的在架时长进行简单的描述性分析。绘制的因变量在架时长的生存函数曲线如图 3-42 所示。

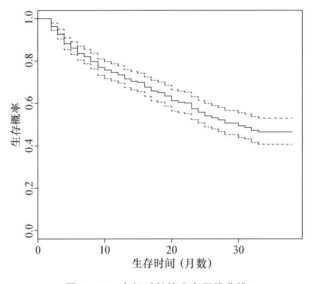

图 3-42　在架时长的生存函线曲线

从图 3-42 可以看出，有超过 40％的产品在架时长都在 30 个月以上。接下来选取几个自变量进行分组的描述性分析。

（1）关于洗发水的功能。从图 3-43 可以看出，有焗油功能的洗发水的生存概率较其他三种功能洗发水的生存概率要高（生存曲线越靠上说明生存概率越高）。

（2）关于洗发水所属公司。从图 3-44 可以看出，联合利华公司的洗发水的生存概率要明显低于其他两组。总体来看，其他公司的洗发水的生存概率较高。其他自变量的分组描述性分析就不在此一一赘述了。

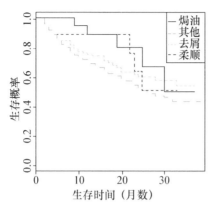

图 3 - 43　分组描述性分析——功能

- 焗油功能洗发水的生存概率比其他三种功能洗发水的生存概率要高
- 其他功能洗发水的生存概率最低

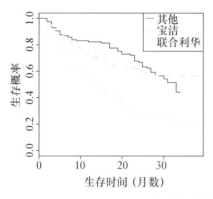

图 3 - 44　分组描述性分析——所属公司

- 联合利华公司的洗发水的生存概率要低于其余两组
- 总体来看，其他公司的洗发水的生存概率较高

回归分析

对变量进行描述性分析之后，采用加速死亡模型和 Cox 等比例风险模型来对数据建模（见表 3 - 18、表 3 - 19）。

表 3 - 18　模型分析——加速死亡模型

变量	回归系数	P 值	备注
常数项	3.85	<0.001	
销量	—0.15	0.408	对数

续表

变量	回归系数	P 值	备注
收入	0.22	0.230	对数
规格：200ml	−0.12	0.821	基准组：1 000ml
规格：400ml	−0.68	0.196	
规格：750ml	−0.35	0.510	
功能：其他	−0.60	0.139	基准组：焗油
功能：去屑	−0.41	0.329	
功能：柔顺	0.06	0.938	
公司：宝洁	−0.08	0.678	基准组：其他
公司：联合利华	−0.84	<0.001	

表 3 - 19　模型分析——Cox 等比例风险模型

变量	回归系数	P 值	备注
销量	0.23	0.257	对数
收入	−0.32	0.108	对数
规格：200ml	0.13	0.834	基准组：1 000ml
规格：400ml	0.76	0.200	
规格：750ml	0.39	0.524	
功能：其他	0.65	0.158	基准组：焗油
功能：去屑	0.45	0.349	
功能：柔顺	−0.05	0.950	
公司：宝洁	0.20	0.346	基准组：其他
公司：联合利华	0.96	<0.001	

　　加速死亡模型假设为 Weibull 分布，从两个模型估计的结果来看只有所属公司这个变量是显著的。Cox 等比例风险模型是对"风险"进行建模，所以 Cox 等比例风险模型系数估计的方向和加速死亡模型系数估计的方向是完全相反的。以所属公司这个变量为例，在加速死亡模型中解读为：相

对于其他公司的洗发水，联合利华公司的洗发水生存时间更短；在 Cox 等比例风险模型中解读为：相比其他公司的洗发水，联合利华公司的洗发水的生存风险较高（换言之，生存时间较短，与加速死亡模型的解读一致）。

本案例具有一定的研究局限性，截断数据较多（约为 64%），导致生存函数置信区间的上限无法估计。因此，未来的改进方向是：（1）扩大观测时间段；（2）考虑逻辑回归。具有解释力的自变量个数太少（只有所属公司），有可能是对自变量的定义过于粗糙，比如功能这个变量目前只分离了四个，可以考虑更加细致的划分；此外，连续型变量也可以考虑前三个月的平均利润、成本等。

第四章/*Chapter Four*

机器学习

　　本章分享另一大类非常重要的数据分析手段——机器学习。那么，什么是机器学习？它跟回归分析的关系是怎样的？关于这两个问题，每个人的看法是不一样的，这依赖于我们对于机器学习和回归分析的定义。如果定义回归分析为第三章所分享的各种线性模型，那么机器学习不属于回归分析的范畴，因为机器学习所涉及的模型几乎都是非线性的。但是，如果定义回归分析为所有关乎 Y（包括可观测到的和不可观测到的）和 X 的相关性的方法，那么机器学习中的大量方法都属于回归分析的范畴，只不过是非线性的。

　　从后一个角度看，典型的机器学习方法（朴素贝叶斯、支持向量机、神经网络、决策树等），同常见的各种线性回归模型，并没有本质的区别。但是，由于机器学习方法大量采用非线性手段，因此其对于数据常常具有更好的拟合优度。这种更好的拟合优度并不一定能够转化为更高的预测精度。这非常依赖于具体的数据和应用场景。事实上，简单的方法往往更容易胜出。此外，作为非线性方法，机器学习的模型输出（除了决策树以外），可解读性都不好。当然，在很多应用场景（例如个性化推荐）下，解读似乎并不重要。不过，也有很多应用场景，人们需要知道其背后的故事。

简单总结，机器学习代表着一大类非常优秀的数据模型分析方法，是立志成为数据科学家的朋友的必修内容。但是，也不要过分神话它，既要看到它的优点，也要看到它的不足。下面就分享一些采用机器学习方法的案例，主要涉及的方法有：朴素贝叶斯、决策树（含随机森林）、神经网络（含深度学习）、聚类分析。

朴素贝叶斯：政府热线电话

遇到问题，该找谁？

在生活中，我们常常会遇到一些突发情况，需要诉诸政府部门或是专门的机构来解决。比如，当遇到偷盗抢劫或是打架斗殴等治安问题时，我们自然会想到拨打 110 来解决；当遇到火灾时，我们必然会拿起手机拨打 119；当身边的亲人或朋友突发疾病时，可以拨打 120。

然而，日常生活中遇到的问题远不止这些。比如，街边有一个下水道井盖坏了，应该找谁来维修呢？小区附近有一处建筑工地昼夜施工，严重影响了周围居民的休息，应该向谁反映呢？上下班乘坐的公交车总是晚点，又该如何解决呢？事实上，为了方便与市民的沟通交流，解决生活中会遇到的各种各样的民生问题，各地市政府大多开通了政府便民服务热线"12345"，市民可以通过热线向政府部门提出建议、意见或进行投诉、举报等（见图 4-1）。

图 4-1

市民热线和头疼的老王

通过"12345"政府便民服务热线，市民可以全天候地反映身边大大小小的问题，将自身的诉求告知政府部门以期解决。便民服务热线虽然方便了人民群众的生活，却让热线后台中心的负责人老王犯了愁。便民服务热线实行的是"一号对外、集中受理、分类处置、协调联动、限时办理"的工作机制。也就是说，市民拨打"12345"热线电话后，电话首先会由呼叫中心热线接听专员接听。热线接听专员接听市民来电后，对于能直接解答的咨询类问题，依据知识库中的信息直接解答；对于不能直接解答的，例如投诉类的，会通过电脑直接记录下来，然后由经验丰富的工作人员来对这些建议与投诉进行分类，及时转交相关区县、部门办理。相关区县、部门会在限定时间内进行解决，同时将办理结果反馈给便民服务热线（见图4-2）。

图4-2

老王的工作就是对热线接听专员记录下来的建议和投诉信息进行分类，争取迅速、准确地将信息划分到对应的政府职能部门，进行处理。信息的分类处置作为"12345"便民服务热线工作流程中连接市民和政府职能部门的桥梁，其重要性不言而喻。如果不能准确分类，不仅会消耗更多的政府资源，还会拖延问题解决的时间，这就违背了开通便民服务热线的初衷。

老王的烦恼

老王作为便民服务热线后台中心的负责人，在如何提高建议和投诉信息的分类效率问题上，可谓愁眉不展。后台中心目前都是依靠专门的工作人员的经验来分类，再统一提交到相关的部门，可即使是有经验的老员工也常常出现分错的情况。此外，有经验的工作人员本就不好找，在巨大的工作量之下，还频频发生员工辞职或调离岗位的事情。最近，由于市民对政府便民服务热线越来越熟悉，也越来越认可这样的建议和投诉的方式，所以通过"12345"热线打来的电话越来越多。老王在欣喜之余却更焦虑了：电话量激增，有经验的员工却不足，分类处理效率亟待提高（见图 4-3）。

数据，可以解决问题吗？

图 4-3

急得食不知味的老王看着便民服务热线后台中心里每一条处理记录，心想，要是有什么方法能够将过去的分类经验积攒下来，甚至能够根据市民来电的信息记录自动分类，那就好了。

老王想，最近那么流行数据分析，那数据分析的方法能不能解决自己的问题呢？老王咨询数据科学家之后，开始了他的数据分析之旅。

老王从刚刚过去的 12 月份的处理记录中提取了 2 000 条被正确分类的建议投诉信息，包含市民建议或投诉的文本记录，以及最终受理的政府部门。他想看看投诉主要集中在哪些部门，于是对记录中各政府部门的受理数量进行了统计。如图 4-4 所示，12 月，对市水务集团的投诉最多，而市供电公司与市房地产集团收到的投诉最少。老王猜测，这可能是因为该城市为北方的某省会城市，12月份气温极低，水管容易破裂造成街道、楼梯与住房等地方结冰，影响人们的正常生活，故对市水务集团的投诉较多。

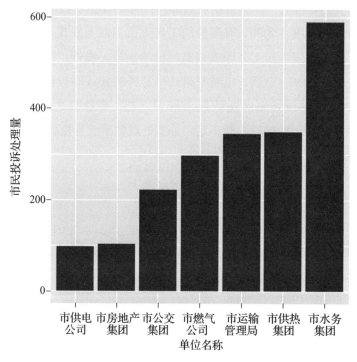

图4-4　12月份各政府部门的市民投诉量

让计算机"读懂"文本

老王想，不同部门的职能不同，受理的市民问题的内容是不是也会有区别呢？不过，计算机可没法像人一样"读懂"这些长长的文本。为了让计算机能够顺利处理文本数据，老王选择了一种最典型的处理方法。他将每一条投诉建议的文本，对照某种已经存在的词汇表，记录词汇表中每个词在每一条投诉建议的文本内容中出现的次数。通过这样的方法，老王成功地将每一条投诉建议文本转换成了一系列记录着词汇表中每个词词频的数字。

之后，老王尝试对不同政府部门接到的投诉建议内容中出现的词的次数进行统计，并尝试运用"词云"的方式对结果进行可视化。他发现，市供热集团收到的投诉中"室温"与"效果"这两个词出现比较频繁。可以猜测，这些投诉的大致内容可能是在吐槽"供暖后室温很低，效果不好"。而从市水务集团受理的投诉建议内容中，则可以发现"自来水"和"维修"出现的频率比较高，猜测可能是这段时间"自来水表或者管道经常坏，需要维修"。老王注意到，不同部门受理的投诉建议的内容，不仅包含着像这样有趣且有用的信息，似乎还反映了不同部门的职能特点（见图 4 - 5）。

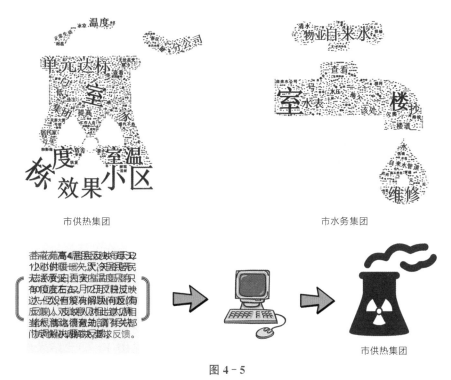

市供热集团

市水务集团

图 4 - 5

用计算机代替人工分类

分析到这里，老王心里有了一个猜测：既然不同政府部门的职能不同，受理内容也可以看出有比较明显的差异，那么，这些差异是不是就是所谓的"特征"？可不可以用来帮助实现自动化的投诉建议信息分类呢？老王想，既然不同词在不同部门的受理投诉建议内容中出现的次数有多有少，这不就是说不同词在不同类别的投诉中出现的"概率"不同吗？似乎有一种叫作朴素贝叶斯的模型，可以处理这样的情况。由于投诉建议的内容一般不长，同一个词反复出现的情况并不算多，老王直接将词汇表中各个词出现的次数，简化为词汇表中各个词是否出现。

> Y 变量：投诉建议的受理部门
>
> X 变量：已有词汇表中各个词在投诉建议的文本内容中是否出现

朴素贝叶斯分类的核心是贝叶斯定理和特征条件独立假设。就老王面对的这个数据集来说，不同词在归属于不同部门的投诉建议内容中出现的概率显然不同，例如，提到"自来水"的投诉建议属于市水务集团职能范畴的可能性，必然要大于属于市供热集团职能范畴的可能性。换句话说，当看到投诉建议的内容中有"自来水"这个词时，没有其他任何信息，猜一猜这条投诉建议应当划归哪个部门，十有八九会猜市水务集团，因为出现"自来水"这个词的投诉建议最后被划归市水务集团处理的概率最高。那么，老王辛苦构造的词汇表就可以派上用场了。他可以通过简单统计，得到各个词出现时（也就是各个特征）分属于各个类别的概率。对于尚未被分类的样本，老王只需要借助基本的概率论知识，计算出概率最高的那个分类就可以了。

老王运用朴素贝叶斯模型，根据 1 600 条投诉建议记录"训练"得到了一个分类模型，并将模型应用于另外 400 条投诉建议记录，尝试预测这400 条投诉建议记录应该被分到哪一个政府部门（见图 4 - 6）。结果出来后，老王惊喜地发现，模型将投诉建议记录准确分类的概率居然可以达到95%左右！

老王心里的一块大石头总算是落了地。在过去几年里，便民服务热线后台中心早已累积了许多投诉建议的分类记录，这些分类记录可都是负责

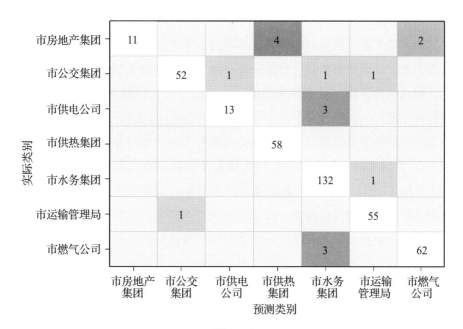

图 4 - 6

分类的工作人员的经验结晶。通过模型，就可以把这些分类的经验提取出来，应用于当前的投诉建议分类工作了。而且，运用这样的模型，可以实现计算机自动化分类。自动化处理的准确率相比人工分类要高得多，并且只需要工作人员对误分类的投诉建议进行重新分类就可以了，能够大大减少人工处理的工作量。此外，有经验的员工离职率高、新员工经验不足易出错的问题也得到了解决。至此，老王的头总算是不疼了。

朴素贝叶斯：基于商品名称的多分类问题

背景介绍

商品分类，顾名思义，就是根据商品的性质、特点将其划分到合适的类别中。在现代商业社会，商品分类是商品流通的基础步骤之一。没有准确的商品分类，就会降低买卖双方的信息交换效率，造成高昂的信息成本，阻碍商品流通。

　　商品分类是一项可以为顾客、品牌商、零售商三方都带来收益的商业流程活动。对于顾客而言，商品分类可以使其提高搜索效率、降低时间成本、愉悦购物体验。对于品牌商而言，商品分类可以使其优化运营管理、精确商品定位、提高整体利润。以优衣库为例，其主营业务为衣物销售，绝大部分的商品分类涉及衣物的面向人群和属性功能（如男装外套和女装裙子），针对性的商品分类能让顾客快速了解优衣库的衣物特点并进行选取（见图4-7）。对于零售商而言，商品分类可以使其优化分类体系、加强商品管理、建立零售品牌。以京东为例，其需要为零售平台上的品牌商提供商品分类指引，具有泛用性与统一性的商品分类框架可以引导商家合理分类商品，让消费者简单有效地进行购物。除此之外，商品分类还为各类商业运营活动带来了丰富的想象空间，如可以利用商品分类数据进行基于商品类别的产品推荐，从购买商品属性上挖掘用户特征、门店特征，进行购物篮分析等，从而创造潜在价值（见图4-8）。

图4-7

　　当下商品分类呈现线上线下体系各异的格局。线下商家遵循仓储目录体系进行分类，线上商家则遵循电商平台体系进行分类。以京东为例，其以等级序列为核心、分面组配为辅助，细化了搜索目标，提高了搜索效率。但目前的商品分类仍然面临三大困难：数据多、人工繁、信息少。

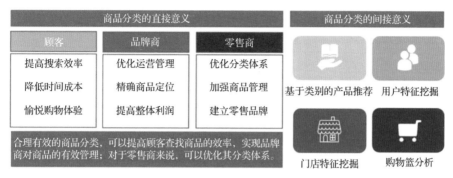

图 4-8

由于商品种类五花八门，商品分类问题往往涉及庞大的数据量。与此同时，新产品层出不穷，商品分类需要紧跟商品更新迭代的速度。采用传统的人工标注的方式进行商品分类和审核已经无法满足大数据时代商品分类的需求，这种方式不但工作量大，费时费力，而且判断标准较为主观，误判率较高。因此，对商品进行自动化分类已成为当前的主要发展趋势。但在商品分类的实际应用场景中，自动化分类可借助的信息非常少，尤其是对于规模较小的超市便利店来说，往往只能拿到商品名称的信息。因此，有用信息缺乏是商品自动化分类面临的主要挑战（见图 4-9）。

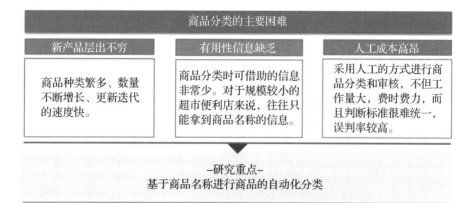

图 4-9

针对上述商品分类面临的困难，本案例从普遍可以获取的商品名称数据出发，研究商品的自动化分类问题，从而对海量商品进行大批量高效率的分类处理，延伸其商业价值。

数据与描述分析

数据介绍

为深入研究商品分类体系，本案例借鉴某知名电商的商品分类体系，以食品饮料与保健食品（简称食品饮料）、生鲜两个大类为例进行研究。具体的品类体系信息及商品数目如图 4－10 所示。其中，商品名称和品类的变量类型均为文本，具体的数据如图 4－11 所示。

图 4－10　商品分类信息图

序号	商品名称	一级品类	二级品类	三级品类
1	大洋世家 厄瓜多尔白虾（20/30） 1.45kg 30-45只 大虾 海鲜火锅	生鲜	海鲜水产	虾类
2	浓鲜时光 麻辣小龙虾 1600g 4-6钱 净虾850g 盒装	生鲜	海鲜水产	虾类
3	京鲜生 清水即杀大号麻辣小龙虾尾虾球 500g×3袋 共1500g	生鲜	海鲜水产	虾类
4	Acornfresh 冰岛野生北极甜虾仁 鲜冻虾仁 北极厦限量捕捞 婴幼儿宝宝营养辅食 无污染海鲜 200克·2包	生鲜	海鲜水产	虾类
5	鲜美来 冷冻虾350g 盒装 火锅食材 海鲜水产	生鲜	海鲜水产	虾类
6	一米澳 大青虾4斤 盒装 海鲜水产鲜水虾基围虾8大舟山对虾海虾鲜虾青虾	生鲜	海鲜水产	虾类
7	2018新疆红枣葡萄干500g新疆特产绿葡干干无核免洗批发干果 葡萄干500g·2装	食品饮料、保健食品	地方特产	新疆
8	（璀璨节日5折）和田大枣特级新疆袋装新货免洗骏枣5斤袋红枣干 1000克(500克·2袋)	食品饮料、保健食品	地方特产	新疆
9	中粮初萃物理压榨一级浓香花生油5L 新疆90天之内新油 食用油克氏保鲜包邮2018新榨	食品饮料、保健食品	粮油调味	食用油
10	英潮鲜椒酱虎邦辣椒酱山东特产辣椒酱特级超辣鲜椒酱 虎皮辣椒酱210g	食品饮料、保健食品	粮油调味	调味品
11	【两件免邮】英潮鲜椒酱虎邦辣酱 辣椒酱组合装 鲁西牛肉酱50g·3罐	食品饮料、保健食品	粮油调味	调味品
12	乌冬面汁，日式乌冬面用汁，带有汤水的乌冬面，味丰出易	食品饮料、保健食品	粮油调味	调味品
13	开心乐梨汁冰糖小粒黄冰糖350g	食品饮料、保健食品	粮油调味	调味品
14	厨邦萝卜干 酒500ml瓶装 爽味增香 去腥解腻私 酒调味烹饪	食品饮料、保健食品	粮油调味	调味品
15	【买2送2再送粽】红豆薏米英实茶 祛湿茶200g 大麦苦养茶养生茶 除湿气湿热赤小豆薏仁茶	食品饮料、保健食品	茗茶	花草茶
16	聚宝绿茶 龙井 250g茶叶 门前西湖龙井【买一送一送四款】 龙井茶散装罐装 2018新茶	食品饮料、保健食品	茗茶	龙井
17	【团购优惠】 中粮礼品卡中秋节礼品册团购 福礼 398型自选礼品卡册购物卡	食品饮料、保健食品	食品礼券	礼券
18	皇中皇 馋庆特产正宗传统素蒸糕400克 猪肉绿豆糕大粽子 广式粽糖粽子 广东老字号 400g×1只	食品饮料、保健食品	食品礼券	粽子
19	口水娃 多味花生 牛肉味 五香 蚕豆 牛肉味30g 牛肉干 休闲零食 话随切以 小包包 鐺 牛肉味	食品饮料、保健食品	休闲食品	休闲零食
20	可口可乐 迷你摆摆组合 200ml·48罐 可乐+雪碧+苏达+摩度可乐 碳酸饮料汽水	食品饮料、保健食品	饮料冲调	饮料
21	卓玛泉 西藏冰川饮用天然水12L·100桶 驹鍼生小分子母婴饮用水 家庭桶装水饮用水 非矿泉水苏打水 老会灵专拍	食品饮料、保健食品	饮料冲调	饮用水
22	怡宝 饮用纯净水 1.555L·12瓶 整箱装	食品饮料、保健食品	饮料冲调	饮用水
23	名仁 苏打水饮料 无糖无汽弱碱生水 375ml·24瓶 整箱装	食品饮料、保健食品	饮料冲调	饮用水

图 4－11　数据展示表

品类分布

在选定的商品分类体系中，我们将"食品饮料"和"生鲜"定义为两个一级品类，每个一级品类又进一步分为多个二级品类和三级品类。图 4 - 12 展示了"食品饮料"和"生鲜"两个类别下各个二级品类的商品分布情况。食品饮料品类下共有 6 个二级品类，其中地方特产、茗茶、粮油调味的总占比达 70% 左右，是食品饮料品类下占比较高的二级品类；生鲜品类下共有 7 个二级品类，其中水果、蔬菜、海鲜水产的总占比达 75% 左右，是该品类下占比较高的二级品类。

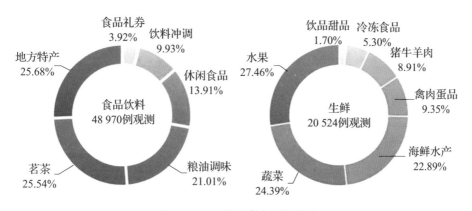

图 4 - 12　二级品类占比环状图

商品名称的文本分析

由于商品名称是文本数据，我们首先对其进行文本分词等预处理操作。图 4 - 13 展示了商品名称中总词数的直方图。可以看出，食品饮料类和生鲜类的产品名称描述词基本都在 16 个词左右，整体上看食品饮料类的描述词略微多于生鲜类。

为了研究不同品类下商品名称的文本特点，我们以"食品饮料—饮料冲调—牛奶乳品"和"生鲜—水果—苹果"两个分类体系为例，观察各个类别的词云图（见图 4 - 14、图 4 - 15）。可以看到，不同级别品类下关键词的种类与词频各不相同，但具有共同趋势：商品的分级品类越细（从一级到三级），其呈现的词云结果越能直接反映出该品类产品的特征。

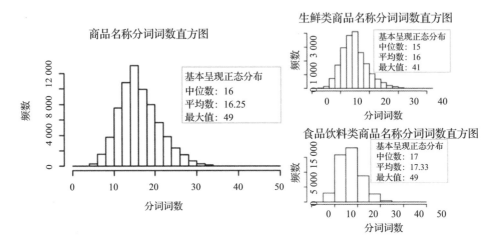

图 4-13　商品名称总词数的分布直方图

图 4-14　食品饮料品类下牛奶乳品品类的分级词云图

图 4-15　生鲜品类下苹果品类的分级词云图

自动化分类

从上述品类的词云图输出及结论可知，不同品类的商品具有不同的特征词及特征词比例，其中三级品类的特征词最能反映品类特征情况。因此可以认为，根据商品名称的文本特征对商品进行分类，是具有合理性和可行性的。接下来，我们将以商品名称的分词结果为自变量，以商品对应品类为因变量，借助常见的机器学习算法，建立商品的自动化分类模型。

建模流程

整个建模过程如图 4－16 所示。首先，我们将全部商品按照 7∶3 的比例随机划分为训练集和测试集。然后，我们对商品名称进行分词处理，并依次剔除商品名称中无意义的数字、字母、标点，剔除停用词，并剔除在少于 10 种或多于 75％的商品中出现的词。基于文本预处理的结果，我们进一步构造文档-词频矩阵。考虑到此时数据集中包括的特征词仍然非常庞大，我们进行了特征筛选。最后，基于筛选后的特征词建立自动化分类模型，并在测试集上验证效果。

图 4－16 商品自动化分类流程

特征选择

在构造文档-词频矩阵时，我们将每条商品名称表示为形如（w_1，w_2，…，w_n）的向量，作为分类器的输入，其中 w_n 表示第 n 个特征词的词频。由于原始特征空间几乎包含商品名称中出现的全部词语，维度成千上万，因此剔除重要性较弱或者区分度较低的特征词可以提升运行速度和分类准确率。在文本分析中，特征选择的方法多种多样，这里我们主要采用了信息增益的方法进行特征选择。

对于词条 t 和类别 c，通过统计 c 中出现和不出现 t 的次数来计算 t 对于 c 的信息增益。信息增益大的特征词优先被选取。图 4-17 列出了信息增益的计算公式，可以看到，该指标实际上就是衡量每个特征词对商品分类的重要性。如何衡量这种重要性呢？利用特征词在不同商品类别中的分布情况来考察。例如，如果一个特征词只在某个类别中出现，而在其他类别中不出现，它的信息增益值就较高；而如果该特征词在各个类别中都出现，它对类别划分的贡献就比较小。

采用信息增益(information gain, IG) 进行特征选择，保留IG最大的 n 个特征词。IG计算公式：

$$IG(t) = -\sum_{i=1}^{N} P(c_i)\log P(c_i) + P(t)\sum_{i=1}^{N} P(c_i|t)\log P(c_i|t) + P(\bar{t})\sum_{i=1}^{N} P(c_i|\bar{t})\log P(c_i|\bar{t})$$

其中：

(1) $P(c)$ 为 c 类商品在商品集中的占比

(2) $P(c|t)$ 和 $P(c|\bar{t})$ 分别表示商品在包含词条 t 及不包含 t 时，属于品类 c 的条件概率

(3) $P(t)$ 和 $P(\bar{t})$ 分别表示包含词条 t 及不包含词条 t 的商品在商品集中的占比

(4) N 为商品品类总数

图 4-17

分类器选择

接下来，我们就以特征筛选后的文档-词频矩阵为自变量，以商品类别为因变量，建立自动化分类模型。常见的分类算法包括：基于贝叶斯定理的朴素贝叶斯算法、基于距离度量设计的 k 近邻算法、基于核函数的支持向量机算法、基于一系列 if-then 规则的决策树算法等。它们均可用于文本分类场景。结合计算效率和分类准确率，本案例最终选用朴素贝叶斯分类器和 k 近邻算法两种方法。

简单来说，朴素贝叶斯分类器的思想基础是：对于任意商品名称，求解在此商品名称出现的条件下，各个类别出现的概率。哪个类别的概率最高，就认为该商品名称属于哪个类别。例如，在所有包括"苹果"的商品名称中，二级分类"水果"会比"饮料冲调"出现的概率高，那么该商品

名称就会被划分到"水果"类别下。

　　k 近邻算法则适用于样本量较大的情形，它的推断是基于"彼此靠近的样本点更有可能来自同一个类别"的简单假设。对于一个新的商品名称，我们通过计算它和训练集中已有商品名称的相关性，将最强相关的数据所对应的商品类别作为备选，然后采用投票的方式决定新商品名称的所属类别。

　　分类结果

　　在训练集上，我们分别保留信息增益最大的前 500/1 000/2 000 个特征词，并尝试采用朴素贝叶斯和 k 近邻两种分类算法，最终的结果如图 4-18 所示。可以看出：(1) 二级品类上的预测准确率高于三级品类；(2) 对比不同的分类方法发现，朴素贝叶斯算法分类效果相对较好，普遍优于 k 近邻算法；(3) 当尝试不同数量的特征词时，保留更多特征词有助于提升测试集上分类准确率，但提升的幅度有限，因此在实际操作中可以综合考虑运算速度及分类准确率来决定最佳的特征数。

测试集上 分类准确率		预测品类	
		二级品类	三级品类
朴素 贝叶斯	Top 500	80.0%	71.3%
	Top 1 000	83.3%	76.2%
	Top 2 000	85.8%	79.7%
k 近邻	Top 500	77.7%	64.8%
	Top 1 000	80.0%	68.6%
	Top 2 000	81.8%	70.8%

图 4-18

　　最后，我们以二级分类为例来展示每个类别具体的分类情况。图 4-19 展示的是"Top 2 000 特征"＋"朴素贝叶斯"的组合下，测试集上各个二级分类预测结果的混淆矩阵。可以看出，二级分类上的错分情况主要表现

为地方特产、粮油调味、休闲食品这三个二级分类间的误判。因此，实际
操作中，可以重点关注这三个二级分类的划分情况；对于类别预测概率较
低的商品，采用人工二次标注的方法进一步核实。

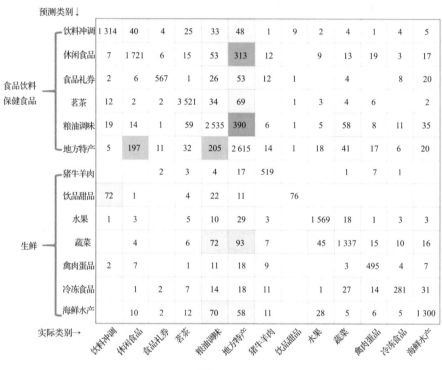

图 4 - 19

总结与讨论

商品分类是商品流通的基础步骤之一。合理有效的商品分类可以提高
顾客查找商品的效率，实现品牌商对商品的有效管理，优化零售平台的分
类体系，从而实现多方受益的局面。本案例针对当前商品分类中碰到的难
点，以较易获取的商品名称数据为基础，探讨了商品自动化分类的实现问
题。我们以食品饮料类和生鲜类两个一级分类的商品名称为例，构建了较
为完整的商品自动化分类流程，通过精细的特征选择和不同分类方法的实

施，获得了较为满意的分类准确度。案例中的自动化分类流程也可以进一步扩展到更多类别的商品分类问题中。

决策树：什么因素决定非诚勿扰

用数据破解爱情的密码

谈及爱情，每个人都有自己的理解。有人说爱情就是"山有木兮木有枝，心悦君兮君不知"的感觉，有人说爱情就是多巴胺与血清胺随机分泌的结果。古今中外不知多少迁客骚人曾用唯美的语句来赞美爱情的美好，也不知有多少科学家为了帮助单身人士找到人生的另一半挺身而出，挑灯夜战来破解爱情的密码。那么，今天就用数据科学的思维来破解爱情的密码。

"爱情"需求持续旺盛

每个单身人士都想迅速结束自己的单身生涯，可是自己到底为什么单身呢？先来分析下宏观形势。首先，国家统计年鉴中的数据显示，我国生育的高峰期为 1980—1990 年（见图 4 - 20），而现在[①]这部分人正处在 27～37 岁的婚恋需求高峰期。其次，人口比例失调、流动人口多、生活节奏快这三大因素更是影响了中国青年。具体来说，由于受中国传统的传宗接代的思想影响，我国存在较为严重的人口性别比例失调现象，这就出现了"狼多肉少"的局面。再次，中国的城市化进程使得大量流动人口涌入大中型城市。截至 2016 年，我国流动人口近 3 亿，这些人中的适婚群体遭遇到婚恋方面的各种现实阻碍，单身群体不断延迟婚恋时间，且数量不断增大。最后，由于城市中的工作和生活节奏变快，人们不得不大大压缩在现实世界中交友的时间。

---

① 此处的"现在"指 2017 年，即案例创作时间。

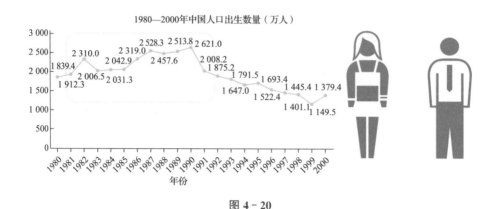

图 4 - 20

火爆的婚恋市场

单身人士背后的经济潜力不容小觑。爱情这个适婚男女的需求也变成了一种"买卖"，美其名曰婚恋市场（爱情不是你想买，想买就能买）。还记得以前大街小巷电线杆上的征婚广告吗？还记得大大小小的婚介场所吗？进入互联网时代尤其是移动互联网时代后，不少公司都嗅到了这方面的商机。现在的单身人士大多集中于对网吧充满回忆的"80 后"和手机对其而言堪比器官的"90 后"，他们更喜欢把自己的梦想寄托于网络，这就催生了互联网婚恋交友市场的崛起。中国互联网婚恋交友市场现已呈现三足鼎立的态势，即珍爱网、百合网和世纪佳缘三家公司占据了大半市场（见图 4 - 21）。

图 4 - 21

中国式相亲大跃进

中国的城市化进程使得生活节奏加快，寻找结婚对象越来越难。因此，越来越多的青年选择了相亲的形式，希望可以更快更好地找到终身的伴侣（见图 4 - 22）。从《非诚勿扰》《爱情连连看》到《中国式相亲》，层出不穷的电视节目致力于为相亲助力，促进了婚恋市场的蓬勃发展（见图 4 - 23）。据统计，婚恋交友市场在 2016 年已经有近百亿元收入。

图 4 - 22

图 4 - 23

个人婚恋的核心需求

前文从宏观上对单身人士的处境进行了分析。从微观上看，每个单身个体的核心需求是如何才能获得异性的心。男性是不是一定要"高富帅"？
女性是不是必须"白富美"？婚恋网站也想破解这一密码。婚恋网站的核
心业务指标就是，如何在最短的时间内帮助有婚恋需求的人找到自己心仪
的对象，即对象匹配。婚恋网站一般采用用户直接沟通的方式进行配对；
而对于作为婚恋网站重要收入来源的 VIP 用户，还有相应的线下红娘服
务，即通过线下的实体店为适婚男女创造恋爱机会。如果能够破解这一密
码，那么线下红娘就可以帮助有婚恋需求的客户增强对异性的吸引力，从
而大大提升其配对的成功率。2014 年 8 月，世纪佳缘网站的速配红娘机器
人"懂你"上线，这开启了婚恋网站使用数据科学的分析方法来解决速配
问题的新篇章。

数据介绍

由于无法获取婚恋网站的个人具体信息，本案例使用了芝加哥商学院
的相亲实验数据。该数据是芝加哥商学院雷·菲施曼教授和希娜·延加教
授 2002—2004 年组织的相亲实验数据。实验的开始，组织者在该校网站上
招募相亲志愿者。志愿者需要在网站上注册，经审核后方可参加相亲活
动。注册时需要填写个人信息，包括性别、年龄、族裔、从事工作领域和
兴趣。

Y 变量

相亲过程中，每位相亲者会拿到一张打分卡，用以记录他们的选择和
给对方特质的打分。如果相亲者有意愿和对方进一步发展，例如约会，就
选"是"，否则选"否"。相亲者的决定即为因变量。而后，相亲者根据 6
个维度为对方的特质打分，给出好感综合得分，并估计匹配成功的概率。
如果双方都选"是"，则意味着匹配成功。

X 变量

表 4-1 展示了相亲者的客观条件信息。

表 4 - 1　数据变量说明表

变量类型		变量名	详细说明	取值范围	备注
因变量		决定	定性变量 （2 水平）	否/是	是否有意愿 进一步发展
自变量	参与者 编号	本人编号	定性变量	1～552	编号为 118 的观测缺失
		对方编号	定性变量	1～552	编号为 118 的观测缺失
	客观 条件	性别	定性变量 （2 水平）	女/男	—
		年龄	单位：岁	18～55	只取整数
		族裔	定性变量： （5 水平）	亚裔/非裔/欧裔/ 拉丁裔/其他	—
		从事领域	定性变量 （18 水平）	医学/历史/ 哲学/商业等	—
		兴趣	定性变量 （15 水平）	运动/看体育赛事/ 艺术/美食等	—
	对方 条件	对方年龄	单位：岁	18～55	只取整数
		对方族裔	定性变量 （5 水平）	亚裔/非裔/欧裔/ 拉丁裔/其他	—
		是否同一 族裔	定性变量 （2 水平）	否/是	—
	约会 意愿	日常出门 频率	定性变量 （7 水平）	一周多次/一周两次/ 一周一次/一月两次等	—
		日常约会 频率	定性变量 （7 水平）	一周多次/一周两次/ 一周一次/一月两次等	—
		对宗教的 看重程度	单位：分	10 分制	只取整数
		对族裔的 看重程度	单位：分	10 分制	只取整数

描述性分析

从图 4-24 可以看到，参加此次调查的共 551 人，其中女性为 274 人，男性为 277 人。这次实验中的志愿者主要为欧裔，其次是亚裔与拉丁裔。在不同的族裔中，男女比例基本持平。调查中有人未填写族裔选项，故图 4-24 中右图的统计人数合计少于参加实验的总人数。

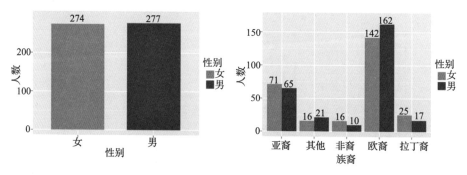

图 4-24　参与实验的人口特征

在正式见面之前，该实验首先调查了所有参与者对于心仪对象的最看重因素，每位参与者主要从 6 个维度（吸引力、爱好、有抱负、幽默、智商、真诚）进行了主观打分，得分反映了他们对于各项因素的主观重视程度。雷达图（见图 4-25）展示了男性与女性在这 6 个主观维度上的平均打分。有意思的是，男性觉得女性对于自己的吸引力特别重要；而女性更加注重全面发展的男性，对于约会对象的智商也有所要求。

从图 4-26 可以看出，个人特质对是否愿意进一步交往有较大影响。从 6 个特质来看，除有抱负外，接受的相亲对象的各特质得分都要高于拒绝的相亲对象。初步可以判断，相亲者如果可以改善这 5 个特质，将会为相亲成功增添砝码。6 个特质中影响最明显的莫过于吸引力和共同爱好，果真是看脸的时代，混爱好就是混圈子。

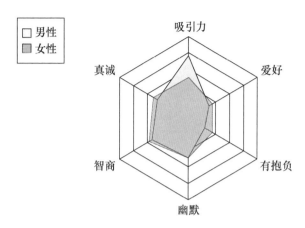

图 4 – 25 实验前男性与女性认为自己看中另一半的因素比重对比

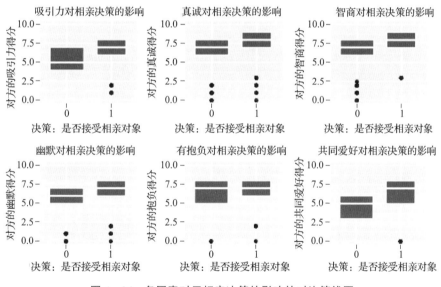

图 4 – 26 各因素对于相亲决策的影响的对比箱线图

决策树

基于上述数据，针对不同性别与不同的主客观指标提出 4 种模型来揭示"爱情密码"（见图 4 – 27）。图 4 – 28 展示了使用主观指标模型的决策树结果。

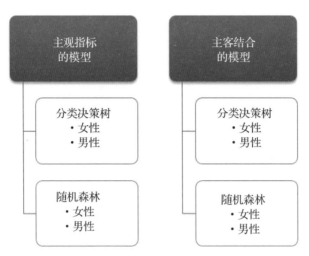

图 4-27 揭示"爱情密码"所采用的 4 种模型

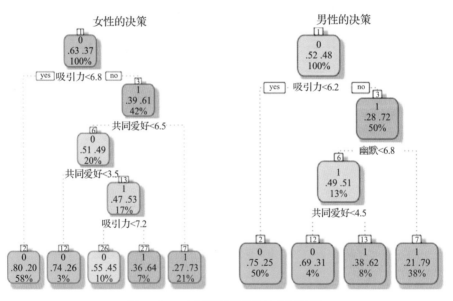

图 4-28 主观指标模型的决策树结果

主观指标模型解锁了男女相亲决策的技能。吸引力对于女性是最重要的指标，如果小于 6.8 则拒绝，否则继续判断。如果共同爱好大于 6.5，直接同意；小于 3.5，直接拒绝；如在两者中间，再根据吸引力判断，小于 7.2 的拒绝，大于 7.2 的同意。

男性也是先看颜值的，吸引力小于 6.2 则拒绝，否则继续判断。如幽默大于 6.8，则果断同意，否则再判断。如果共同爱好小于 4.5，拒绝，否则同意。

决策树：二手车保值比率

蓬勃发展的二手车市场

随着城市化进程的持续推进，对很多家庭而言，汽车已经成为日常生活的必需品。因此，近年来不仅汽车产业步步攀升，二手车市场也蓬勃发展。从图 4 - 29 可以看出，二手车市场持续保持平稳增长，且发展势头渐强，重要性逐步体现。与国外现状相比，我国二手车市场还有较大的发展空间和市场前景。一方面，我国消费者的消费观念在不断转变，对于二手车的接受度越来越高（见图 4 - 30）；另一方面，二手车经营模式也在发展完善，不断加速开拓线上交易模式（如处于发展和探索初期的二手车电子

图 4 - 29

资料来源：中国汽车流通协会.

商务）。随着 2016 年 3 月 5 日李克强总理在政府工作报告中提到要"活跃二手车市场"，以及 3 月 25 日取消二手车"限迁"政策，二手车市场必将迎来新一波的增长。那么，选择什么样的指标来衡量二手车的保值现状？哪些因素影响二手车保值现状？

图 4-30

数据来源及说明

本案例收集了来自某二手车线上交易平台截至 2016 年 6 月底的 64 326 辆在售二手车数据，具体包括基本信息（包括使用状况、基本属性、动力情况）、内外部配置和故障排查三个类别的属性变量。具体变量信息如表 4-2 所示。

表 4-2　数据变量说明表

变量类型		变量名	详细说明	取值范围	备注
因变量	Log-保值比率	原价	保值率（报价/原价）的 logit 变换	2.260～130.040	Log-保值比率取值范围为 −1.691～2.171
		报价		0.600～91.000	

续表

变量类型		变量名	详细说明	取值范围	备注
自变量	基本信息 / 使用状况	上牌时间	连续变量	0～107	单位：月
		里程	连续变量 略微呈右偏分布	0.010～14.440	单位：万公里
	基本属性	轴距	连续变量 基本呈对称分布	2.175～3.130	单位：米
		汽车厂商	定性变量 共 11 个水平	排名前十的汽车 厂商，以及其他	基准：其他
		变速类型	定性变量 共 2 个水平	手动、自动	基准：自动
		汽车类型	定性变量 共 4 个水平	MPV、SUV、 两厢、三厢	基准：MPV
	动力情况	排放标准	定性变量 共 3 个水平	国三及以下、国四、 国五及以上	基准： 国三及以下
		汽车排量	定性变量 共 4 个水平	微型轿车、普通级轿车、 中级轿车、高级轿车	基准： 微型轿车
		最大马力	连续变量 略微呈右偏分布	36～268	单位：ps
	内外部配置	电动天窗	定性变量 共 2 个水平	1 代表有电动天窗； 0 代表无电动天窗	基准：0
		全景天窗	定性变量 共 2 个水平	1 代表有全景天窗； 0 代表无全景天窗	基准：0
		真皮座椅	定性变量 共 2 个水平	1 代表有真皮座椅； 0 代表无真皮座椅	基准：0
		GPS 导航	定性变量 共 2 个水平	1 代表有 GPS 导航； 0 代表无 GPS 导航	基准：0
		倒车影像 系统	定性变量 共 2 个水平	1 代表有倒车影像系统； 0 代表无倒车影像系统	基准：0
		倒车雷达	定性变量 共 2 个水平	1 代表有倒车雷达； 0 代表无倒车雷达	基准：0

续表

变量类型		变量名	详细说明	取值范围	备注
自变量	故障排查	排除重大碰撞	定性变量共2个水平	1代表存在重大碰撞；0代表不存在重大碰撞	基准：0
		外观修复检查	定性变量共2个水平	1代表存在外观修复；0代表不存在外观修复	基准：0
		外观缺陷检查	定性变量共2个水平	1代表存在外观缺陷；0代表不存在外观缺陷	基准：0
		内饰缺陷检查	定性变量共2个水平	1代表存在内饰缺陷；0代表不存在内饰缺陷	基准：0

说明：为了对二手车的保值现状进行衡量，定义 Log-保值比率为保值率（报价/原价）的 logit 变换，即 log［报价/（原价－报价）］，使其分布于正负无穷之间。该变换为单调变换，并不改变数据中不同车保值率的顺序。

描述性分析

先看因变量的分布。经过变换后，Log-保值率基本呈现对称分布（见图 4-31），最小值为一辆原价 8.7 万元的吉利汽车，最大值为一辆原价 7.1 万元的华晨汽车。尽管两辆汽车原价相当，但使用时间各异，吉利汽

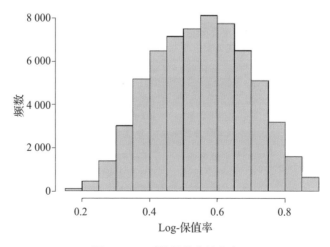

图 4-31　对数保值率的分布

车上牌时间是 2009 年，而华晨汽车却是 2015 年刚刚上牌。事实上，经过分析，上牌时间确实与汽车保值率有密不可分的关系。

汽车生产厂商是否也会影响汽车保值率呢？下面统计不同汽车生产厂商对应的汽车保值率（见图 4 - 32）。其中，占据前三名位置的是长安福特、上汽通用五菱、长城汽车三家厂商生产的汽车。除此之外，南北大众紧随其后。通过描述性分析可以看出，不同厂商的汽车保值率有所差异。关于汽车品牌保值率排位的进一步探索可以通过在回归分析中控制其他因素进行。

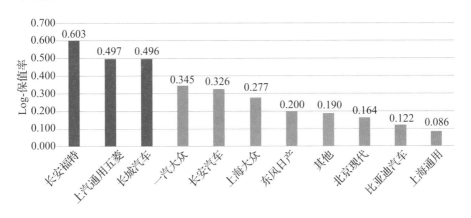

图 4 - 32

汽车类型、变速属性也与保值率有所关联。通过描述性分析可以发现（见图 4 - 33），变速属性中自动挡汽车保值性能较好，相对来说大型 SUV 以及 MPV 保值率较高。从排放标准来看，更加环保的汽车（国五及以上）保值率较高，实际上，它们的使用时间往往也更短。另外，微型轿车相对于其他轿车而言保值率较低。

针对二手车，其定价中另外一个需要考量的因素是有无损坏。因此，二手车平台往往会出具一份事故排查报告，详细展示该二手车是否出现过外观缺陷、修复等问题。从数据中也可以发现（见图 4 - 34），发生外观修复以及存在外观缺陷的车辆往往保值率较低。

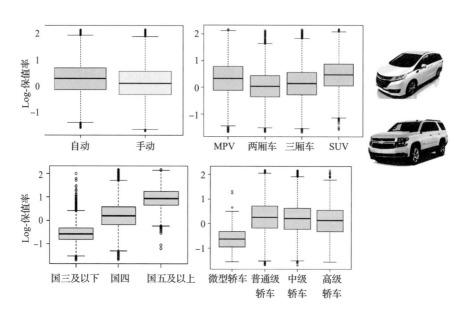

图 4-33

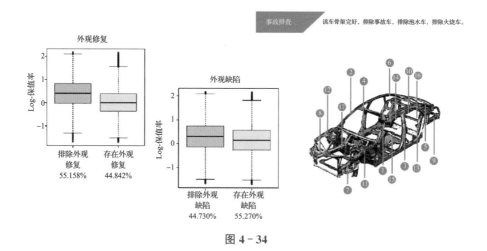

图 4-34

建模分析

下面针对二手车保值率，试图通过机器学习中的决策树模型来解读高保值率汽车与哪些因素相关。为此，对汽车按照保值率进行简单的切分，

将排位在 30% 分位数之前的保值率定义为高保值率（取值为 1），否则为 0。

使用决策树建模后可以得到如图 4 - 35 所示的结果。这里，决策树选择了上牌时间、里程作为最先分裂的两个变量。这说明，上牌时间、里程与保值率有着密不可分的关系。由此可见，汽车的保值率主要与其使用状况有关，上牌时间越早、里程越长，表明汽车使用越多，因此折损也越多。

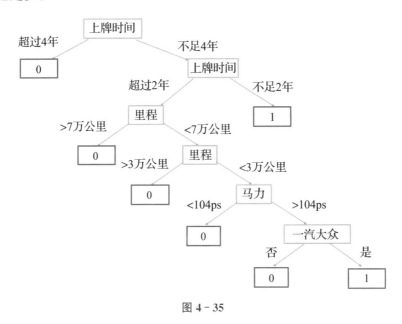

图 4 - 35

在考虑了上述两项因素之后，汽车自身属性，比如动力情况、品牌等对汽车保值率也有影响。例如，当上牌时间超过 2 年但不足 4 年、里程短于 3 万公里时，可以看到马力超过 104ps 的一汽大众汽车具有较高的保值率。

接下来评估决策树的建模效果（见图 4 - 36）。注意到模型的因变量是 0 - 1（即是否为高保值率），可以通过决策树模型得到每个样本点的预测结果。因此，能够使用评估 0 - 1 分类问题的一般评估方法：ROC 曲线。同样，可以计算出 AUC 值为 90%。这个 AUC 值非常高的原因是上牌时间、里程对因变量具有非常强的解释性。

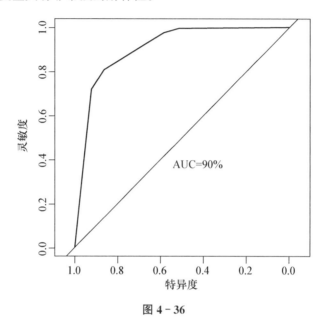

图 4 - 36

回归树与提升算法：旅游产品销量影响因素

火热的在线旅游市场

一次说走就走的旅行似乎已经成为这个时代年轻人彰显个性的行为。事实上，说走就走比较困难，旅行却成为越来越多人心中的首选。中国产业信息网的数据显示（见图 4 - 37），2015 年，我国旅游总人次达到 42 亿人次，旅游业收入达 4.13 万亿元，市场规模仍在稳步扩大。其中，在线旅游市场增长势头格外迅猛，市场交易规模增长率保持在每年 25% 以上，从 2009 年的 619 亿元增长至 2015 年的 4 000 多亿元。由此可见，人们对旅游的热情确实越来越高涨。

在线旅游市场的蓬勃发展让各大旅行社争先恐后"触网"，登陆各大

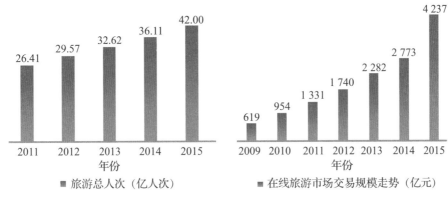

图 4 - 37 2015 年我国旅游市场规模

电商平台,同时也催生出大量的网络旅行社。在旅行社雨后春笋般涌现的当下,网上琳琅满目的旅游产品五花八门——不同的目的地,不同的行程安排,不同的服务特点……着实容易让人挑花了眼(见图 4 - 38)。那么,究竟什么样的旅游产品最受欢迎?它们又是凭借什么特点俘获了广大驴友的芳心,成为旅游产品中的爆款呢?为此,本案例收集了某线上旅行产品网站 2016 年 11 月的 4 366 条产品数据,涵盖各种各样的旅行产品,从北京周边一日游到南美多国一月游,从巍巍八达岭到浪漫香榭丽,一应俱全。

图 4 - 38

数据说明

为了表示旅游产品的热销程度，用3个月成交量作为因变量，并收集产品的价格信息、目的地信息、用户反馈、行程特色信息、优惠活动信息、服务保障信息等作为自变量信息，具体如表4-3所示。

表4-3　数据变量说明表

变量类型	变量名	详细说明	取值范围	备注
因变量 3个月成交量	3个月成交量	每个旅游项目近3个月的成交量	0~946	单位：次
自变量 价格信息	价格	每个旅游项目的行程价格	7~252 803	单位：元
目的地信息	目的地	定性变量	美国、日本等	—
用户反馈	满意度	每个旅游项目的顾客满意度	≤98%，=99%，=100%	—
	旅行社信用等级	每个旅游项目对应旅行社的信用评级	皇冠、钻石（1~5钻）	—
	旅行社评分	旅行社评分	4.8，4.9，5.0分	—
行程特色信息	旅游类型	定性变量	跟团游、私家团、半自助、自由行	—
	项目档次	定性变量	普通、轻奢、豪华	—
	交通类型	定性变量	飞机、高铁、火车、大巴	—
	酒店档次	定性变量	经济型、舒适型、豪华型	—
	行程天数	定性变量	短期、中期、长期	—
	景点个数	定性定量	少、中、多	—
优惠活动信息	优惠信息	定性变量	1（包含），0（不含）	1的比例为0.5%
	早订优惠	定性变量	1（包含），0（不含）	1的比例为0.3%
	多人立减	定性变量	1（包含），0（不含）	1的比例为0.5%
	会员价	定性变量	1（包含），0（不含）	1的比例为0.5%
	礼品卡	定性变量	1（包含），0（不含）	1的比例为95.4%

续表

变量类型		变量名	详细说明	取值范围	备注
自变量	服务保障信息	随时退	定性变量	1（包含），0（不含）	1 的比例为 68.0%
		如实描述	定性变量	1（包含），0（不含）	1 的比例为 93.8%
		无自费	定性变量	1（包含），0（不含）	1 的比例为 23.2%
		出行保障	定性变量	1（包含），0（不含）	1 的比例为 10.5%
		铁定成团	定性变量	1（包含），0（不含）	1 的比例为 47.1%
		无购物	定性变量	1（包含），0（不含）	1 的比例为 30.4%

描述性分析：哪些因素与旅游产品销量有关？

说到旅游，必谈两个要素：目的地、价格。由图 4 - 39 和图 4 - 40 可知，旅游项目的价格主要集中在 5 000 元以下，这是因为数据中国内游占绝对比例（约为 61%）。成交量方面，绝大多数旅游项目成交量都在 30 次以下，分布呈现偏态，爆款并不常见，可见想要打造一款人见人爱的旅游产品确实不容易。不仅如此，不同目的地的成交量、价格也存在显著差异，近者如北京周边游，均价不足千元，其低价位产品的销量几乎是美洲游各类产品销量的两倍之多，而后者均价高达 3 万元。

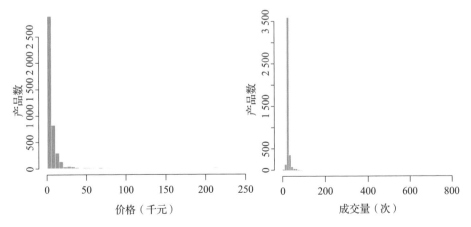

图 4 - 39

图 4 - 40

　　不同的旅游产品还有着不同的跟团方式，不同的行程长度，不同的交通、住宿等，都可以逐一进行分析。从图 4 - 41 可以看出，驴友们更倾心于短期行程——它们的时间更方便灵活，价格也往往低于长期行程，更容易促成购买决策。

　　除了旅游行程安排本身之外，作为网上交易大战的重要角色，商家五花八门的优惠活动和服务保障自然也会对产品的成交量产生一定影响，带有优惠活动的旅行产品成交量相对更高。值得注意的是，虽然有着千奇百怪的优惠方案，但效果最显著的还是最为传统的"会员价"优惠。在网上交易还是希望买个放心，带有服务保障的产品往往都有更高的成交量，其中带有如实描述保障的产品最受驴友的青睐。此外，分析还发现信誉更好的商家一般成交量较高，这也启示商家注重自身品牌管理（见图 4 - 42）。

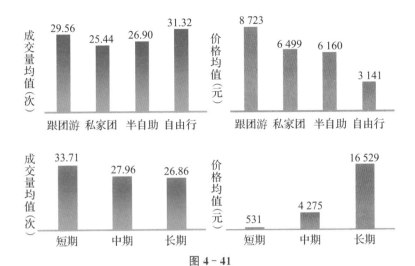

图 4-41

说明：行程在 3 天以内为短期，4～6 天为中期，7 天及以上为长期；3 天和 7 天恰为所有项目
行程长度的 1/3 与 2/3 分位数。

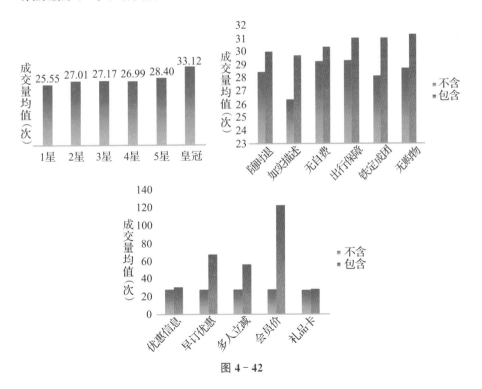

图 4-42

建模分析：回归树

接下来，以 3 个月成交量为因变量进行建模分析。首先回忆一下前面提到的"决策树：什么因素决定非诚勿扰"和"决策树：二手车保值比率"，其本质是解决了一个 0－1 因变量的回归问题，使用的模型是决策树。现在的问题与之前略有不同，因变量是连续型的。有没有类似的机器学习模型是解决这种问题的呢？本案例将介绍一种用于回归的树模型——回归树。回归树的算法模型与决策树非常类似，最大的不同是：该模型主要面向连续型因变量的数据。对以上数据进行建模，可以得到回归树建模输出结果（见图 4－43）。

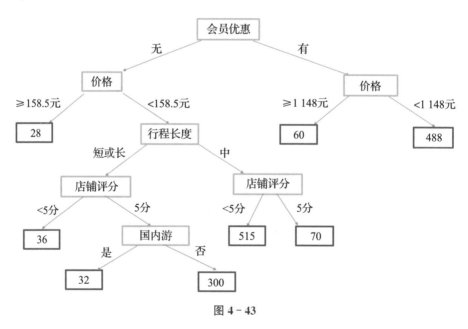

图 4－43

回归树路径解读

由图 4－43 可以看出，回归树的生成过程就像是人类分析决策的过程。从第一个变量（会员优惠）出发，根据不同变量的不同取值，能够得到因变量的不同预测结果。要解读回归树的结果，就要分别对回归树的分支路径进行解读。具体来说，就是要回答以下问题：假如一个旅游产品在狗熊会上线，请问其销量大概为多少？下面将回归树最右边的一条路径拆解成问答过程帮助理解。

　　问题：请问您的旅游产品支持会员优惠吗？

　　回答：支持。

　　问题：那么，您的产品定价是否超过 1 148 元？

　　回答：没有，定价为 1 000 元。

　　输出：根据回归树建模，您的销量预计为 488 次！

　　简单来看，从会员优惠出发（也叫根节点），通过不同路径都能得到一个因变量的拟合值（也叫叶节点）。观察叶节点，总结各个分支，能够发现大概有 3 种类型的产品受到消费者追捧：（1）有会员优惠，同时价格适中；（2）5 分好评店铺出售，价格实惠，且非国内游产品；（3）超低价但行程长度适中（4~6 天）的优惠产品。

如何生成回归树？

　　前文已经解读了回归树的含义，那么问题是：这棵树为什么非要长成这样？能有别的样子吗？这些问题与回归树的生成原理有关。

　　从根节点对应的变量"会员优惠"说起。这里的根节点是第一个分裂的节点，之后其他节点的分裂原理类似。先对应因变量 Y，回归树会逐一测试数据集中每一个自变量，寻找一个对拟合 Y "最有用"的自变量 X。这里的"最有用"可以理解为通过该变量的切分，使得对 Y 拟合性最好（比如，残差平方和最小）。在这个过程中发现的第一个最有用的变量是"会员优惠"，那么数据集就会按照有无会员优惠拆分成两部分。对于每一部分，再重复上一过程：基于这部分样本找到对拟合 Y 最有用的自变量 X 以及分点，这时找到的变量是"价格"。继续进行这个过程，回归树就建好了。

如果无限期地重复这一过程，回归树可以非常大，同时对数据集中每一个节点都"完美"拟合。但是，这样的回归树过于复杂，甚至拟合了数据集中的噪音，如果换一个数据集，预测效果可能会非常糟糕。因此，相关人士往往对回归树的复杂度进行限制，比如树不能太深，叶子不能太多……如果感兴趣，可以从机器学习专业书籍中找到更多答案，这里不再赘述。

回归树的组合——随机森林与 XGBoost

一棵树的拟合与预测效果经常会随着样本变动出现较大偏差。通过多棵树的组合，往往能够得到对因变量更好的拟合与预测效果。图 4-44 展示了随机森林的生成过程。简单来说，通过对数据集进行样本抽样（对行抽样）以及变量抽样（对列抽样）可以构建一系列的回归树，每棵回归树都会输出对因变量 Y 的拟合结果。对所有这些拟合结果求平均，则可以得到随机森林最后的输出结果。这里，随机森林建模过程中使用多少棵树以及每棵树的深度多少，都可以进行合理调整。

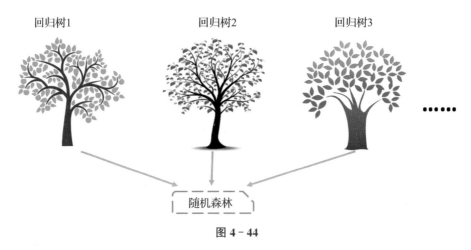

图 4-44

另一种常见的组合方法是提升（Boosting）方法。与随机森林的组合方法不同的是，Boosting 方法中的树是序列生成的。简单来说，它生成每一棵树的时候以之前所有的树为基础，朝着最小化目标函数的方向努力。Boosting 树的算法很多，这里主要介绍 XGBoost 算法，其他算法的基本思想大致相同。

为了测试算法的拟合与预测效果，常常采用交叉验证的方式。这种方式简单有效，具体来说，可以将数据集随机拆分成 5 折，取其中 1 折（1/5）作为测试集，剩余 4/5 作为训练集，分别计算训练集以及测试集的平方根误差（root mean square error，RMSE）。随机重复该过程 50 次，能够计算 4 个模型在训练集和测试集上的平均 RMSE（见表 4－4）。

表 4－4　4 个模型在训练集和测试集上的平均 RMSE

	线性回归	回归树	随机森林	XGBoost
训练集	26.82	19.14	15.28	12.34
测试集	26.44	25.89	23.36	24.75

在介绍表 4－4 之前，先简单讲讲交叉验证的原理和效果。这里，在训练集上主要训练模型，但同时，希望训练得到的模型具有比较好的扩展预测的性能。有时，模型充分拟合了训练集的特征，甚至拟合了训练集上的误差，那么将看到，该模型在训练集上表现"完美"，但在测试集上就会出现预测结果"滑铁卢"的现象（一般称为"过拟合"）。看表 4－4 的结果，相比线性回归模型，在训练集上回归树、随机森林、XGBoost 都能够取得非常好的拟合效果。但是，从测试结果来看，4 个模型几乎被拉回同一起跑线……线性回归的测试集与训练集展现了较强的一致性，这表明线性模型具有很好的稳健性（实际上，这也是线性模型的优势所在）。其他 3 个模型表现稍好，但是并没有拉开足够大的差距。感兴趣的读者可以在其他案例数据集上测试结果。需要提醒大家的是，在业务实施过程中，应结合自身的业务问题、计算成本、复杂程度等因素综合考量、选择模型。

深度学习：图像自动识别

图像数据

随着图像采集设备的飞速发展，获得图像类型数据的成本越来越低。我们自己的手机就完全替代了以前的数码相机，并可以采集图像数据。在本书第一章中就已经讨论过，图像是一种数据。图像是如何数字化表示的呢？例如图 4-45 中，左边展示的是手写阿拉伯数字 3 的照片，它的像素是 28×28，右边就是其数字化表示，对应着一个 28×28 的矩阵：如果原始图片中的像素是纯黑色，那么在右边的矩阵中取值为 0（未打印出来），否则就在矩阵的对应位置填上 1。一张彩色的图片通常由 RGB 三原色混合而成，故也只需要 3 个对应大小的矩阵即可数字化表示。计算机就是这样"看到"一张图片的。

图 4-45

图像数据和传统数据有些不同。传统数据中，总可以用一个向量来表示一条观测；而在图像数据中，则不得不使用一个矩阵。传统数据中，每一个维度都有其具体明确的含义，例如一辆汽车的自重、油耗、最高时速等，或者人类基因组表达数据中的每个基因；而在图像数据中，每个像素自身似乎不具有什么特殊的含义，往往需要一大片像素点在一起才有含义，并且把图片中的某一部分平移一些、旋转一下，似乎并不影响图像的含义，但其对应的矩阵会因平移和旋转发生天翻地覆的变化。

图像识别

深度学习是声名远扬的"黑盒子"，如果不想了解它的原理，那么可以简单地认为它应用于图像识别时就是吃进去一张图片，吐出该图片属于某一类物品的概率。不过，了解一些原理之后，你就会觉得这个"黑盒子"也没有那么"黑"。下面将介绍如何利用深度学习中的卷积神经网络教会电脑做图片分类。想要知道如何教会电脑做图片分类，可以先想想如何教会小朋友做图片分类。例如，小朋友通过看水果卡片来区分水果（见图4-46）。

图4-46

首先，小朋友会看到水果卡片，这是人眼完成的工作。人眼具有很多神奇的机制，机器至今还无法匹敌，但机器自己也有"看见"图片的方法。机器把图片当作数据。对于小朋友来说，看到了水果图片，会记住水果的一些特征，例如，橙子是橘黄色的，西瓜是外面绿色、里面红色的，草莓的表面不光滑，等等。也就是说，每种水果都具有自己的特征，只要记住了特征，就很容易分辨出水果。同样，机器也需要一些特征来区分图片。例如，判断一张图片是人的肖像，则该图片中一定有一些小区域包含人的眼睛，这些区域的颜色会深一些，而包含皮肤的区域颜色会浅一些。这样处理之后，所有肖像都有一些共同特征（包含眼睛和皮肤），风景图片则不会有这些特征，这就能让机器成功地区分肖像和风景。因此，机器在做图片分类时，常常会将图片分成多个小块，用每个小块中的颜色的直方图来作为输入（见图 4 - 47）。

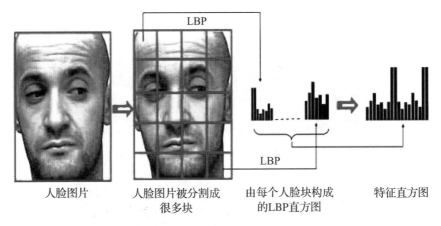

| 人脸图片 | 人脸图片被分割成
很多块 | 由每个人脸块构成
的LBP直方图 | 特征直方图 |

图 4 - 47

资料来源：http://www.advancedsourcecode.com/images/lbp_facerecognition.jpg.

　　这么做的原因在于，不同物体的形状和颜色都会有所不同，所以在每个小块中，色彩的分布也应该是不同的。那为什么不用原始的像素直接作为输入呢？因为原始的像素差异太大，同样是肖像，相同位置的像素也可能差异很大，分类的难度也就大大提升。将图片分割成小块，看每个小块中颜色的分布情况，这是人类教给机器的特征。这种方法可以教会机器做图片分类，但是机器的表现并不好（人类很容易区分的图片，机器经常犯错误），因此需要检讨这种特征选择方法。

那么，小朋友是怎么得知水果特征的呢？有人说，水果的特征都是爸爸妈妈教给小朋友的。事实可能并非如此。实际生活中，小朋友在还不能理解颜色和形状的概念的时候，就已经可以分辨出不同的水果。这说明，小朋友可能不需要别人来教他怎样分辨水果，自己就能总结出区分水果的经验。每个小朋友区分水果的方法都不一样。例如，要区分橘子和橙子，可能很难通过一些语言规则说出其区别，但现实生活中大部分人都能成功区分这两者（见图 4 - 48）。

图 4 - 48

深度学习领域的卷积神经网络（CNN）就是不告诉机器用什么特征来分辨图片，而是给机器看很多训练数据，让机器自己想办法总结出一些特征。

下面将详细介绍机器如何自己总结出一些特征。这部分内容技术细节比较多，对这方面不感兴趣的读者可以跳过。只需要理解，深度学习方法可以让机器根据数据自动估计出一些特征，这些特征可以是均值、方差、直方图，甚至是任意的一种线性组合。

深度学习之卷积神经网络

回想一下前文提到的基于小块图片中直方图的人脸识别方法。为什么要做直方图？因为要总结一小块图片的像素信息，像素层面的表现不稳定，但一块区域的直方图（或者其他统计量）是稳定的，这是一种总结概括。为什么要分小块？因为对整个图片的总结概括（直方图）太强了，可能会导致人脸和某种风景画的直方图是一样的。那么问题来了，既不能过度总结概括，也不能不总结概括，把握到什么程度最好呢？再者说，可以用直方图来总结概括，为什么不用方差来总结概括？为什么不用狗熊®统计量来总结概括？为什么不用直方图＋方差＋狗熊®统计量一起总结概括呢？

　　直方图是一种特定的统计量，方差也是，这种统计量是自己确定的。为什么直方图能帮助做图像分类，而方差不能呢？因为这是经过大量实践得出的结论。那数据能不能直接告诉机器应该用什么统计量好呢？下面给出卷积的概念。

卷积

　　简单地说，卷积与分块看直方图差不多，卷积就是看每一块的加权和，这个加权和的权重是一组参数，是根据数据学习得出的。图 4 - 49 展示了怎样做卷积（加权和）。这里考察的小块是 3×3 大小，中间 3×3 矩阵这种加权方法最好，这个 3×3 的矩阵就叫作卷积核，原始图片的 3×3 的小块与卷积核对应位置相乘，再相加就得到了一个实数，用这个实数总结原始图片 3×3 的小块的信息。例如图 4 - 49 中，对于原始数据左上角的 3×3 小块，对它的概括总结就是－8。移动这个 3×3 的观察窗口（卷积核），就可以得到一个新的矩阵，它是做了一步总结概括之后的矩阵。

　　有的读者可能会想，这么一种奇葩的总结概括的方法可靠吗？它为什么会比直方图还好呢？单独一种总结概括可能确实没有直方图总结得好，不过，同样的事情做 100 次，用 100 种不同的卷积核，可以得到 100 个角度的总结概括，实验结果表明，这种卷积的方法比绝大多数人为设计的方法都要好。例如，经过图 4 - 50 中间的卷积核计算出来的总结概括的图片（右图）实际上就是原图（左图）的轮廓。

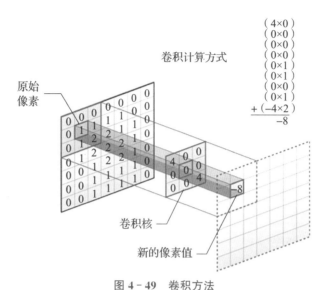

$$
\begin{pmatrix} 4\times0 \\ 0\times0 \\ 0\times0 \\ 0\times0 \\ 0\times1 \\ 0\times1 \\ 0\times0 \\ 0\times1 \end{pmatrix}
$$

$$+ (-4\times2)$$
$$-8$$

卷积计算方式

原始
像素

卷积核

新的像素值

图 4 - 49　卷积方法

资料来源：https://handong1587.github.io/assets/cnn-materials/conv.jpg.

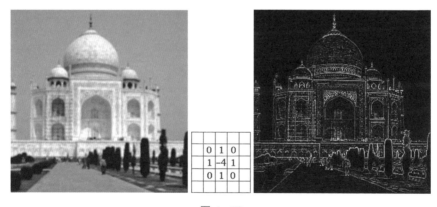

0	1	0
1	-4	1
0	1	0

图 4 - 50

一种特定的卷积核可以计算出图片的轮廓，另一种卷积核能够计算出图像的明暗程度。有了足够多的卷积核，就能形成对原始图片的各种各样的概括。图 4 - 51 展示了某个 CNN 的 96 种卷积核的可视化。从中可以发现，前面的卷积核的形状都是一些线条，实际上，这些卷积核都在捕捉原始图片中不同走向的线条。后面的卷积核是彩色的，这些卷积核在捕捉图像中的颜色信息。需要注意的是，这些卷积核都是通过数据学习得到的，不是人为设定的。

直方图方法中，做一次总结就直接变成向量做分类了。在深度学习中，还要做得更"深入"。从图 4 - 50 可以发现，对于一种卷积核，就能生成一幅总结概括后的"图像"，如果一个像素一个像素地移动卷积核，不考虑边缘因素，这幅被卷积核处理过的图

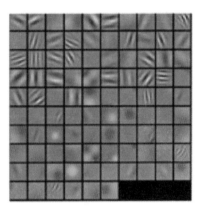

图 4 - 51

像和原来的图像一样大。100 种卷积核就有了 100 幅处理过的图像。这100 幅卷积核处理过的图像，叫作深度学习中的一层。对于每一幅新图，还可以继续用 10 种新的卷积核来处理，就有了第二层，这一层一共有100×10＝1 000 种总结概括的图片。还可以有第三层、第四层……

一般来说，卷积核不只是简单的加权，它还会做一个非线性变换，否则多层没有意义，因为线性变换的线性变换还可以简化成一个线性变换。常见的非线性变换例如 Relu，即和 0 比大小，取最大值，这个非线性变换叫激活函数。往深走的过程就像一棵树一样越长越大，如果不加控制的话，得到的新图像就会越来越多，呈现指数型爆炸。新图越多，对计算资源的消耗就越大，并且卷积核无节制地生成了太多的新图（也就是特征），很容易导致过拟合。因此，应当想办法制止这种情况发生，于是就有了池化（Pooling）层。

Pooling 层就是用来减少卷积核生成的统计量（特征）的。为什么可以减少呢？再观察图 4 - 45 中的手写数字 3，一个像素周围的点和它十分相似，用卷积核来扫描图片的时候，得到的总结概括结果也大多相同，那么这些信息就是冗余的。于是，需要对卷积核输出的新图精简。如何精简呢？还是一块一块地看这幅新图，不是用小块扫描，而是像直方图方法中

那样把图像分割。分割出来的每一小块都用一个统计量来代替。例如图 4‐52，分割后的小块的大小是 2×2，这个图像的大小就是原来的 1/4。最常用的 Pooling 方法是取 Max。

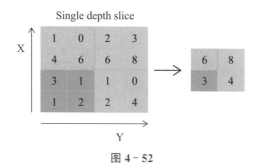

图 4‐52

资料来源：https://adeshpande3.github.io/assets/MaxPool.png。

上述几步可以按照图 4‐53 中的结构连接起来。直方图方法把图片变成一个向量后丢给分类模型，如支持向量机（SVM）。用卷积核和 Pooling 层生成了这么多新图，最后也要变成一个向量。怎么变呢？用一个全连接

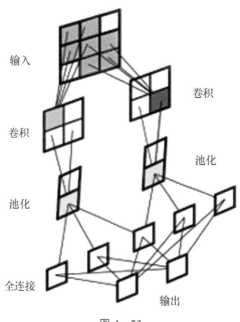

图 4‐53

(fully-connected) 层，也就是把所有图放在一起做一个类似的非线性变换，把它变成标量，就有了一个全连接层的单元；将这个过程重复很多次，就得到了一个向量。想象根据这个向量做逻辑回归或者 SVM，就能得出属于每一个类别的概率了。

值得一提的是，这个过程是同步进行的，并不是先算好了最后一层向量，再来估计逻辑回归或者 SVM 的参数。所有的参数是一起估计的，包括卷积核的参数，以及最后从向量到类别概率的参数。所有层的所有单元都可以用数学符号精确地表达出来，例如图 4 - 54：第一层是一个非线性变换，第二层是非线性变换的结果再取 Max 函数，第三层又是上一层的非线性变换，输出是一个逻辑回归或者 SVM 的表达式。有了输入、初始参数、输出的数学表达式，就可以写出输出；知道真实的分类，就可以写出损失函数的表达式。对这个损失函数求梯度，就得到了参数的移动方向，这样就可以用优化算法了。优化的细节此处略去不予讨论。

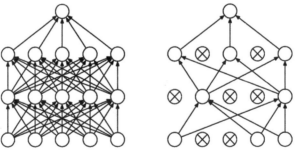

图 4 - 54

资料来源：https://raw.githubusercontent.com/stdcoutzyx/Blogs/master/blogs/imgs/n7-1.png.

不过，还有一个问题。由于用卷积核算了太多的特征，很容易造成过拟合。深度学习领域如何防止过拟合呢？用 Dropout 技术。Dropout 是用来防止过拟合的重要技术手段。由于卷积核算出了太多的单元（特征），Dropout 把一些中间单元按照一定的概率暂时从网络中丢弃。暂时是什么意思呢？CNN 训练是迭代进行的，每一次迭代要根据目前的参数值算出 CNN 的输出，对于所有的样本，可以一个一个地算；由于图形处理器

（GPU）设备的特性，会把训练数据分成很多 mini-batch，每个 mini-batch 一起算。在计算每个 mini-batch 输出的时候，Dropout 不用整个网络，而是随机抹掉一些单元。由于每个 mini-batch 都随机抹掉了一些单元，这就能防止 CNN 模型过于依赖某些特征（单元），从而起到了防止过拟合的作用。

卷积神经网络总结

深度学习做图片分类要求有足够多的图片。也就是说，要看到各种各样的水果，水果的种类要多，每种水果的图片也要多，需要不同角度、不同光照，不仅要看到水果外形，还要看到水果切开是什么样。

没有足够的数据，深度学习就不可能有让人满意的表现。例如，人们不能通过图 4 - 55 来预测图 4 - 56 是什么水果，因为数据集中没有这种水果的被标记好的训练数据。

图 4 - 55

图 4 - 56

　　介绍完了深度学习中的明星选手 CNN 的简单原理，再来看看它在实际应用中的案例。

深度学习图形分类

　　小朋友认识水果以后可以吃，机器认识图片能够做什么呢？用处有很多，例如无人驾驶需要认出其他汽车，手机拍照需要圈出人脸。这里分享一个应用场景：搜索引擎的搜图功能。之前，在搜索引擎中搜索图片都是依赖网页中图片附近的文字，但通过文字来匹配图片可能很不精确。例如，在百度搜索关键词"太阳"，会得到图 4-57。这是一幅少儿漫画，图片的周围出现了"太阳公公早"。

图 4-57

　　如果可以对搜索到的图片进行分类，为图片打上标签，那么搜索结果的质量就会大大提高，搜索太阳就应当出现真正的太阳的图片（见图 4-58）。

图 4-58

　　这个过程说白了就是要对图片作出正确的分类。如何通过 CNN 完成这项任务呢？这里定义因变量 Y 为图像所属的类别，自变量 X 为大量带有标记的图像，使用的模型是卷积神经网络。

CIFAR-10 数据

利用深度学习处理实际问题时，往往需要极其庞大的运算资源以及相当长的等待时间（几天到十几天都是正常的）。所以，人们在研究学习时，常常使用一些标准的比较小的数据集。这里展示 CNN 在 CIFAR-10 数据集中的表现。CIFAR-10 是由杰夫·辛顿的两个弟子收集的一个用于普适物体识别的数据集。辛顿相当于深度学习领域的武林盟主，是深度学习的先驱，所以 CIFAR-10 也非常流行。

CIFAR-10 有 60 000 张图片，10 个类别，每个类别 6 000 张，包括飞机和鸟、猫和狗、船和卡车、鹿和马等（见图 4 - 59）。其实，CIFAR-10 的图片尺寸非常小，只有 32×32 像素，这是什么概念呢？微信聊天表情的小黄脸是 50×50 像素的，CIFAR-10 的图片比微信表情的图片还要小。为什么要用这么小的图片？因为 CNN 是逐个像素来处理的，这么小的图片也有 1 024×3 个输入数据（因为色彩三原色）。现在的手机动辄几千万像素，这么高清的图片是神经网络处理不了的，必须做下采样，也就是将图片的清晰度调低。

图 4 - 59

训练深度学习模型

训练深度学习模型到底是什么样子呢？图 4 - 60 就是训练过程中的输出截图。

训练深度学习网络可以理解成让计算机不断尝试深度学习网络的参数，也就是神经网络的卷积核的参数。通常神经网络的参数都有 100 万个以上。训练的过程就是每一步略微调整一下参数，看看损失函数的值有没有减小。图 4 - 60 中每一次迭代就是电脑调整了一下参数。调整的方法

```
Generation 3900: Loss = 0.55233
Generation 3950: Loss = 0.48769
Generation 4000: Loss = 0.58090
--- Test Accuracy = 69.53%.
Generation 4050: Loss = 0.70297
Generation 4100: Loss = 0.47830
Generation 4150: Loss = 0.55114
Generation 4200: Loss = 0.73966
Generation 4250: Loss = 0.69779
Generation 4300: Loss = 0.59265
Generation 4350: Loss = 0.67952
Generation 4400: Loss = 0.41061
Generation 4450: Loss = 0.61213
Generation 4500: Loss = 0.47154
--- Test Accuracy = 70.31%.
Generation 4550: Loss = 0.52907
Generation 4600: Loss = 0.62676
Generation 4650: Loss = 0.45755
```

图 4 - 60

就是各种各样的梯度下降算法。训练过程会持续几小时，一般等到测试集的准确率不再上升，基本就可以停止训练了。训练模型可以使识别的准确率最终达到 75％左右。当然，模型也会犯一些错误，比如，指鹿为马，把狗的头部照片当成青蛙，把鸟的头部当成青蛙（见图 4 - 61）。

图 4 - 61

简单的 CNN 可以做一些改进，CIFAR-10 可以达到 85％甚至 90％以上的准确率。人类在这个图像分类数据集上的准确率大概是 94％。深度学习在整个图像识别的领域已经很接近人类的表现了，在部分领域如人脸识

别上甚至表现得比人还好。当被标记的训练数据足够多时，就能构建一个不错的图像分类数据集，从而帮助改善搜索引擎的搜索结果。

深度学习：LSTM 模型自动作曲

背景介绍

LSTM 模型是自然语言处理（NLP）领域中一种广泛使用的循环神经网络模型，它所处理的对象本质上是任何一种序列。如果把一首诗作为一个序列，那么可以利用 LSTM 实现自动作诗。实际上，还有很多其他场景可以看作一种时间序列，例如，一首乐曲也可以看作一个序列。可不可以用 LSTM 模型自动生成一首乐曲呢（见图 4 - 62）？

用LSTM作一首曲子如何？

图 4 - 62

本案例所要实现的就是如何根据已有的乐谱自动生成一首乐曲。通过本案例的学习，读者可以更好地理解 LSTM 模型，为未来更加丰富的序列模型应用打好基础。

本案例将涉及以下相关知识点：

1. 如何对 midi 格式的音乐文件进行解析；

2. pickle 包的使用；

3. 理解自动作曲的思想；

4. 如何将自动生成的乐曲合成 midi 文件并用 Python 播放。

了解 midi 音乐文件格式

可能大多数读者对 MP3 和 wav 等格式的音乐文件比较熟悉，这些格式的音乐文件很容易被各种设备播放，但这些文件格式因为经过了加工而失去了很多关于音乐本身的信息，例如乐器、音符等音乐的编曲信息。因此，对于音乐数据文件的分析多采取在计算机编曲中常用的、保留了很多乐曲原始信息的 midi 格式的音乐文件。

midi 格式文件主要存储了音乐所使用的乐器以及具体的音乐序列（或者说音轨）及序列中每个时间点的音符信息（见图 4 - 63）。具体结构如下：

1. 每首乐曲往往由多个音乐序列（或者说音轨）组成，即 midi 文件中的 part（各个 part 在播放时是一起并行播放的）。

2. 每个 part 都会指定一种所使用的乐器，存储在每个 part 的基本信息中。

3. 每个 part 又由许多 element 组成，可以理解为按时间顺序排列的音符（包括和弦）序列，主要以数字和字母组合的音高符号来记录。

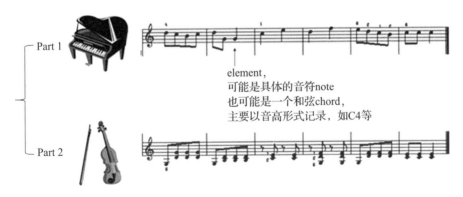

图 4 - 63

说明：这里只是辅助理解 midi 格式文件，省略及简化了一些具体细节。

下面以一首乐曲的解析为例来进一步理解 midi 格式的音乐文件。首先，导入需要的包。

```
import os #创建文件路径等操作使用
import subprocess #解析 mid 格式音乐文件时使用
import pickle
from pickle import dump, load #将提取好的变量存储时使用(因为解析非常耗
时,节省时间)
import glob #按路径批量调用文件时使用
from music21 import converter,instrument,note,chord,stream #转换乐
器、音符、和弦类,解析时使用
import numpy as np
```

提取出一首乐曲中的所有 part，并以其中一个 part 为例进行展示。从输出可以看到，这个 part 对应钢琴这种乐器的音轨。

```
#选取一首贝多芬的乐曲
samplefile ="musics/beethoven (1).mid"
#首先,我们将乐曲读进来并解析为便于程序包调用的结构
stream =converter.parse(samplefile)
#正如以上所说,一首乐曲由多个 part 组成,这里我们把所有 part 取出来
#由于每个 part 正好对应一种乐器,所以这里是 partitionByInstrument
parts =instrument.partitionByInstrument(stream)
#这里我们提取出第 1 个 part 为例
#(第 0 个 part 往往用来存储一些基础信息)
notes_to_parse=parts.parts[1].recurse()
#打印一下这个 part 的基础信息
print(notes_to_parse)
```

<music21.stream.iterator.RecursiveIterator for Part:Piano @:0>

每个 part 其实就是一个音符序列，接下来将示例 part 中的每个音符

element 转化为数字和字母组合的音高形式，并按原来的顺序存储为列表形式，进行展示。

```
#而每个 part 又由一个 elements 序列组成,我们对其进行解析
samplqseq = []
for element in notes_to_parse:# 对序列中的每个 element
    #如果是音符 note 类型,取它的音高(pitch)
    if isinstance(element,note.Note):
        samplqseq.append(str(element.pitch))
    #如果是和弦 chord,以整数对形式表示
    elif isinstance(element,chord.Chord):
        samplqseq.append('.'.join(str(n) for n in element.nor-
malOrder))#用.来分隔,把 n 按整数排序
#展示音符序列的前 100 列
print(samplqseq[1:100])
```

['C5', 'D5', 'E-5', 'C3', 'E-3', 'G3', 'F5', 'C4', 'D5', 'C3', 'F3', 'G3', 'E-5', 'B3', 'C5', 'C3', 'E-3', 'G3', 'C4', 'D5', 'C5', 'E-4', 'B
4', 'G4', 'C5', 'E-4', 'D5', 'D4', 'F5', 'C4', 'G4', 'G5', 'C4', 'G5', '11.2', 'G4', 'G5', '8.0', 'G4', 'G5', 'G
3', 'B3', 'D4', 'G4', 'B3', 'F5', 'D4', 'G5', 'G4', 'F5', 'G5', 'G#5', 'F3', 'G#3', 'B3', 'D4', 'D5', 'F3', 'G#3', 'E-5', 'B3', 'F5',
'D4', 'E-5', 'F5', 'G5', 'E-3', 'G3', 'C4', 'E-4', 'C5', 'G#3', 'C4', 'C5', 'E-4', 'D5', 'F#4', 'E-5', 'G3', 'C4', 'E-5', 'E-4', 'F5', 'G4',
'D5', 'G3', 'B3', 'D5', 'D4', 'E-5', 'G4', 'C5', 'C3', 'E-3']

批量解析乐曲与数据预处理

本案例使用的数据集是 midi 格式的古典音乐数据集，该文件格式可以通过 Python 的 music21 包解析为对应的音符名称序列。由于是古典音乐，数据中大部分只包含钢琴一种乐器，因此只提取出每首乐曲的 piano part 即可。

下面按照上面所讲的单首乐曲的解析方式，将所有乐曲批量解析成多个音乐序列，以供训练使用。由于每个完整的乐曲序列后续会有内存溢出（无法支持分配过大的张量）的可能，这里对乐曲进行了适当的分段处理。请注意，这部分函数的大部分操作与解析单首乐曲的操作相同，只是外层套上了循环来对每一个音乐文件进行相同的操作。

```
#定义批量解析所有乐曲使用的函数
def get_notes():
    """
    从 musics 目录中的所有 MIDI 文件里读取 note,chord
    Note 样例:B4,chord 样例[C3,E4,G5],多个 note 的集合,统称"note"
    返回的为
    seqs:所有音乐序列组成的一个嵌套大列表(list)
    musicians:数据中所涉及的所有音乐家(不重复)
    namelist:按照音乐序列存储顺序与之对应的每一首乐曲的作曲家
    """
    seqs = []
    musicians = []
    namelist = []
    #借助 glob 包获得某一路径下指定形式的所有文件名
    for file in glob.glob("musics/* .mid"):
        #提取出音乐家名(音乐家名包含在文件名中)
        name = file[7:- 4].split(' (')
        #将新音乐家加入音乐家列表
        if name[0] not in musicians :
            musicians.append(name[0])
        #初始化存放音符的序列
        notes = []
        #读取 musics 文件夹中所有的 mid 文件,file 表示每一个文件
        #这里小部分文件可能解析会出错,我们使用 Python 的 try 语句予以跳过
        try:
            stream=converter.parse(file) #midi 文件的读取,解析,输出
            stream 的流类型
        except:
            continue
```

```
            #获取所有的乐器部分
            parts=instrument.partitionByInstrument(stream)
            if parts:#如果有乐器部分,取第一个乐器部分
                try:
                    notes_to_parse=parts.parts[1].recurse()#递归
                except:
                    continue
            else:
                notes_to_parse=stream.flat.notes#纯音符组成
            for element in notes_to_parse:#notes 本身不是字符串类型
                #这里考虑到后面的内存问题,对乐曲进行了分段处理
                if len(notes)<1000:
                    #如果是 note 类型,取它的音高(pitch)
                    if isinstance(element,note.Note):
                        #格式例如:E6
                        notes.append(str(element.pitch))
                    elif isinstance(element,chord.Chord):
                        #转换后格式:45.21.78(midi_number)
                        notes.append('.'.join(str(n) for n in element.
normalOrder))#用.来分隔,把 n 按整数排序
                else:
                    seqs.append(notes)
                    namelist.append(name[0])
                    notes = []
            seqs.append(notes)
            namelist.append(name[0])
        return musicians,namelist,seqs#返回提取出来的 notes 列表
musicians,namelist,seqs =get_notes()
print('音乐家列表:')
```

```
print(musicians)
print('乐曲序列示例:')
print(seqs[0])
print('总乐曲个数')
print(len(seqs))
```

音乐家列表：
['albeniz', 'beethoven', 'chopin', 'haydn', 'liszt', 'mendelsonn', 'schubert', 'schumann', 'vivaldi']
乐曲序列示例：
['G5', 'D5', 'B4', 'E-5', 'A4', 'A4', 'F#5', 'C5', 'B-4', 'C5', 'A4', 'A4', 'G5', 'B-5', 'G4', '9.
2', 'F#4', 'C6', 'D4', 'B-5', 'G4', '2.5.8', 'B4', '0.4.7', 'C5', '0.3.6', 'A4', '2.7', 'B-4', '9.0.2', 'F#4', '7.10.2', 'G4', '8.11', 'F
4', 'C5', 'E4', 'C#5', 'E-4', 'D5', 'D4', '3.7.10', 'C#4', '7.10.2', 'D2', 'D4', 'D4', '10.2', 'D4', '9.0', '0.3', 'D4', '5.9', 'D
4', '2.5', '10.2', 'D4', '7.10', '3.7', 'D4', '0.3', 'D4', '6.9', '2.5', 'D4', '7.10', '7.10.2', 'D4', '5.9', 'D
6', 'A4', 'D3', 'D5', 'D5', 'B2', 'C4', '2.5.8', 'B3', 'C3', 'C5', 'D5', 'C5', 'B4', '3.7.9', 'C5', 'D5', 'E-5', '7.10', 'D2', 'C5', 'C#
5', 'D5', 'D5', 'D5', '6.10', 'C4', 'D3', 'C#4', 'D4', '3.7.10', 'C5', 'D4', 'D4', '7.10.2', 'D4', 'E-5', 'C#
5', 'C5', 'G5', 'A4', 'F#5', 'D5', 'A5', 'C5', 'G5', 'B-4', 'A5', 'G5', 'F#5', 'A4', 'G5', 'B-4', 'B-5', 'G4', '9.2', 'F#4', 'D6', 'D4',
'F5', 'C3', 'F#4', '0.3', 'E-5', 'G4', 'D5', 'F2', 'E-5', 'D5', 'C5', 'B4', 'G#4', '0.3', 'C5', 'D5', 'A4', 'E-5', 'D5', 'B-2', '6.9.1',

　　下面介绍一个小技巧：利用 pickle 包保存提取好的变量。在上面的解析过程中，由于对每首乐曲解析时都需要逐个音符遍历一遍，处理时间较长。为了节省时间，可以将一次提取处理好的变量保存下来，方便下次直接调用。pickle 包可以保存矩阵、向量、列表等多种形式的变量，并且再次读入后仍然是相应的变量类型。

　　保存的操作很简单，使用 pickle.dump 函数即可，参数为要存储的变量，并指定存储的文件路径 filepath（含文件名）。按如下形式进行即可：

```
#在data文件夹下存储
#如果data目录不存在,创建此目录
if not os.path.exists("data"):
    os.mkdir("data")
#将数据使用pickle写入文件
with open('data/seqs','wb') as filepath:#从路径中打开文件,写入
    pickle.dump(seqs,filepath)#把音符序列写入文件中
with open('data/musicians','wb') as filepath:#从路径中打开文件,写入
    pickle.dump(musicians,filepath)#把音乐家列表写入文件中
with open('data/namelist','wb') as filepath:#从路径中打开文件,写入
    pickle.dump(namelist,filepath)#把乐曲对应的音乐家列表写入文件中
```

接下来可以将保存好的变量文件读入，并检查是否有问题。读入时直接使用 load 函数即可，其参数为"open（文件路径，打开方式）"。通过下面的检查可以确定，这种方式并不会对变量造成影响或导致错误。

```
#读入上面保存好的变量
musicians = load(open('data/musicians', 'rb'))
namelist = load(open('data/namelist', 'rb'))
seqs = load(open('data/seqs', 'rb'))
#再次展示音乐序列的第一个序列检查是否有问题
print(seqs[0])
```

```
['F2', 'C3', 'C5', 'A3', 'A4', 'F4', 'D4', 'C4', 'F4', 'F5', 'D5', 'C5', 'A4', 'F4', 'D4', 'C4', 'F4', 'F5', 'D5', 'C5', 'C2', 'A4', 'F4',
'D4', 'B-2', 'C3', 'C4', 'D3', 'F4', 'D3', 'F5', 'D3', 'D5', 'B2', 'C5', 'C3', 'A3', 'A4', 'F4', 'D4', 'C4', 'F4', 'F5', 'D5', 'C5', 'C2', 'A4', 'F4',
'E4', 'B-4', 'G4', 'A4', 'F2', 'C4', 'D3', 'C4', 'A3', 'F3', 'C4', 'A3', 'F4', '4.10', '7.0', 'G4', 'A4', 'F2', 'F4', 'C4', 'C3', 'A3', 'F
3', 'C4', 'A3', 'F4', '4.10', '7.0', 'F4', 'F4', 'C4', 'C3', 'A3', 'F4', 'F3', 'B-4', 'D4', 'G#4', 'B3', 'A
4', 'C4', 'B-4', 'D5', 'B-4', 'G#4', 'C5', 'A4', 'E5', 'F5', 'A5', 'C3', 'G3', 'G5', 'E4', 'E5', 'C5', 'A4', 'G4', 'C5', 'C6', 'A5',
'G5', 'E5', 'C5', 'A4', 'G4', 'C5', 'G#4', 'A5', 'G5', 'G2', 'E5', 'C5', 'A4', 'F#3', 'G3', 'A4', 'A3', 'G3', 'C5', 'A3', 'G5', 'F4',
'G3', 'A5', 'F#3', 'G3', 'C5', 'A4', 'E5', 'C5', 'A4', 'G4', 'D4', 'B4', 'F4', 'E5', 'D5', 'C5', 'D4', 'G3', 'E4', 'C4', 'G4',
'E4', 'C5', '5.11', '2.7', 'D6', 'E5', 'C5', 'C4', 'G4', 'G3', 'E4', 'C4', 'G4', 'E4', 'C5', '5.11', '2.7', 'D5', 'E5', 'C3', 'C5', 'G3',
'G4', 'C4', 'E4', 'G4', 'A4', 'E5', 'C5', 'B-5', 'G5', 'C6', 'E6', 'D6', 'C6', 'A5', 'F5', 'D5', 'C6', 'B5', 'C6', 'C3', 'A5', 'F5', 'C6', 'C4',
'D5', 'C5', 'F5', 'F6', 'D6', 'C6', 'A5', 'F5', 'D5', 'C6', 'F5', 'F6', 'D6', 'C6', 'C3', 'A5', 'F5', 'D5', 'B3', 'C4', 'C5', 'D4', 'C4',
'F5', 'C4', 'F6', 'D4', 'F4', 'D4', 'A4', 'F5', '4.10', '7.0', 'G5', 'A5', 'F3', 'F5', 'C5', 'C4', 'A4', 'F4', 'E5', 'C5', 'A4', 'F5', '4.10', '7.0',
'G5', 'A5', 'F3', 'F5', 'C5', 'C4', 'C5', 'F4', 'A4', 'F5', 'C4', 'A4', 'F5', '4.10', '7.0', 'G5', 'A5', 'F3', 'F5', 'C5', 'A5', 'F5',
'B-3', 'D6', 'F4', 'B-5', 'D5', 'G5', 'F5', 'B-5', 'B-6', 'F6', 'D6', 'B-5', 'G5', 'B-5', 'B-6', 'G6', 'F6', 'G3', 'D6', 'F4',
'B5', 'D5', 'G5', 'F5', 'G5', 'B6', 'G6', 'F6', 'D6', 'G5', 'C6', 'C7', 'A6', 'G5', 'G4', 'G5', 'E5', 'C6', 'C7',
'A6', 'G6', 'A5', 'E5', 'C6', 'A5', 'C6', 'C7', 'A6', 'F5', 'C4', 'C4', 'A4', 'A6', 'D6', 'C6', 'F6', 'F7', 'D7', 'C7', 'A6',
'F6', 'D6', 'C6', 'F6', 'F7', 'D7', 'C7', 'C3', 'A6', 'G6', 'D6', 'B3', 'C6', 'D4', 'C4', 'F6', 'D4', 'C4', 'F7', 'D4', 'C4', 'D7']
```

通过解析，可以得到每首乐曲用数字字母组合的音高符号来代表音符的乐曲序列，这种形式的序列已经可以作为 LSTM 能够处理的原始数据了。但是在此之前，我们还要像处理诗歌序列一样进行一些预处理操作。

首先是要构建每个音符的音高符号与数字的一种唯一对应关系，并将原始的音乐序列转为与其对应的整数数字序列。该过程通过 Tokenizer 实现。

```
from keras.preprocessing.text import Tokenizer
from keras.preprocessing.sequence import pad_sequences
tokenizer = Tokenizer()
#对音符进行数字编码
tokenizer.fit_on_texts(seqs)
```

```
seqs_digit =tokenizer.texts_to_sequences(seqs)
#因为 tokenizer 的索引问题，需要加+1 避免报错
vocab_size =len(tokenizer.word_index) +1
#由于序列较长，只展示前 100 个音符
print(seqs[0][1:100])
print(seqs_digit[0][1:100])
vocab_size
```

```
['C3', 'C5', 'A3', 'A4', 'F4', 'D4', 'C4', 'F4', 'F5', 'D6', 'C5', 'A4', 'F4', 'D4', 'C4', 'F4', 'F5', 'D6', 'C5', 'C2', 'A4', 'F4', 'D4',
'B2', 'C3', 'C4', 'D5', 'C3', 'F4', 'D3', 'C4', 'F5', 'D5', 'C3', 'D5', 'B2', 'C3', 'C5', 'C3', 'A3', 'A4', 'F4', 'D4', 'C4', 'G3', 'E4', 'B
-4', 'G4', 'A4', 'F2', 'F4', 'C4', 'C3', 'A3', 'F3', 'C4', 'A3', 'F4', 'C4', 'C4', 'G4', 'E4', 'C4',
'A3', 'F4', '4.10', '7.0', 'G4', 'A4', 'F2', 'F4', 'C4', 'C3', 'A3', 'F3', 'C4', 'A3', 'F4', 'F3', 'B-4', 'D4', 'G#4', 'B3', 'A4', 'C4', 'B-
4', 'B-4', 'B4', 'G#4', 'C5', 'A4', 'E5']
[30, 2, 20, 5, 13, 4, 7, 13, 8, 1, 2, 5, 13, 4, 7, 13, 8, 1, 2, 49, 5, 13, 4, 44, 30, 7, 28, 30, 13, 28, 30, 8, 28, 30, 1, 44, 30, 2, 30, 2
0, 5, 13, 4, 7, 10, 11, 12, 6, 5, 41, 13, 7, 30, 20, 22, 7, 20, 13, 144, 92, 6, 5, 41, 13, 7, 30, 20, 22, 7, 20, 13, 144, 92, 6, 5, 41, 13,
7, 30, 20, 22, 7, 20, 13, 22, 12, 4, 21, 24, 5, 7, 12, 1, 12, 17, 21, 2, 5, 3]
456
```

接下来，LSTM 需要输入维度相同，因而我们希望样本序列也是等长的，为此需要进行补零操作。

```
#对音符序列进行补零操作
seqs_digit = pad_sequences(seqs_digit, maxlen =1000, padding ='post')
#由于序列较长，只展示前 100 个音符
print("原始音符序列")
print(seqs[20][1:100])
print("\n")
print("编码+补全后的结果")
print(seqs_digit[20][1:100])
```

```
原始音符序列
['A5', 'D6', 'C6', 'D5', '4.5', '4.5', '4.5', 'F5', 'E5', 'F5', 'F5', 'A5', 'D5', 'G5', 'B-5', 'E5', '4.5', 'F5', 'G5', 'C#5', 'D5', 'C#5',
'B4', 'C#5', 'A5', 'B-5', 'A5', 'B-5', '4.5', '2.4', '4.5', '4.5', '4.5', 'D5', 'E5', 'F5', '4.5', 'F5', 'A5', 'D5', 'E5', 'D5', '11.0', 'C5', '9.10', 'B-
5', 'A5', 'D6', '10.0', '7.9', '4.5', '2.4', '4.5', '4.5', '4.5', 'D5', 'E5', 'F5', '4.5', 'F5', 'A5', 'F#5', 'A5', 'C5', 'A5', 'B-5', 'A5',
'G5', 'C#5', 'D5', 'B-5', 'A5', '6.7', '6.7', '6.7', 'G5', 'F#5', 'G5', 'D5', 'A5', 'D5', 'B-5', 'E5', 'F5', 'G5', 'C#5', 'D6',
'A5', 'B-4', 'E5', 'G5', 'B4', 'C#5', 'D5', 'C#5', 'F5', 'A5', 'C#5', 'D5']

编码+补全后的结果
[ 14  43  34   1 198 198 198   8   3   8   8  14   1   9  32   3 198   8
   9  18   1  18  17  18   1 202  14  32  14  32   1 148   3   8   3   8
   3   1   3   1 223   2 202  32  14  43 162 145 198 148 198 198 198   1
   3   8 198   8  14  29  14   2  14  32  14   9  18   1  32  14   9 203
 203 203   9  29   9   9   1  14   1  32   3   8   9  18   1  14  12   3
   9  17  18   1  18   8  14  18   1]
```

　　这里考虑到不同音乐家的作曲风格可能存在差异，后面的模型中会引入乐曲所属的音乐家因素。在此需要对音乐家序列也进行数字编码，以及one-hot 向量化操作。

```
#对每首乐曲所属的不同音乐家进行数字编码
nametokenizer =Tokenizer()
nametokenizer.fit_on_texts(namelist)
#将音乐家名序列转为对应的整数数字序列
namelist_digit =nametokenizer.texts_to_sequences(namelist)
```

　　与作诗模型类似，我们在预测每一个音符时，实际上是利用已有的音符序列作为输入，因此第一个音符没有可利用的信息，不考虑对它的预测（即不作为输出），而最后一个音符则不需要作为输入，因为其后面没有音符需要预测了。所以，需要对输入和输出分别在样本序列基础上做"去尾"和"掐头"的工作。

```
#对输入和输出同样要分别做一个掐头去尾的操作
X =seqs_digit[:, :- 1]
Y =seqs_digit[:, 1:]
print(seqs_digit.shape)
print(X.shape)
print(Y.shape)
print("X 示例", "\t", "Y 示例")
for i in range(10):
    print(X[0][i], "\t", Y[0][i])
print("...", "\t", "...")
```

```
(614, 1000)
(614, 999)
(614, 999)
X示例        Y示例
41          30
30          2
2           20
20          5
5           13
13          4
4           7
7           13
13          8
8           1
...         ...
```

最后还需要将输出转为 one-hot 向量以适应 categorical_crossentropy 这一损失函数（不作 one-hot 处理则需要其他损失函数，但一般不这么做）。这里对后面要用到的音乐家序列也进行 one-hot 向量化操作。

```
#对输出 Y 转为 one-hot 向量以适应交叉熵损失函数
print(vocab_size)
from keras.utils import to_categorical
Y = to_categorical(Y, num_classes=vocab_size)
#这里对乐曲所属音乐家也进行 one-hot 向量化
namelist_digit = to_categorical(namelist_digit, num_classes=len
(musicians)+1)
print(Y.shape)
print(namelist_digit.shape)
```

```
456
(614, 999, 456)
(614, 10)
```

模型构建与训练

首先采用一个简单的 LSTM 模型，并考虑对隐藏状态进行条件初始化。这是因为不同音乐家的乐曲风格存在差异。我们尝试用乐曲所属音乐家的序号（one-hot 向量化）经可训练的 dense 层变换后的特征向量，对不同音乐家的乐曲的 LSTM 隐藏变量进行不同的初始化，以帮助模型适应不同音乐家在乐曲风格上可能存在的差异（见图 4 - 64）。

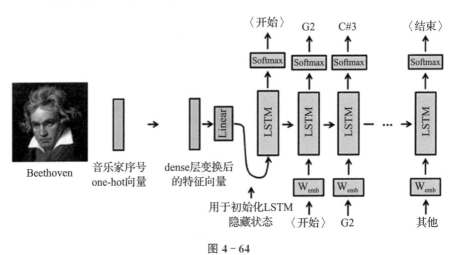

图 4 - 64

这里以音乐家为分类标准，不过考虑到一位音乐家的作品风格也可能变化较大，这种分类可能不是那么有效。推广一下，也可以用诸如音乐的情绪或者乐曲的曲式等作为不同隐藏状态初始化的分类依据。

具体的模型定义如下，模型的具体解释请注意阅读其中的注释。由于模型是一个整体，因而这里模型定义以整个代码块呈现，但将分为几个部分进行梳理。

```
from keras.layers import Input, LSTM, Dense, Embedding, Activation,
BatchNormalization,Lambda
from keras import Model,regularizers
from keras import backend as K
maxlen =1000 #序列的最大长度
embed_size =256 #词嵌入后的维度
```

```
hidden_size =128 #LSTM 隐藏状态的张量长度
reg =1e-4 #正则化项的参数
#1 第一部分 对 LSTM 的隐藏状态进行条件初始化
inputs1 =Input(shape=(10,)) #输入为代表音乐家的 one-hot 向量
#经过可训练的 dense 层处理，转为具有一定意义的特征向量
init =Dense(10, kernel_regularizer=regularizers.l2(reg),
                        name ='dense_img')(inputs1)
#经过 keras 后端的 expand_dims 操作以适应接下来的 LSTM 的输入维度要求
init =Lambda(lambda x : K.expand_dims(x, axis=1))(init)
#这里我们要对后面的 LSTM 模型的隐藏状态进行条件初始化
#首先需要借助一个 LSTM 来获得其在对应音乐家特征向量输入下输出的隐藏状态
#注意这里的参数 return_state =True 表示返回隐藏状态
#因而返回值为 3 个，输出的序列以及 LSTM 处理后的两种隐藏状态（记为 a,c）
_, a, c =LSTM(hidden_size, return_sequences =True, return_state =
True, dropout=0.5)(init)
#2 用条件初始化的隐藏状态在音乐序列上训练 LSTM 模型（即上图中右半部分）
inputs2 =Input(shape=((maxlen-1),)) # 输入训练乐曲序列,-1 是因为之前
的掐头去尾操作
#词嵌入及 LSTM
x =Embedding(vocab_size, embed_size, input_length=(maxlen-1), mask_
zero=True)(inputs2)
#注意这里的初始隐藏状态使用的是上面得到的音乐家在不同条件下的初始隐藏状
态 a,c
x =LSTM(hidden_size, return_sequences=True)(x, initial_state=[a, c])
#prediction 根据 LSTM 的输出预测的部分，
#本质是一个多分类问题，使用 softmax 激活函数
x =Dense(vocab_size)(x)
pred =Activation('softmax')(x)
model =Model(inputs=[inputs1,inputs2], outputs=pred)
model.summary()
```

```
Model: "model_1"
_____
Layer (type)                  Output Shape         Param #    Connected to
==================================================================================
input_1 (InputLayer)          (None, 10)           0
_____
dense_img (Dense)             (None, 10)           110        input_1[0][0]
_____
input_2 (InputLayer)          (None, 999)          0
_____
lambda_1 (Lambda)             (None, 1, 10)        0          dense_img[0][0]
_____
embedding_1 (Embedding)       (None, 999, 256)     116736     input_2[0][0]
_____
lstm_1 (LSTM)                 [(None, 1, 128), (No 71168      lambda_1[0][0]
_____
lstm_2 (LSTM)                 (None, 999, 128)     197120     embedding_1[0][0]
                                                              lstm_1[0][1]
                                                              lstm_1[0][2]
_____
dense_1 (Dense)               (None, 999, 456)     58824      lstm_2[0][0]
_____
activation_1 (Activation)     (None, 999, 456)     0          dense_1[0][0]
==================================================================================
Total params: 443,958
Trainable params: 443,958
Non-trainable params: 0
```

下面进行模型训练，使用早停和学习率衰减的训练策略，由于本案例对外样本预测精度并没有太高要求，这里只汇报了内样本精度。我们希望 accuracy 达到一个不算低的水平即可，因为如果 accuracy 为 1，说明模型能够准确预测出每位音乐家的每首乐曲，这一点对于一个用于生成新音乐的模型意义并不大，同时也是很难实现的，另外，我们也不希望 accuracy 太低，否则这可能意味着模型并未学到各个音乐家乐曲的任何规律。可以看到，经过 200 个 epoch 的训练后，accuracy 达到了 0.4 以上。

```python
from keras.optimizers import Adam
from keras.callbacks import EarlyStopping, ReduceLROnPlateau
tfcallbacks = [
    #使用学习率衰减技术
    ReduceLROnPlateau(monitor='loss', patience=5, mode='auto')
]
```

```
model.compile(loss='categorical_crossentropy', optimizer=Adam
(lr= 0.01), metrics=['accuracy'])
model.fit([namelist_digit,X], Y, epochs=200, batch_size=64, vali-
dation_split=0,callbacks=tfcallbacks)
#训练完将训练好的模型存储起来方便调用
#model.save('model.h5')
```

```
Epoch 193/200
614/614 [==============================] - 12s 20ms/step - loss: 1.6844 - accuracy: 0.4115
Epoch 194/200
614/614 [==============================] - 12s 20ms/step - loss: 1.6839 - accuracy: 0.4123
Epoch 195/200
614/614 [==============================] - 12s 20ms/step - loss: 1.6834 - accuracy: 0.4121
Epoch 196/200
614/614 [==============================] - 12s 20ms/step - loss: 1.6831 - accuracy: 0.4122
Epoch 197/200
614/614 [==============================] - 12s 20ms/step - loss: 1.6827 - accuracy: 0.4124
Epoch 198/200
614/614 [==============================] - 12s 20ms/step - loss: 1.6822 - accuracy: 0.4129
Epoch 199/200
614/614 [==============================] - 12s 20ms/step - loss: 1.6819 - accuracy: 0.4129
Epoch 200/200
614/614 [==============================] - 12s 20ms/step - loss: 1.6814 - accuracy: 0.4131
```

模型预测：生成乐曲

先把训练好的模型重新加载进来。

```
from keras.models import load_model
model =load_model('model.h5')
```

本例模型所要完成的任务是根据已有的部分乐谱生成一首新的乐曲，预测过程如下：

1. 指定希望生成的乐曲是哪一位音乐家的风格，将其作为模型的一部分输入来进行隐藏状态的条件初始化。

2. 由于需要提供部分乐谱作为辅助信息，因而从所指定的音乐家的乐曲中随机挑选一首作为提供部分乐谱的依据。

3. 最后就是与作诗模型预测类似的预测过程（只不过输入部分增加了我们所指定的音乐家向量）。

首先是根据所指定的音乐家，从其所有乐曲中随机抽取某一乐曲序列作为提供部分乐谱的依据。

```
maxlen =1000
#引入 random 包为后续进行随机抽取
import random
#指定音乐家
musicianname = ['beethoven']
#获得指定音乐家的数字序号
name_digit =nametokenizer.texts_to_sequences(musicianname)
#将指定音乐家变为输入的 one-hot 向量
name_digit =to_categorical(name_digit, num_classes=len(musicians)+1)
input_index = []#用于存储后续模型输入的初始部分音乐序列
#该段代码是随机抽取了所选音乐家的一段已有乐曲用于后续辅助
for i in range(len(seqs)):
    if namelist[i] ==musicianname[0] :
        temp =seqs_digit[i][0:20]
        vocab =list(seqs_digit[i])
        if random.random()>0.5 :
            input_index =seqs_digit[i][0:20]
            vocab =list(seqs_digit[i])
            break
        else:
            continue
if len(input_index) ==0:
    input_index =temp
input_index =list(input_index)
```

有了以上准备工作，接下来就可以进行模型预测了。

```
#模型预测生成音乐的过程
output_word = [] #用于存储输出的乐曲序列
length = 500 #指定要生成的乐曲长度
for i in range(length):
    #由于乐曲序列往往较长,随着预测长度变长,可能会出现信息缺失,导致预测效
果变差(如重复的旋律等)
    #所以,每间隔一段距离在输入序列中加入一定的辅助乐曲片段作为补充信息
    if i%25 ==0:
        indexs =list(random.sample(vocab,5))
        input_index.extend(indexs)
    else:
        #预测过程与作诗模型就比较相像了
        #用经预测出的乐曲序列作为输入预测下一个音符存入输出序列中
        #同时每预测出一个音符也要对输入序列进行更新
        x =np.expand_dims(input_index, axis=0)
        x =pad_sequences(x, maxlen=maxlen-1, padding='post')
        y =model.predict([name_digit,x])[0, i-1]
        y[0] =0              # 去掉停止词
        #找出返回的向量中概率最高的作为预测出的下一个音符
        index =y.argmax()
        #将预测的结果数字编码转为对应的音符音高符号
        current_word =tokenizer.index_word[index]
        #将其存入输出序列
        output_word.append(current_word)
        #同时对输入序列也要更新
        input_index.append(index)
#最后展示预测出的完整的乐曲序列
print(output_word)
```

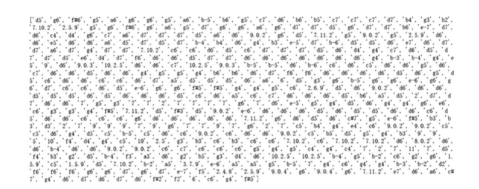

将生成的音乐序列导出为 midi 文件。此处的操作与解析 midi 文件正好相反，具体的步骤可以对照每一步的注释理解。

```python
from music21 import converter,instrument,note,chord,stream #转换乐器、音符、和弦类，解析时使用
def seq_to_mid(prediction):#生成音乐用的函数
    """用预测出的乐曲音符序列来生成 midi 文件 """
    offset=0#偏移累积量，防止数据覆盖
    output_notes=[]
    #将预测的乐曲序列中的每一个音符符号转换生成对应的 Note 或 chord 对象
    for data in prediction:
        #如果是和弦 chord:例如 45.21.78
        if ('.' in data) or data.isdigit():#data 中有.或者有数字
            note_in_chord=data.split('.')#用.分隔和弦中的每个音
            notes=[]#notes 列表接收单音
            for current_note in note_in_chord:
                new_note=note.Note(int(current_note))#把当前音符化成整数,将对应 midi_number 转换成 note
                new_note.storedInstrument=instrument.Piano()#乐器使用钢琴
                notes.append(new_note)
```

```
        new_chord=chord.Chord(notes) #再把 notes 中的音转换成新的和弦
        new_chord.offset=offset
        output_notes.append(new_chord) #把转化好的 new_chord 传到
output_notes 中
        #是音符 note：
        else：
            new_note=note.Note(data) #note 直接可以把 data 变成新的 note
            new_note.offset=offset
            new_note.storedInstrument=instrument.Piano() #乐器用钢琴
            output_notes.append(new_note) #把 new_note 传到 output_
notes 中
        #每次迭代都将偏移增加，防止交叠覆盖
        offset +=0.5
    #将上述转化好的 output_notes 传到外层的流 stream
    #由于我们只涉及钢琴一种乐器，所以这里 stream 只由一个 part 构成即可
    midi_stream=stream.Stream(output_notes) #把上面的循环输出结果传
到流
    #将流 stream 写入 midi 文件
    midi_stream.write('midi',fp='output.mid') #最终输出的文件名是
output.mid，格式是 mid
#调用函数将输出的音乐列转为 midi 格式文件存储
seq_to_mid(output_word)
```

最后可以听一下 LSTM 创作出的曲子。这里推荐一个 Python 包——pygame，可以直接在页面里播放 midi 格式的文件（但是一些网络 GPU 平台不支持）。当然，也可以利用软件直接播放 midi 格式文件或者转为 MP3格式（格式工厂就可以）。

这里播放的操作也是一个比较程式化的过程，不太需要理解。这部分的代码及相关参数设置来源于该包相关介绍中的示例。

```
''' pg_midi_sound101.py
play midi music files (also mp3 files) using pygame
tested with Python273/331 and pygame192 by vegaseat
'''
import pygame as pg
def play_music(music_file):
    clock = pg.time.Clock()
    try:
        pg.mixer.music.load(music_file)
        print("Music file {} loaded!".format(music_file))
    except pygame.error:
        print("File {} not found! {}".format(music_file, pg.get_error()))
        return
    pg.mixer.music.play()
    while pg.mixer.music.get_busy():
        clock.tick(30)
music_file = "output.mid"
#这里是指定的一些播放的参数
#music_file = "Drumtrack.mp3"
freq = 44100 #audio CD quality
bitsize = -16 #unsigned 16 bit
channels = 2 #1 is mono, 2 is stereo
buffer = 2048 #number of samples (experiment to get right sound)
pg.mixer.init(freq, bitsize, channels, buffer)
#optional volume 0 to 1.0
pg.mixer.music.set_volume(1)
try:
    play_music(music_file)
except KeyboardInterrupt:
```

```
#if user hits Ctrl/C then exit
#(works only in console mode)
pg.mixer.music.fadeout(1000)
pg.mixer.music.stop()
raise SystemExit
```

大家觉得创作出来的曲子如何呢？可能不是那么完美，但可以视为帮助大家理解 LSTM 模型及其应用的不错起点。

深度学习：打麻将

人机大战

所谓的人工智能寄希望于计算机能够模拟人类的智能思考方式，最终实现计算机模拟人类智能的目标。故被冠以"智能"的计算机从诞生之日起就设定了一个目标，即向人类发起挑战，希望在某些特定的场景下与人类一争高下。1997 年，IBM 的深蓝（Deep Blue）首次在国际象棋领域击败了人类。2016 年，DeepMind 的阿尔法狗（AlphaGo）在围棋领域也击败了人类（见图 4 - 65）。IBM 的深蓝使用的是深度优先搜索（depth-first search）相关的技术，DeepMind 的阿尔法狗使用的是深度学习相关的技术。本案例将为大家讲解怎样用深度学习技术教会计算机和人类对抗。国际象棋、围棋这类游戏已经有太多人研究过，这里为大家带来更接地气的，即如何教会机器打麻将。

图 4 - 65

教会机器打麻将有什么意义呢？除了像阿尔法狗一样提高知名度之外，没有特别大的商业意义，但这非常有趣。从古至今，很多重要的进步都是游戏激发的。例如，17 世纪，伯努利研究赌博游戏中输赢次数问题，被认为是概率论这门学科的开端。更早期的一些几何研究也是人们的智力游戏。此外，当电脑的游戏水平超过人类时，也会促进人类游戏水平的提高，典型的就是 2016 年的围棋人机大战。在阿尔法狗胜利后，很多棋手开始研究阿尔法狗的围棋路数。

用数字表示游戏

电脑用二进制处理所有问题，有电表示 1，没电表示 0。所以，对电脑来说，一切都是数字。因此，也需要用数字来表示游戏。

麻将由 136 张牌组成，要想数字化地表示麻将游戏，就必须先表示一张牌。通常的麻将有如图 4 - 66 所示的 34 种不同的牌，这 34 种不同的牌就是麻将的文字。和处理文本的方法类似，可以用一个长度为 34 的向量来表示一张牌。但和文本不同，表示一张牌最好的办法不是向量，而是一个 4×9 的矩阵。例如，1 筒这张牌可以表示成如图 4 - 67 所示的矩阵。

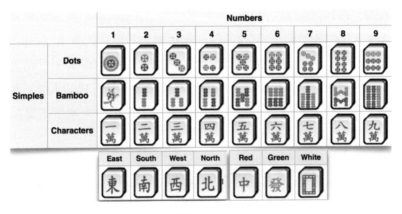

图 4 - 66

一组麻将的数字化表示就是每一张牌的对应矩阵相加。用矩阵有什么

```
[ 1.,  0.,  0.,  0.,  0.,  0.,  0.,  0.,  0.]
[ 0.,  0.,  0.,  0.,  0.,  0.,  0.,  0.,  0.]
[ 0.,  0.,  0.,  0.,  0.,  0.,  0.,  0.,  0.]
[ 0.,  0.,  0.,  0.,  0.,  0.,  0.,  0.,  0.]
```

图 4-67

好处呢？矩阵可以捕捉到麻将中一些特殊奖励的信息。例如，在麻将中，一二三筒、一二三条、一二三万的组合有额外的番数奖励，对应到矩阵中，表现为一个区域的数值都为 1（见图 4-68）。麻将中的很多番数也能通过矩阵的一些特征表现出来，所以用矩阵来表示一张麻将牌更合适。

```
[ 1.,  1.,  1.,  0.,  0.,  0.,  0.,  0.,  0.]
[ 1.,  1.,  1.,  0.,  0.,  0.,  0.,  0.,  0.]
[ 1.,  1.,  1.,  0.,  0.,  0.,  0.,  0.,  0.]
[ 0.,  0.,  0.,  0.,  0.,  0.,  0.,  0.,  0.]
```

图 4-68

那么，一局游戏怎么表示呢？在麻将的进行过程中，所有信息都表现成一组一组的麻将，用许多的 4×9 的矩阵表示这些牌（见图 4-69）。

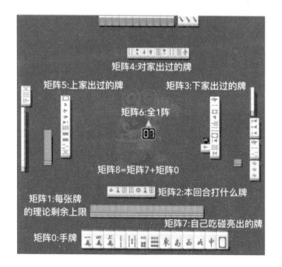

图 4-69

教会电脑打麻将

有人说，深度学习可以让计算机自己学会东西。这不太准确。如果要教会电脑打麻将，那么程序设计者也应该懂得打麻将。例如，麻将数字化表示的过程中就包含了对打麻将的理解。DeepMind 的阿尔法狗就是如此。所以，在教会电脑打麻将之前，自己先要了解一些麻将的关键技术。

怎样判断手牌的好坏？

一代赌神发哥曾经在电影《澳门风云》中教导谢霆锋说："其实打牌最重要的就是要和。"（见图 4-70）

图 4-70

要想和牌，就要先有上听的手牌；

要想上听，就要先有差一张牌上听的手牌；

要想差一张牌上听，就要先有差两张牌上听的手牌；

············

这就有了麻将中最重要的基本概念之一：上听数。差几张牌上听，就叫几向听。

例如，图 4-71 中这手牌已经上听，就是 0 向听。

图 4 - 71

假设把一张北风换成四万，变成图 4 - 72 中这手牌。这手牌差一张上听，就叫 1 向听。

图 4 - 72

图 4 - 72 中这手 1 向听的牌，只要下一把抓到图 4 - 73 中的 7 张牌之一，就可以上听，这 7 张牌叫有效牌。

图 4 - 73

向听数最大为 8，因为随便找 5 张牌，只要其中 4 张每张再来俩，就一定可以上听。例如，图 4 - 74 中这手牌东、南、西、北风各自再抓两张，也可以上听。（如果要和七对子的话，这手牌向听数为 6。）

图 4 - 74

因此，向听数和有效牌是评价手牌好坏的重要标准：向听数越小，越接近听牌，手牌越好；有效牌越多，下一轮减少向听数的概率越高。所以，同等向听数的情况下有效牌越多，手牌越好。

向听数和有效牌可以作为打牌的准则之一：摸一张后，手牌变成 14 张，如果没和的话就要再打一张，让手牌变回 13 张。那么，该打哪张呢？策略之一就是奔着向听数和有效牌来打。例如，图 4 - 75 中这手牌 14 张，应该打哪张呢？

图 4 - 75

　　打八万、九万、四筒、七筒、三条、七条，向听数均为 2；打其他的牌，向听数为 3。这 6 张牌中，打八万的有效牌最多，一共 18 张，也就是说，如果下一把拿到图 4 - 76 中的 18 张之一，就可以变成 1 向听，即差一张牌上听。

图 4 - 76

　　麻将高手会算计着向听数和有效牌来打。麻将菜鸟凭感觉打，其实也是在奔着向听数减小。打麻将，摸牌是随机的，没有任何技术含量（除非出老千），关键在怎么打，让剩下的手牌越接近上听越好、越容易上听越好。也就是说，向听数越小越好，有效牌越多越好。

　　一般来说，麻将起手都是 3 向听或者 4 向听。图 4 - 77 展示的是起手向听数的分布以及对应的胜率统计。

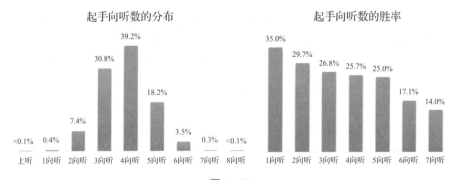

图 4 - 77

　　从图 4 - 77 可以看到，70% 的起手都是 3 向听或者 4 向听，这些叫作普通起手。例如，图 4 - 78 中这手牌就是 3 向听。

图 4 - 78

起手 5 向听已经是比较差的起手了。5 向听的起手是什么样的呢？比如图 4 - 79 中这手牌。

图 4 - 79

打麻将的本质，就是每一轮做决策，丢弃一张牌，使得向听数尽量减少，并且使剩余手牌可能和的番数尽量大。教会电脑打麻将需要做的是：第一，教会电脑看懂手牌的向听数；第二，让电脑能估计出最终和牌番数的期望——会不会和，以及可能和多少番。

用 CNN 评价手牌的好坏

把麻将向听数做线性变换映射成手牌价值分。10 分对应着听牌，0 向听；2 分对应着 8 向听，是最差的牌。再把这个分数连续化，即基础分加下一把摸到有效牌的概率。例如，当前向听数为 2，对应着 8 分，下一把摸到有效牌的概率是 30%，那么当前手牌的价值分就是 8.3。

使用 CNN 来学习手牌的价值分

对每个样本来说，CNN 的输入（X）就是若干个 4×9 的矩阵，表示手牌的各种信息，例如手牌都有什么、理论上每张牌还剩余多少等，输出就是手牌的价值分（Y）。使用两层隐藏层（见图 4 - 80），每层的大小为 256。输入数据为 100 万个随机生成的手牌样本。这种设定下，使用家用 GPU 训练模型要 2 小时左右。

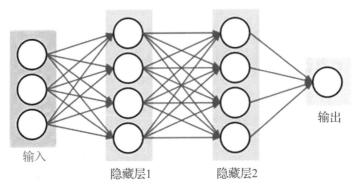

图 4 - 80

图 4 - 81 展示了 CNN 学习手牌价值分的结果。横轴是真实分数，纵轴是 CNN 样本预测的分数。可以看到，CNN 可以很好地评价手牌的好坏。

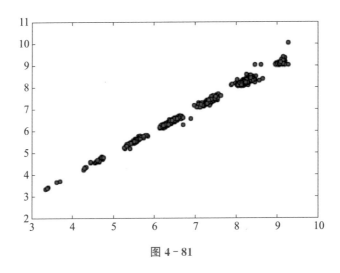

图 4 - 81

使用增强学习估计最终和牌番数的期望

最终和牌番数可能是 1 番、2 番、64 番；也可能是负数番，表示给别人点炮或者有人自摸；0 番则表示其他人和牌或点炮。最终和牌的番数取决于接下来怎么打。打得好，和的可能性就大。反过来，接下来怎么打要考虑剩余手牌的价值分以及最终的结果。这是一个鸡生蛋和蛋生鸡的问题。机器学习领域有一类方法叫作增强学习，增强学习能同时学打牌的策略以及对状态价值的评估。

增强学习可以看作一个不断尝试的过程。如图 4-82 所示，饥饿的小老鼠想要在迷宫中尽快找到奶酪。每走一步，小老鼠由于饥饿，生命值会减少 1；找到了奶酪，小老鼠的生命值会加 50。游戏会一直进行下去，直至小老鼠死亡或者找到奶酪。

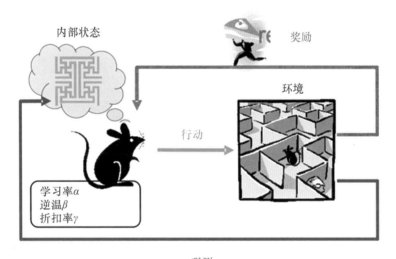

图 4-82

小老鼠怎样才能找到奶酪呢？它需要向"价值高"的位置移动。离奶酪越近，价值越高；离奶酪越远，价值越低；如果小老鼠找不到奶酪而死亡，则没有奖励。这与打麻将面临的鸡生蛋和蛋生鸡的问题一样，要同时估计一个位置的价值以及以这个位置价值为基础的行动策略。

增强学习如何进行呢？首先，它给每种状态一个基础价值，这个基础价值可能是随机的，也可能是基于某些先验信息的。知道了每种状态的价值，就可以按照这个价值来实施策略。需要注意的是，这种策略不需要是最优策略。有了策略，增强学习就可以开始不断尝试，例如不断地重复一万次走迷宫或者打麻将，记录所有路径中的状态，然后用每次游戏的最终结果反过来修正所在过程中的状态。

　　具体到打麻将的情景。假设每一手牌都对应着一个和牌价值。和牌价值的定义是从当前手牌开始打牌，最后可能的和牌番数的期望。电脑开始以一定的策略打牌，当牌局结束时，用最终的输赢结果来修正过去经历的状态的和牌价值。从直观上看，这手牌未来无论怎么打都会赢，那说明现在这手牌的和牌价值很高；反过来，如果无论怎么打，未来都是输，那就说明这手牌价值较低。整个增强学习的过程就是不断尝试策略，然后修正价值，更新策略，再修正价值的过程。

深度学习在麻将上的应用

　　麻将有 108 张牌，而手牌只有 13 张，所有可能的牌的组合是十分巨大的。也就是说，即便让计算机反复玩几亿次，它可能还有很多没见过的状态，更谈不上反复迭代更新状态。和图像类似，一幅图像改变一些像素并不影响它的内容，略微不同的像素矩阵对应着相同的物体，麻将中也是如此，略微不同的是手牌矩阵对应着相同的和牌价值。所以，这里用一个价值函数来表示这种关系。函数的输入是手牌矩阵，函数的输出是和牌价值。函数形式是什么呢？深度神经网络。

　　这样来看，增强学习的核心任务就是将学习不同状态的价值变成学习价值函数的参数。深度学习使用深度神经网络来近似价值函数，整个学习问题就变成了学习网络参数。使用 TensorFlow 等深度学习框架，就可以训练出会打麻将的电脑了。

学习结果

　　图 4-83 是一个训练好的模型的模拟结果，4 台电脑开始对打。程序从 0 开始计数，Round 表示从牌山中摸牌的数量。最后一列表示综合的价

值得分，越大表示手牌越好。

```
Round: 52 Player 0 手牌 6万7万7万4筒4筒6筒7筒7筒6条8条1字3字5字6字l out: 3字 value: 1.64937020323
Round: 53 Player 1 手牌 1万1万6万8万2条3条3条5条5条5条1字1字3字4字l out: 3字 value: 1.98565765538
Round: 54 Player 2 手牌 1万3万4万9万9万5筒7筒9筒2条2条5条8条3字l out: 3字 value: 1.75829649171
Round: 55 Player 3 手牌 1万2万2筒6万1筒1筒3筒4筒5筒6筒8条1字4字7字l out: 7字 value: 1.74914068313
Round: 56 Player 0 手牌 4万6万7万7万4筒4筒6筒7筒7筒6条8条1字5字l out: 6字 value: 1.66304895912
Round: 57 Player 1 手牌 1万1万8万2条3条4条5条5条5条1字1字4字l out: 4字 value: 2.91744528276
Round: 58 Player 2 手牌 1万3万4万9万9万5筒7筒9筒2条2条5条7条8条2字l out: 2字 value: 1.76701114886
Round: 59 Player 3 手牌 1万2万2筒6万7万1筒1筒3筒4筒5筒6筒8条1字4字l out: 1字 value: 1.90266580499
peng !!!!!!!
Round: 59 Player 1 手牌 1万1万8万2条3条4条5条5条5条l1字1字1字l out: 3条 value: 3.06369188059
Round: 60 Player 2 手牌 1万3万4万9万9万5筒7筒9筒2条2条4条5条7条8条l out: 1万 value: 1.9958899882
Round: 61 Player 3 手牌 1万2万2筒5筒6万7万1筒1筒3筒4筒5筒6筒8条4字l out: 4字 value: 3.19764246747
Round: 62 Player 0 手牌 4万6万7万7万4筒4筒6筒7筒7筒6条8条8条1字5字l out: 1字 value: 1.67921886389
Round: 63 Player 1 手牌 1万1万8万2条3条4条5条5条5条l1字1字1字l out: 2筒 value: 4.691102236
Round: 64 Player 2 手牌 3万4万9万9万5筒7筒9筒2条2条4条5条7条8条8字l out: 7条 value: 2.07074161041
Round: 65 Player 3 手牌 1万2万2筒5筒6筒7万1筒1筒1筒3筒4筒5筒6筒8条l out: 8条 value: 5.15948962251
peng !!!!!!!
Round: 65 Player 0 手牌 4万6万7万7万4筒4筒6筒7筒7筒6条5字l8条8条8条l out: 5字 value: 1.73745078413
Round: 66 Player 1 手牌 1万1万8万2条3条4条5条5条7条l1字1字1字l out: 7条 value: 4.73030489519
Round: 67 Player 2 手牌 3万4万9万9万3筒5筒7筒9筒2条2条4条5条7条8条l out: 3筒 value: 2.23774739934
Chi !!!!!!!
Round: 67 Player 3 手牌 1万2万2筒5筒6筒7万1筒1筒1筒3筒6筒l4筒5筒3筒l out: 1万 value: 5.2706084286
Round: 68 Player 0 手牌 2万4万6万7万7万4筒4筒6筒7筒7筒6条l8条8条8条l out: 6条 value: 2.79641066114
Round: 69 Player 1 手牌 1万1万6万8万9万2条3条4条5条5条l1字1字1字l out: 6万 value: 4.76235870817
Round: 70 Player 2 手牌 3万4万9万9万5筒7筒9筒2条2条4条5条6条7条8条l out: 5筒 value: 3.44058836653
Round: 71 Player 3 手牌 2万2筒5筒6筒7筒8筒1筒1筒3筒6筒l4筒5筒3筒l out: 3筒 value: 5.89674970043
Round: 72 Player 0 手牌 2万3万4万6万7万7万4筒4筒6筒7筒7筒l8条8条8条l out: 7万 value: 4.51605433402
1 hu !!!!!!!! 0 dian pao !!!
```

图 4 - 83

训练好的神经网络已经知道先把一些字牌打出去，例如图 4 - 83 中前几轮，电脑选择将字牌第三张（西风）打出去。此外，随着行牌的进行，手牌的价值分正在慢慢增加，这说明电脑的策略有效。在行牌 20 轮左右时，编号为 1 的玩家和牌，编号为 0 的玩家点炮。

很遗憾，目前的人工智能水平还不能和人类过招。一般来讲，基于深度学习的智能游戏方法都需要大量的计算和高度复杂的模型。但本案例仍然是有意义的，因为没有告诉计算机任何关于麻将的基础知识，甚至不知道和牌的规则（进行游戏时的和牌判断由另外独立的系统完成），深度学习网络也可以有模有样地打麻将。这正是深度学习最奇妙之处：它可以高度地模仿和近似人类行为，但却不一定和人类用一样的方法。现在也有一种说法，人工智能这个词可能不太恰当，应当叫机器智能，也许就是出于这样的考虑吧。

聚类分析：狗熊牌皮鞋的广告投放

新的一年，狗熊会决定拓展新的业务，投身实体经济，助力国家经济转型。那做什么产业比较好呢？大家争来争去，有想开辣条厂的，有想生产空气净化器的，还有准备造机器人陪自己打麻将的，实在拿不定主意。此时，熊大大手一挥："不要争了，咱们进军鞋业吧，卖不出去还能自己穿。"由此，狗熊皮鞋厂就正式开张了。然而实际做起来才发现，目前的鞋业市场已经饱和，客户的忠诚度很高，这个新品牌要想卖出去，必须做好一件事——宣传，宣传，宣传！如何做好宣传工作呢？熊大首先想到了搜索引擎广告。

搜索引擎广告介绍

搜索引擎广告目前已经成为广告主吸引用户的重要手段之一。因此，熊大决定将全部资金用于在搜索引擎上投放广告，这样当顾客使用搜索引擎（例如百度）时，会弹出标有"商业推广（广告）"的关于狗熊牌皮鞋的搜索结果。

说起来简单，行动后才发现这其中有很多门道（见图 4 - 84）：如果你购买了"皮鞋"这个关键词，那么用户在百度搜索"皮鞋"时，狗熊牌皮鞋就可能出现在搜索结果中，这叫 1 次展现；用户觉得狗熊牌皮鞋远近闻名，穿过都说好，那么他可能点进去看看，这叫 1 次点击；用户点进去发现竟然是熊大代言，品质有保证，立即下单买买买，这叫发生 1 次转化。更确切地说，只有发生了转化，这笔广告花费才是值得的；而展现和点击再多，没有转化也是白搭。

正如英国著名作家普·绪儒斯说过的，同样一只鞋，并不是所有的人穿了都会合脚。类似地，一个产品，也不是所有的关键词都有助于销售。那么，在哪些关键词上进行广告投放比较好呢？本案例以"狗熊牌"在一个月内的广告投放结果为例，给出了 1 982 个关键词的广告展示统计结果。

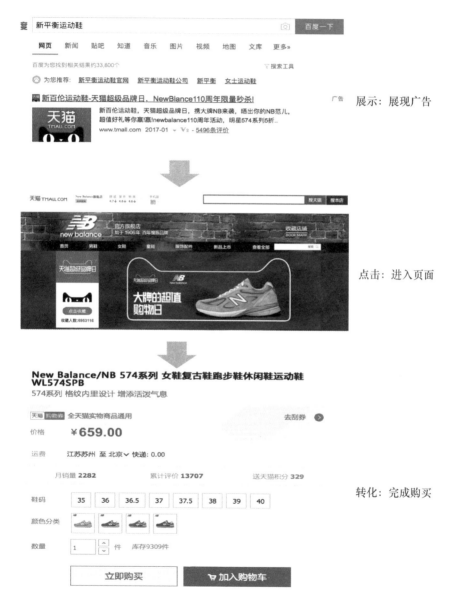

展示：展现广告

点击：进入页面

转化：完成购买

图 4 - 84

数据介绍

这份数据中每一条对应的是一个关键词的统计结果，比如关键词"狗熊"，对应有展现值 688 954、点击量 29 022 以及转化量 486，详细说明如表 4-5 所示。

表 4-5　数据变量说明表

变量类型	变量名	详细说明	取值范围	备注
因变量	转化量	数值型变量 单位：次	0～486	用户完成购买行为
自变量	关键词	字符型变量		字段包括狗熊、bear、优惠券等
	展现值	数值型变量 单位：次	1～688 954	广告出现在用户搜索结果中
	点击量	数值型变量 单位：次	0～29 022	用户点击广告链接

因为关心的核心问题是关键词的转化情况，所以初步把转化量作为因变量，但根据场景不同，优化的目标可能会有所差异，后面会具体介绍。

关键词介绍

对目标了如指掌，方能手到擒来。首先看这些关键词的特征。图 4-85 展示了这 1 982 个关键词的长度分布。原来，大多数关键词长度都在 7 左右，然而有一些特别长的关键词，比如"狗熊鞋 bear shoes 官方经销网站"这个词，长度为 19，是所有关键词中最长的。而词长大于 13 的就很少了，这是因为在搜索过程中太长的词并不容易被搜到，涉及的竞价关键词较少。

这些关键词包含哪些信息呢？词云图可以给出答案（见图 4-86）。词云图显示，"狗熊""bear""休闲""男鞋"等出现率都很高，但这是不是

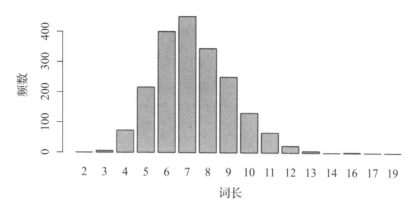

图 4 - 85 关键词的长度分布

意味着只要购买这些关键词就能带来巨大的收益呢？还不一定，可能大家就爱搜索"狗熊"这个关键词来查找狗熊会相关内容，但是从来不买狗熊牌皮鞋，"狗熊"这个关键词出现再多也白搭。因此还要结合转化量的数据来进行细致分析。

图 4 - 86 关键词的词云

天真的方案一

既然要找能带来最大转化量的关键词，就要对转化量排序，取前 6 个关键词，结果如图 4 - 87 所示。

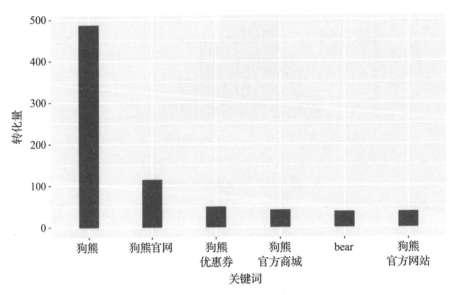

图 4 - 87　前 6 个关键词的转化量

　　然而，这个关键词投资方案被熊大一票否决了。原来并不是所有关键词的价格都相同！搜索引擎对关键词是按其每次点击收费（cost per click，CPC）。换句话说，为了利益最大化，不仅需要考虑这个关键词所能带来的收入，也要考虑其所消耗的成本。比如，假设搜索引擎每次关键词点击按 1 元收费，关键词"狗熊大鞋"一个月能带来 10 次转化，总收入 100 元，但是其一个月的点击次数为 1 000，总花费为 1 000 元，最终还亏了 900 元；而关键词"狗熊小鞋"一个月就 5 次转化，总收入 50 元，但其一个月点击次数为 40 次，核算后还赚了 10 元。这个例子说明，单纯的转化量并不合适，应该结合点击数（成本）一起考虑。

成长的方案二

　　为了综合考虑收益和成本，重新定义了"转化率"（即转化/点击）作为新的因变量。重复上述过程，可以挑选出转化率最高的前 6 个关键词，结果如图 4 - 88 所示。

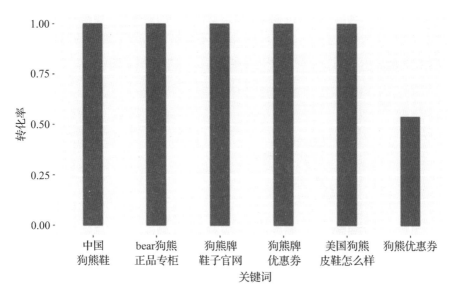

图 4 - 88 综合考虑收益与成本的转化率对应的 6 个关键词

最高的 5 个关键词转化率竟然达到了 1！这意味着只要有人点了链接，就能卖出一双鞋；剩下的关键词"狗熊优惠券"也不差，超过 0.5。再来看看这些关键词的原始结果（见表 4 - 6）。

表 4 - 6　6 个关键词的统计

关键词	展现值	点击量	转化量	转化率
中国狗熊鞋	50	2	2	1
bear 狗熊正品专柜	72	1	1	1
狗熊牌鞋子官网	2	1	1	1
狗熊牌优惠券	5	1	1	1
美国狗熊皮鞋怎么样	45	1	1	1
狗熊优惠券	74	13	7	0.54

这个结果并不乐观，如果只付费购买这 6 个搜索关键词，一个月就只能卖出 13 双鞋。再来看看其他转化率排名比较高的词，发现都是这种情

况。这些词就是通常所说的"长尾关键词"，它们的一大特征就是流量低但意义非常具体。这些词可以很高效地带来客户，所以成本相对来说很低，但同时由于点击人数太少，只投资这些词并不会给产品带来销量的明显提高。为了更好地表示不同关键词与转化量的关系，粗略绘制了图 4 - 89。

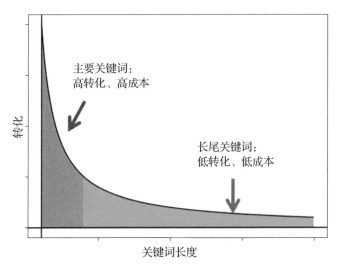

图 4 - 89　关键词与转化示意图

深思熟虑的方案三

前面定义的因变量"转化率"是基于点击数的。有些关键词的转化率虽然很高，但有可能是偶然情况导致的。比如，"狗熊皮鞋要上天"这个关键词本月偶然发生了一次点击，刚刚好又发生了一次转化，转化率一下子就达到了 100%。但是，这种好运能不能持续呢？如果把全部的广告资源寄托于这个关键词，第二天说不定不仅没有转化，反而可能连一次点击都没有。因此，只考虑转化率也是不太合理的。为此，熊大希望能对所有关键词进行自动分类，帮助他找到那些"转化率"很高同时"转化量"也很高的词。这里便用到了聚类分析。

聚类之前，首先选出所有转化量为 0 的词，一共 1 852 个，占总数的

93.4%。可以看到，绝大多数的词都不能带来真正的效益，因为它们一个买家都没有吸引到。当然，考虑到现在只有一个月的数据，测试时间比较短，目前没有转化量的词并不代表之后也没有转化量，只能说这部分零转化的词是目前不会优先考虑的词。

剩下的 130 个词就是需要进行挑选的关键词。将点击量、转化率、展现值和词长作为变量，标准化之后进行 K 均值聚类，聚类个数定为 4，得到如表 4-7 所示的各个类别中心。

表 4-7 四类关键词的中心对比表

类别	点击量	转化率	展现值	词长	关键词个数	特点
第一类	2.81	0.73	55.27	7	11	低点击、高转化
第二类	29 022	0.02	688 954	2	1	高点击、低转化
第三类	159.52	0.06	1 427.60	6.83	61	次低点击、次高转化
第四类	741.17	0.03	9 061.43	4.49	51	次高点击、次低转化

第一类关键词的特点是点击量低，但是转化量很高，关键词通常比较长，这正是在方案二中找到的那些长尾关键词。这类词流量低，覆盖面窄，搜索会很不稳定，但它们的转化率很高且成本很低，因此应该将它们收入囊中，但不能只买它们。

第二类关键词只有一个，即"狗熊"，就是开头介绍的"高点击、低转化"的典型代表。这种热门关键词通常价格很高，因此成本有限的时候可以慎重考虑。

第三、四类关键词的个数比较多。为了直观地展示这些词的特点，为每个类别绘制了词云图，结果如图 4-90 所示。

第三类主要由长词构成，它们的点击量很低，但是转化率还可以；第四类词的长度相对较短，它们很容易被搜到，点击量比较高，但转化率相对较低，例如"狗熊官方商城"这个词，一个月内有 606 次点击，带来了 40 次转化，转化率为 0.067，表现还不错。第三类和第四类词应该如何选择呢？熊大认为，关键词应该是广告主用以定位潜在客户的字眼，它的目

第三类词   第四类词

图 4 - 90　第三类与第四类词的词云

标应该是吸引新的客户购买其产品，因此更高的点击量表明该关键词带来了更多的流量，吸引客户的能力更强，会有更多的机会让客户进一步了解自己的产品。在这种方针指导下，更倾向于选择第四类关键词。

尽管进行了上述分析，但确定最后的广告投放策略还需要很多额外的信息。例如，每个关键词的单次点击价格还和其他商家对这个关键词的竞价有关。一些热门关键词，如"淘宝 狗熊"或者"皮鞋"，虽然用户很容易搜索这类词，但如果有很多商家购买该关键词广告，会使得该关键词定价提高，成本会提升，很不划算。由此可见，实际业务操作中，情况要复杂得多。同时，关键词从语义上也分为很多类，在词云图中看到的"狗熊""男鞋""休闲鞋"也分属不同的类别并有不同的策略。这里给大家分享一个竞价分配方案：50%的预算购买行业词，30%的预算购买主打产品词，20%的预算购买长尾词。有兴趣的读者可以深入探索。

温馨提醒： 进入狗熊会公众号（CluBear）输入文字"皮鞋"，听灰灰音频！

第五章 / *Chapter Five*

非结构化数据

移动互联网时代，数据的一大特征就是非结构化。数据是结构化的还是非结构化的，是一个相对的概念。例如，一般认为，中文文本是非结构化数据。但是，通过分词后，一个文档常常可以通过一个超高维的、关于词频的稀疏向量来表达，向量化后就不再是非结构化的了。所以，数据是不是非结构化的，是一个相对的甚至带有主观色彩的概念。对于一些典型的数据类型，大家有一些约定俗成的共识（例如，中文文本就是非结构化数据）。下面将通过几个实际案例，对中文文本、网络结构、图像等一系列公认的非结构化数据进行案例分享。

文本分析：《琅琊榜》的小说三要素

2015年9月，根据海晏同名小说改编的架空权谋类电视剧《琅琊榜》首登荧屏，此后收视率低开高走，一路攀升到第一名。该剧豆瓣评分高达9.2分，被观众称为男版《甄嬛传》、中国版《基督山伯爵》。该剧的热播也让山影这个"神秘的组织"浮出水面，广大吃瓜群众纷纷称赞这是一个"良心"剧组。如此优秀的电视剧，其小说原著必然也是精彩绝伦的。在此，我们对《琅琊榜》的原著做了一次文本分析，本着严肃八卦的态度从科学的角度看小说。小说是以刻画人物为中心，通过完整的故事情节和具体的环境描写反映社会生活的一种文学体裁。所以，人物、故事情节和环境称为小说的三要素。接下来就通过文本分析来探索《琅琊榜》中关于小说三要素的蛛丝马迹。

人物形象

首先解析小说中主要人物的动作特征，提取了某角色说话所在的段落，然后对这些段落进行分词，从而得到分词后的词根和每个词根的词性，最后按照动词词根频数由高到低排序。以梅长苏和飞流为例，图 5 - 1 显示了梅长苏与飞流的六个高频动作。从中可以看出，梅宗主低眉浅笑、语声淡淡，一副高深莫测、运筹帷幄却又孤独寂寥的形象跃然纸上。反观梅长苏的贴身小护卫飞流，全书言语不多，但爱吃爱睡的形象可谓深入人心。小飞流歪着头、瞪着眼的呆萌样子不知撩动了多少少女心。

图 5 - 1　从动作描写看人物形象

与人物的动作特征类似，下面来看看人物的语言特征。图 5 - 2 显示了靖王最常对话的几个人物，图中人物头像越大，对话次数越多。可以看到，靖王最常与梅长苏、梁帝和誉王对话。故事初期，由于梅长苏辅佐靖王进行皇位之争，因此靖王常与梅长苏对话。故事后期，由于靖王、林殊二人相认，发小情深，因此他们对话依旧频繁。但由于权力斗争，靖王需要周旋在梁帝与誉王之间，因此靖王与梁帝、誉王的对话也颇多。

图 5-2 各角色最常与谁对话

故事情节

《琅琊榜》小说共分七卷，每一卷究竟讲述了什么样的情节呢？

利用文本分析，可以取出某一卷的文本内容，对文本进行分词，提取出词根中所有的名词并绘制词云。词根在该卷中出现的次数越多，词云中该词越大。此处取出了小说的第一卷、第四卷和第七卷，来分析《琅琊榜》故事的开端、发展和高潮。

从第一卷词云来看（见图 5-3），出场最多的人物是梅长苏、萧景睿、言豫津和飞流。第一卷中出现的主要事件有江左梅郎出场、庆国公案、初至金陵等。但大家熟悉的靖王、夏江等角色在哪里呢？别着急，第一卷只是故事的开端，景睿与豫津将梅长苏接至金陵后，故事才刚刚开始。

第四卷词云表明（见图 5-4），出现最多的人物是梅长苏、靖王、蒙挚、梁帝和夏江。由于梅长苏卷入帝都风云，皇子、将军、帝王这些宫闱中的人物粉墨登场，故事瞬间硝烟四起、危机四伏。此外，越来越多性格各异的小人物开始丰满故事情节，例如词云图中显示的卫峥、静妃、黎纲、蔡荃等。

图 5 - 3　词云图分析第一卷情节

图 5 - 4　词云图分析第四卷情节

　　第七卷达到了故事的高潮，但也迅速收尾，最终曲终人散，令人唏嘘。莅阳长公主带着谢玉手书，提议重审旧案。蔺晨告知梅长苏生命不足三月，梅长苏仍愿披甲上阵，平定叛乱。这些主要人物和事件都在词云中体现出来（见图 5 - 5）。

　　另外，本书还统计了全书 7 位主角的出场频数。从柱状图来看，梅长苏绝对是第一男主角。有意思的是，作为《琅琊榜》唯一女主角的霓凰，出场频数却居于 6 个男性角色之后（见图 5 - 6）。难怪有网友戏称，霓凰绝对是史上最悲催的女主角，没有之一。

图 5 - 5　词云图分析第七卷情节

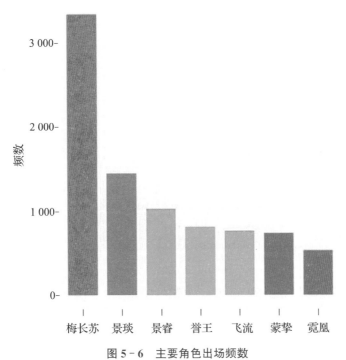

图 5 - 6 主要角色出场频数

说明：对小说全七卷文本进行分词，以小说中主角名字出现的次数为指标衡量主角出场频数。此处需要对应一个人物的多个称呼。例如，梅长苏、林殊、苏哲、小殊、宗主、江左梅郎等称呼均为同一人物，应该合并。

值得注意的是，小说中各角色的戏份是否和电视剧中的一致呢？为此，本书绘制了主要角色出场密度图（见图 5 - 7）。从图 5 - 7 可以看出，作者对梅长苏的着墨比较均匀，但对靖王和霓凰的安排却差异明显。小说前段霓凰与梅长苏相认，霓凰出场较多。但故事中途梁帝派遣霓凰返回云南，霓凰在金陵的戏份减少。此外，梅长苏选择辅佐靖王萧景琰，靖王卷入权力斗争，因此靖王出场渐渐增多。这样的角色戏份安排与大家在电视剧中看到的是一致的。

《琅琊榜》中，梅长苏粉丝众多。太子、誉王争相抢夺麒麟才子，靖王、静妃可谓林殊的死忠粉，飞流、蔺晨和蒙挚绝对算是梅长苏后援会的中坚力量。这些角色中，究竟谁才是苏哥哥的"心头肉"呢？下面来一个

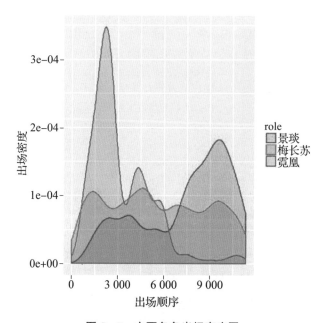

图5-7　主要角色出场密度图

说明：把每个人物出场的自然段按照顺序排列（即图的横轴），给出了人物的出场密度估计。

亲密度大检验。用各角色与梅长苏出现在同一自然段的次数作为亲密度的衡量指标。从图5-8可以看出，靖王萧景琰不愧是第一发小，绝对是宗主心尖尖上的人儿。但我们呆萌的贴身小护卫飞流也毫不逊色，粉丝团地位仅次于景琰。

　　虽然景琰一直是梅长苏的"心头肉"，但梅长苏一直对景琰隐瞒身份，全书景琰对梅长苏的称谓变化正揭示了景琰与梅长苏相认的虐心故事。故事之初，梅长苏以苏哲身份自居，辅佐景琰。景琰也将苏哲当作一个不明原因就一心扶持他的谋士。故事后期，景琰得知苏哲便是林殊，因此常称呼其为"小殊"。但从人物称谓变化密度图可以看出（见图5-9），"苏先生"和"小殊"出现的频率差不多。这是因为二人毕竟是共谋大事的"地下"关系，所以台面上还得尊称一句"苏先生"。好一出潜伏大戏啊！

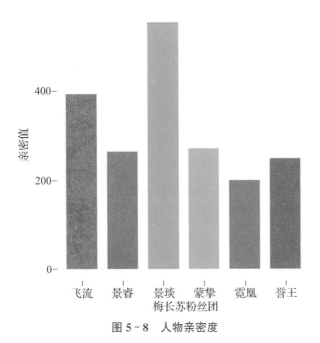

图 5-8 人物亲密度

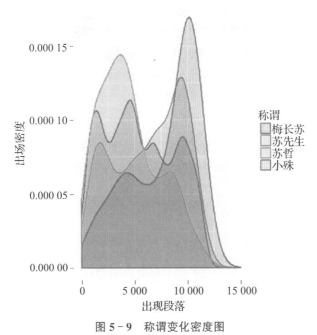

图 5-9 称谓变化密度图

环境描写

　　分析完人物形象和故事情节，再来看一下小说中对主要环境场所的描写。透过人物活动的地点，是否可以对故事情节的发展做出一些推测呢？通过对文中出现的地点进行同义合并和频数统计发现（见图 5-10），金陵（京城）出现的次数最多，毕竟是小说的大背景；第二是地道，这是梅长苏和靖王商讨大事的秘密场所；第三是悬镜司，这也是一个与主角们爱恨情仇纠葛很深的地方。同时，还发现靖王府的出现次数多于誉王府，看来靖王才是作者的"亲儿子"啊！

图 5-10　地点频数

　　接下来挑选几个有代表性的地点进行分析。首先，统计各卷中靖王府和誉王府的情况，有意思的现象出现了：在第一卷中，靖王府根本就没有出现；到了第二、三卷，誉王府和靖王府出现频率不相上下；到第四卷，两者就走向截然不同的方向了。看来，先出现的也不一定是真爱！靖王府最终后来者居上，成为大赢家。

　　刚刚说到地道非常重要，再来看看地道在各卷中出现频率的变化。地道在第二卷中出现的次数相比第一卷和第三卷显著增加，不难想象这正是梅靖二人的"蜜月期"；而第五卷中地道出现的次数突然跌到了谷底，这是为什么呢？回顾小说的发展，我们发现原来是两人闹了别扭。靖王和梅长苏吵架了。

同时，对地道出现的段落进行词频统计（见图 5－11），发现"陛下"出场频率最高。震惊！表哥和表弟在"地底"秘密约会竟与舅舅有关！当然，最伤心的人还是梅长苏，因为靖王不仅在地道跟他闹别扭，还不跟他谈论风月，只喜欢跟他在地道讨论公事。高频词还包括"事情""案子""发现"等。

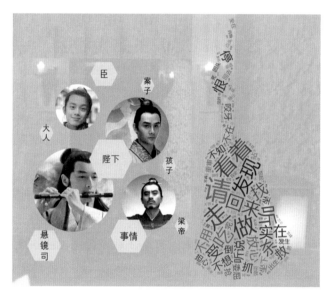

图 5－11　出现地道段落的词频统计

接下来看看各位娘娘的戏份。各宫在第二卷开始了自己的表演。其中，靖王的母亲静妃娘娘所在的芷萝宫千呼万唤始出来，犹抱琵琶半遮面，在第五卷才出现。但是，这不影响姗姗来迟的芷萝宫娘娘强势超越正阳宫皇后的戏份，都快赶上最有存在感的昭仁宫越贵妃娘娘了。贵妃娘娘戏份这么多，看来是梅靖二人平反路上一个非常大的障碍。

以上就是利用文本分析对《琅琊榜》原著所做的一项比较简单、初级的分析。我们试图理解小说中作者是如何对人物进行刻画的，故事情节是如何发展的，以及环境描写是如何烘托情节发展的。其实，文学的美又岂是我们三言两语能道尽的？在这里用原著中赞美梅长苏的一首诗来结束我们的分析：

> 遥映人间冰雪样，
>
> 暗香幽浮曲临江，
>
> 遍识天下英雄路，
>
> 俯首江左有梅郎。

文本分析：《倚天屠龙记》

金庸的"射雕三部曲"，收官之作是《倚天屠龙记》。金老先生在后记里曾说：三部曲中，郭靖诚朴质实；杨过深情狂放；张无忌的个性却比较复杂，也比较软弱。

这种软弱可以从他在爱情选择上的游移看出。幼时蝴蝶谷遇殷离有婚诺之约；年少汉水邂逅周芷若，几成良缘；光明顶遇小昭，意存怜惜；绿柳山庄遇赵敏，虽然针锋相对，但也一生羁绊（见图5-12）。张无忌本人态度比较暧昧，可以说他性格里拖泥带水，见异思迁，放到现在基本称得上是"渣男中的战斗渣"。张无忌最爱谁？这是一个争论得沸沸扬扬的问题。今天，让我们从文本分析的角度来窥探端倪。

图5-12　《倚天屠龙记》四美剧照
资料来源：图片来自网络.

文本数据结构化

分析小说等文本数据最大的难点在于数据高度非结构化。想要分析文本数据，先要确定分析的目标和对象，以达到结构化数据的目的。这里的目标是小说人物，因此可以把小说的主要人物和他们的称谓（同一行的代表同一人物的不同称谓）提取出来，如图 5-13 所示。

```
1   殷离 蛛儿 表妹 丑姑娘 丑八怪
2   周芷若 芷若 周姑娘 周掌门 周师妹 周姊姊 宋夫人
3   赵敏 郡主 小妖女 敏妹 敏敏 赵姑娘
4   小昭 小丫头
5   张无忌 无忌 曾阿牛 阿牛哥 公子 张教主
6   杨逍
7   丁敏君 敏君
8   殷素素 素素
9   张翠山
10  纪晓芙 晓芙
11  宋青书 青书
12  谢逊
13  杨不悔 不悔
14  殷梨亭
15  范遥
16  灭绝
17  金花婆婆
```

图 5-13 小说中的主要人物及称谓

接下来，要确定分析单位。先摘录小说原文两段：

> 春游浩荡，是年年、寒食梨花时节。白锦无纹香烂漫，玉树琼葩堆雪。静夜沉沉，浮光霭霭，冷浸溶溶月。人间天上，烂银霞照通彻。浑似姑射真人，天姿灵秀，意气殊高洁。万化参差谁信道，不与群芳同列。浩气清英，仙才卓荦，下土难分别。瑶台归去，洞天方看清绝。

作这一首《无俗念》词的，乃南宋末年一位武学名家，有道之士，此人姓丘，名处机，道号长春子，名列全真七子之一，是全真教中出类拔萃的人物。《词品》评论此词道："长春，世之所谓仙人也，而词之清拔如此。"这首词诵的似是梨花，其实词中真意却是赞誉一位身穿白衣的美貌少女，说她"浑似姑射真人，天姿灵秀，意气殊高洁"，又说她"浩气清英，仙才卓荦""不与群芳同列"。词中所颂这美女，乃古墓派传人小龙女。她一生爱穿白衣，当真如风指玉树，雪裹琼苞，兼之生性清冷，实当得起"冷浸溶溶月"的形容，以"无俗念"三字赠之，可说十分贴切。长春子丘处机和她在终南山上比邻而居，当年一见，便写下这首词来。

从以上两段文字可以看出，尽管文本长度参差不齐，但是金老先生在创作小说时已经给了最好的建议：自然段。自然段是这里的基本表意单元，可以以自然段为基础进行统计分析。在这里，划分分析单元的方式还有许多。比如，以句子为单位可不可以呢？当然可以，只要是相对独立的表意单元即可。

人物分析

基于文本的描述分析可以说丰富多彩、千变万化。这里，根据分析目标，将描述性分析定位在人物分析的层面，从出场频次、出场时间、亲密程度、称谓变化来解析作者对小说人物的刻画。

出场频次

首先是人物分析。小说对各个人物的着墨如何？这反映了不同人物的分量轻重。具体包括两个问题：

（1）如何定义一个"人物"？

（2）如何将其出场记作一次？

对于问题（1），以主人公张无忌为例，定义这个人物最简单直接的方式是匹配"张无忌"这个名词。这种方法有没有漏洞呢？有。小说中极少有机会出现"张无忌"这个完整的名词，大多数时候出现的都是他的其他称谓，比如"无忌""阿牛哥""张教主"等。因此，可以按照之前的数据准备，将同一人物的不同称谓对应到"张无忌"这个人物上来。在确定了人物之后，接下来就可以统计人物的出场次数了。同样，可以采取简单的方式：计数词频。但是，正如之前提到的一样，自然段是表意的基本单位，所以在这里，统计人物出现的自然段的数目，作为其出场次数。该统计结果如图 5 - 14 所示。毋庸置疑，小说男主角张无忌出现的次数最多，其后依次是赵敏、周芷若、殷离、小昭。其中，对于赵敏和周芷若的着墨可以说是难分伯仲。

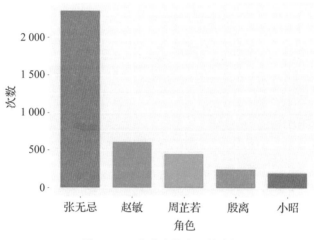

图 5 - 14　各个人物出现的次数

出场时间

除了出场频次，在小说中，人物的出场时间同样重要。这里可以将自然段按照顺序编号：1，2，…，T。自然，时间点就可以理解为这个自然段编号（$t=1$，2，…，T）。然后，对于每个人物，统计其出场的时间点，如表 5 - 1 所示。

表 5 - 1　各个人物出场的时间点

人物	出场自然段
周芷若	730，732，737，738，……
张无忌	1 241，1 242，1 243，1 245，……
赵敏	3 590，3 591，3 593，3 594，……

由表5-1可以看出，周芷若出场最早，张无忌居其中，而赵敏最晚。根据人物出场自然段的统计，不难对人物出场时间进行密度刻画，以此看出作者在小说前、中、后期对人物描写笔墨的分配。图5-15给出了出场时间密度图。为了简单起见，这里只给出了前面戏份最重的三个主角：张无忌、赵敏、周芷若。

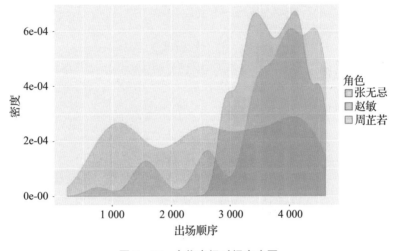

图5-15　人物出场时间密度图

从图5-15可以看出，作者对男主角张无忌的着墨是比较均匀的，而对周芷若、赵敏的安排却差别很大。周芷若身世、汉水初遇、峨眉学艺的情节，已经在前期做好了铺垫。而对赵敏的描写就比较离奇了，从图5-15可以看到，赵敏的出场几乎在小说的中后期。由此开始，金庸对张无忌、赵敏、周芷若之间的感情纠葛进行了浓墨重彩的描写。

亲密值

前文提到，赵敏的出场几乎在小说的中后期，但是，这难道意味着敏敏郡主就甘拜下风了吗？事实上，赵敏、周芷若、殷离、小昭四位佳人都与男主角有过情感纠葛，但程度却难以界定。那么，能不能通过她们与张无忌同时出场的次数来刻画亲密程度呢？

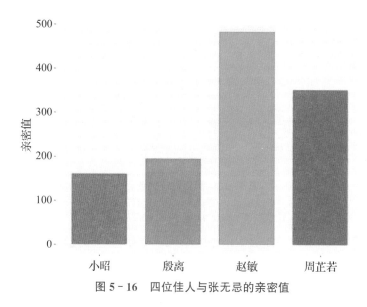

刚才提到，自然段是表意基本单元。同一自然段意义相近，中心一致。因此，可以这样定义她们与张无忌的亲密值：与张无忌出现在同一自然段的次数。结果如图 5-16 所示。可以看出，尽管敏敏郡主出场不利，但是她制造了更多跟张教主亲密接触的机会，可以说是战斗力爆表。

图 5-16　四位佳人与张无忌的亲密值

称谓变化

除了以上要素，人物的称谓变化也是值得分析的基本点。回顾前文的人物称谓图，每个称谓都有它背后的故事。下面择要解读。

从称谓信息来看，除了小昭的称谓比较单调之外，其他角色都有不同的称谓变化。通过类似于之前的出场时间密度统计，可以分析人物不同称谓的出场密度。以殷离为例（见图 5-17），可以看到她在全书中称谓的变化。殷离刚出场时，金庸对其的描述是"面容黝黑，脸上肌肤浮肿，凹凹凸凸，生得极是丑陋"，因此在初期"丑八怪"是对她的刻画。后来她的真实身份曝光，读者才知道她其实是殷野王之女，与张无忌有表兄妹之亲。因此，这也就不难猜出为何在后期"殷离"和"表妹"占主要比例了。

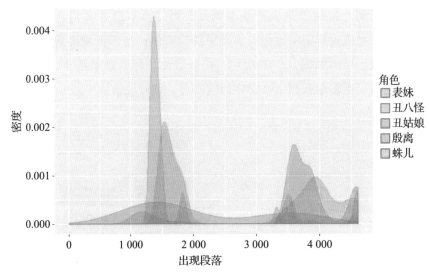

图 5‑17　殷离称谓的变化

接下来，围绕本案例主题来看看周芷若和赵敏的称谓变化。为了体现她们与张无忌关系中的称谓变化，这里只保留曾出现张无忌的自然段。其中，周芷若称谓的变化如图 5‑18 所示。

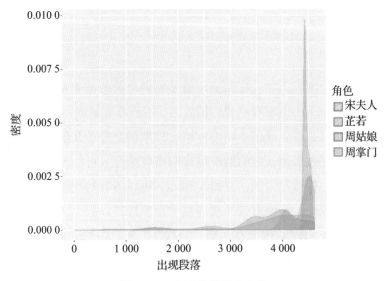

图 5‑18　周芷若称谓的变化

　　从图5-18可以看出，开始"周姑娘"和"芷若"出现较多，可以说是比较尊敬和亲昵的称谓。而后期随着周芷若为完成师父遗命生出种种事端（偷倚天剑、屠龙刀，试图杀害殷离并嫁祸赵敏），其人设逐步转黑，我们也逐渐看到，更有距离感的称谓，例如"周掌门""宋夫人"在后期频出，这也象征着她与张无忌在后期的人生道路上渐行渐远。

　　再来看看赵敏的各个称谓在各自然段的分布结果（从其出场开始到结束）。从图5-19可以看出，前期诸如"赵姑娘""赵敏"等称谓占主要部分（注意，这些称谓是存在心理上的距离感的）；而后期比较亲昵的称呼，例如"敏妹""敏敏"较为频繁，其主要原因是两人关系逐渐缓和。

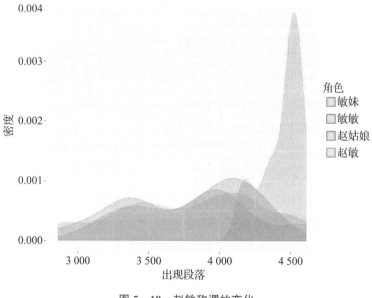

图5-19 赵敏称谓的变化

人以群分

　　前文的描述性分析已经基本反映了本书主角之间相爱相杀的关系。接下来，我们对小说中的人物进行聚类分析，进一步厘清人物之间的关系。

要进行聚类分析，首先要定义人物之间的"距离"。那么，如何定义文本词目之间的距离呢？这里可以使用词向量这一工具。简单来说，词向量就是将词映射到欧氏空间的一种表示。其中，两个词语的语义越相似，其欧氏空间距离越相近（见图5-20）。

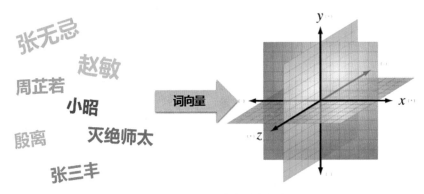

图5-20　词向量的欧氏空间表示

如何得到词向量呢？简言之，该模型通过对语料进行神经网络的训练，可以把每个词映射到低维向量空间，词语之间的相近关系可以用向量的cosine夹角表示①。由于中文的特殊性（不像英文一样词语之间以空格分隔），训练词向量需要先对文本进行分词，剔除停用词（比如"的""了"等表意特征不明显的词）。

分词后，可以将语料通过word2vec模型②进行训练，得到每个词对应的词向量。有了每个主角名词对应的词向量，就可以进一步定义主角之间的"距离"；基于此，选择层次聚类法，对词向量结果进行聚类分析。由图5-21可以看到，聚类结果基本表征了小说中主要的人物关系。比如，张翠山夫妇与谢逊曾共处冰火岛；张三丰一支为武当派主要人物；金花婆婆的女儿是小昭，徒儿是殷离；灭绝师太一支主要是峨眉派代表；中间殷天正一支为明教核心首领；最右边则为郡主府的主要随从。

_____

① 其模型推演及训练的科普帖请参考狗熊会微信公众号中更详细的版本。
② https://code.google.com/archive/p/word2vec/；https://en.wikipedia.org/wiki/Word2vec。

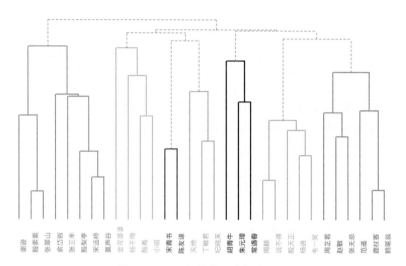

图 5 - 21　词向量的层次聚类结果

从图 5 - 21 来看，虽然张无忌、赵敏、周芷若同属一支，但是张无忌与赵敏的关系更为亲密。这也印证了他在全书终了时对芷若说的话："芷若，我对你一向敬重，对殷家表妹心生感激，对小昭是意存怜惜，但对赵姑娘却是……却是铭心刻骨的相爱。"

文本分析：从用户评论看产品改善

随着互联网的发展，用户评论出现在了生活的方方面面，我们平时购物、吃饭、看电影、旅游，样样都可以拿来点评一番。对于消费者而言，写用户评论是他们分享经历、抒发感受的途径。对于商家而言，用户评论能产生什么价值呢？下面以手机行业为背景来谈谈如何利用用户评论进行产品改善。

手机行业发展现状：如何在激烈的竞争中突出重围？

工信部发布的信息显示，2016 年我国国产手机的出货量达到了 5.6 亿部，同比增长 8%。这说明手机市场具有巨大的市场容量，并存在很大的拓展空间。巨大的市场需求使手机行业变成了一块家家觊觎的肥肉。

近年来，除了老牌手机厂商在不断推陈出新外，各种新兴品牌也层出不穷。众多品牌混战让手机市场的竞争更加白热化。在残酷的市场竞争中，准确地对接用户需求，改善产品，就受到了各手机厂商的关注。从早期黑莓手机的隐私保护功能、苹果手机的大面积触摸屏设计，再到各种独具特色的国内手机，如主打"音乐手机"的 vivo、"充电五分钟，通话 2 小时"的 OPPO 等，整个手机行业一直在差异化的道路上探索。

如何从用户需求的角度找到改善产品的突破口？丰富的线上销售渠道以及大量的用户评论为我们进行探索提供了可能。这些用户反馈不仅表达了消费者对手机的情感倾向，还详细记录了手机到底好在哪里、差在哪里，而这些正是商家改善产品设计的关键。因此，我们希望从大量的评论信息中挖掘用户对手机的关注点，并探索哪些关注点可以真正影响用户对手机的评价，从而为厂商进一步改善产品提供思路（见图 5-22）。

图 5-22　如何挖掘用户需求，改善产品

手机，几家欢乐几家愁

我们使用的数据是截至 2016 年 11 月 31 日某知名电商在其自营平台上销售的手机数据（共 297 部），以及能收集到的每款手机的全部用户评论数

据（共 216 754 条）。手机数据主要包括价格、品牌、屏幕尺寸、摄像头像素等性能指标，自营平台的促销情况，手机的总评论数、好评数、中评数和差评数。用户评论数据主要包括用户对该款手机的打分、购买时间和具体的评论内容。

　　研究的因变量是手机的好评率（好评数/总评论数）。图 5-23 展示了所有手机的对数好评率的分布情况。可以发现，不同手机的好评率差异非常大，有的手机好评率能达到 100%，有的却只有 67%。

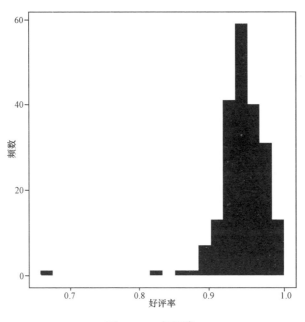

图 5-23　好评率

用户评论的文本分析：寻找热评词

　　从内容的角度去探究手机好评率参差不齐的原因。在对全部手机评论进行分词、去停用词、按词性筛选等一系列文本处理后，为好评（评分为 4，5）和差评（评分为 1，2）中出现频数最高的前 100 个词绘制了词云图（见图 5-24）。这些高频词尽管看起来杂乱无章，但还是可以从中发现很多亮点。例如，在好评词中，大家提到了"电池""屏幕""物流"；在差评词中，大家提到了"客服"，也提到了"屏幕"和"电池"。是不是这些方面让大家对手机又爱又恨呢？

图 5-24　评论中谈论的热词

为了深入探索，首先从好评与差评的高频词中提取了"服务特征"和"手机特征"两类热评词，然后用两样本 t 检验对每个热评词进行初步判断（见图 5-25）。如果该热评词的评论得分与不出现的评论得分有显著差异，就保留该热评词。最后，对通过 t 检验的每个热评词，计算其在一部手机

图 5-25　提取热评词

的所有评论中出现的频率（也就是包含该热评词的评论数占该部手机总评论数的比例），然后将该比例作为手机好评率的一个新的解释变量。

回归建模：寻找显著影响好评率的热评词

以手机为分析单位，使用线性回归模型来探索每个热评词出现的频率是否显著影响手机的好评率（见图 5–26）。回归模型中，使用好评率的对数为因变量，同时控制每部手机的价格、品牌、屏幕尺寸等参数指标，最后使用 BIC 准则进行变量选择。被选出来的热评词有四个：物流、客服、电池和运行。其中，物流是正显著的，说明物流在手机评论中出现的次数越多，手机的好评率越高；客服、电池和运行都是负显著的，说明这三个词出现的次数越多，手机的好评率反而越低。

	估计值	P值	显著性
截距	-0.158	0.000	***
价格	0.004	0.000	***
华为	0.029	0.000	***
OPPO	0.023	0.022	*
VIVO	0.024	0.010	*
屏幕尺寸	0.015	0.001	**
平均字符数	0.001	0.000	***
物流	0.137	0.000	***
客服	-0.313	0.000	***
电池	-0.161	0.000	***
运行	-0.192	0.003	**

33.9%
调整的 R^2

图 5–26　回归结果（用 BIC 准则选择）

深挖热评词：寻找细致关注点

为了挖掘每个热评词背后的故事，继续使用文本分析的方法，寻找每个热评词背后具体的关注点，并探索每个关注点的正负作用。以电池为例，找出的关注点有：容量大小、续航能力、充电情况、更换电池情况以及是否会发热。图 5–27 左边的柱状图给出了包含每个关注点的评论在所有提到电池的评论中所占的比例，可以看到占比最高的是容量和续航。

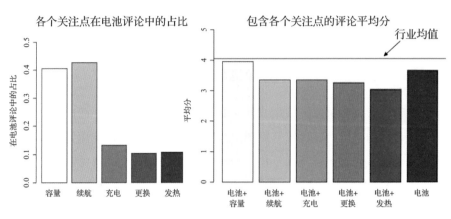

图 5 - 27 关于电池

进一步分析,通过计算包含各个关注点的评论的平均分,并将它们和行业均值(也就是所有手机评论的平均分)进行对比,可以看到各个关注点扮演的角色是"好孩子"还是"坏孩子"。图5-27右边的柱状图表明,所有电池关注点的得分都低于行业均值,但是各个关注点又有差异。同时包含电池和容量的评论的平均分与行业均值相差不大,但是其他几项都明显低于行业均值,其中尤以同时包括电池和发热最甚。这说明大家对电池方面的坏印象与其容量大小关系不大,而是源自其他几个关注点。

实际应用场景:手机画像

最后,根据前文建立的得分体系,可以对每部手机进行整体画像(见图5-28),判断它在物流、客服、电池、运行四个方面的整体表现。例如,通过与行业均值对比,发现X手机在电池和客服方面表现不好,而N手机在

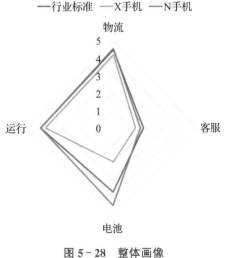

图 5 - 28 整体画像

电池方面表现非常突出。另外，抓住每个方面，可以更细致地给出手机在该热评词各个关注点的细节画像，从中找出手机的具体改进方向。

总结一下，通过分析手机的用户评论信息，找到了影响手机好评率的关键点，并设计了一套具体的评价体系。将该体系用于产品画像有助于快速查找产品不足，确定改进方向。

文本分析：网易云音乐评论数据分析

背景介绍

网易云音乐发布的"2018 年度听歌报告"又一次刷屏朋友圈（见图 5 – 29）。在发布前几天，苦苦等待的网友甚至把"等网易云年度总结"的话题送上了微博热搜，让人不得不感慨网易云音乐用户黏性之强（见图 5 – 30）。

图 5 – 29 网易云音乐"2018 年度听歌报告"　　图 5 – 30 "等网易云年度总结"微博热搜

而令人印象最深刻的，还属网友们在歌曲下面精彩的评论。2017 年 3 月，网易云音乐甚至把这些乐评搬进了地铁，引起了一小波轰动（见图 5 – 31）。

图 5 - 31　杭州地铁开通网易云"乐评专列"

　　正如网易创始人丁磊所说，"网易云音乐不是一个简单的音乐播放器"。网易云音乐自上线以来一直以"音乐社区"而非"音乐播放器"定位自身，凭借独特的情怀标签、丰富的评论内容以及个性化推荐等一系列特色功能，拥有了非常强的用户黏性与非常高的用户活跃度。

　　因此，相比其他音乐播放软件，基于网易云音乐平台的歌曲评论、用户行为的分析结果更有说服力。本小组爬取了网易云音乐平台部分歌曲的评论数据，通过数据分析，尝试探究隐藏在网易云音乐中的两个秘密——"如何在高手如林的评论区抢热门？"以及"歌曲的评论与歌曲的个性化推荐之间有什么联系？"

数据介绍

　　本项目使用的数据爬取自网易云音乐歌单"网易评论最多的 300 首歌"，由网友"Hardwell-EDM"整理（见图 5 - 32）。

　　虽然部分灰色的歌曲没有版权（比如周杰伦的歌曲），但是其信息和评论仍可正常爬取。对于每一首歌，我们爬取了歌曲信息以及点赞数最多的 15 条热门评论和最新的 10 000 条普通评论（见图 5 - 33、图 5 - 34）。

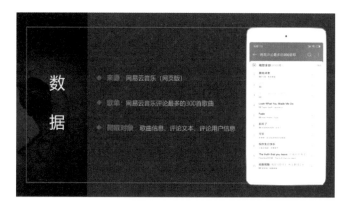

图 5 - 32

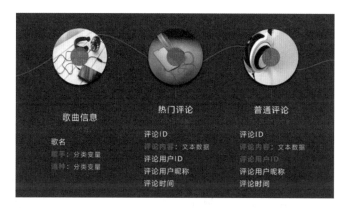

图 5 - 33

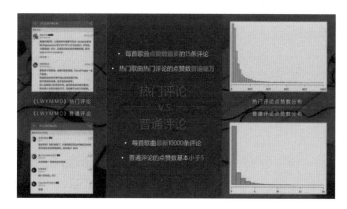

图 5 - 34

如何抢热门？

作为网易云音乐的忠实用户，你是否羡慕那些总能抢到热门的网友？是否也想写出一条点赞数过万的热门评论？

下面，我们将利用爬取的数据进行分析，教你如何又准又狠地抢热门。

首先来看看热门评论和普通评论词频的区别。通过使用 Python 的 jieba 工具对评论进行分词（设置了 1 893 个停用词）并计算词频，我们绘制了热门评论与普通评论各自的词云。

我们发现，无论是热门评论还是普通评论，"喜欢"和"爱"都是网友们最常提及的（见图 5-35）。果然，爱是人类永恒的主题。而剔除一些共同的高频词后，我们发现，普通评论真的比较普通，主要是发发表情、谈谈感受、给自己加加油。而热门评论就丰富了，不仅谈理想，还有对象，甚至补充时间细节，故事是更丰满的。

图 5-35

比如歌曲《说散就散》的热门评论，又有兄弟，又有爱人，又是跪下，又是尊严，故事极其丰满，就连出现了错别字都影响不了其成为热门（见图 5-36）。

全宇宙三观最正的我　　　　　　　68786 👍
1月4日

18年跨年，应为喝多，为了不让兄弟丢工作，不想让
爱的人受伤，我选择给挑事的人跪下。她觉得我没有
骨气。我迟早会让欠我的人成倍奉还。我爱她，不希望
她受任何伤害，为了她我可以暂时放下男人的尊严，
这一年我大学还没有毕业，在异乡实习，和电影里男
主的工作一样室内设计。我选择吧她追回来。

图 5 - 36　《说散就散》的热门评论

再来看看评论字数。通过绘制评论字数分布直方图，我们发现，相比分布严重右偏的普通评论，热门评论字数普遍多于 20 字，甚至还有很多热门评论是卡着 140 字的字数上限的，最终呈现双峰分布（见图 5 - 37）。

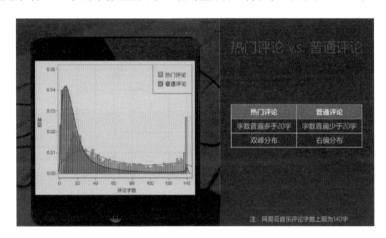

图 5 - 37

说到网易云音乐的神评论，由于部分评论的同质化，网友们甚至还整理过"网易云音乐六大未解之谜"（见图 5 - 38）。为什么网易云音乐的网友们都是有故事的人？那些天天说评论顶上去就要表白的人，到底有没有成功？

其实，这也侧面反映了存在一些能引起情感共鸣的关键词，使得网友们乐此不疲地在此基础上进行评论的再创作。

于是，我们选取了几组高频词进行词频的对比。"分手"这个词出现

图 5－38

次数比其他几个词加起来还多，说明分手造成的情绪波动是最大的；在人生阶段，"高中"和"大学"出现次数最多，可能是因为这两个阶段承载了更多的情感与回忆；高考则是大部分人一生中最重要的一场考试，因此词频最高（见图 5－39）。

图 5－39

综合上述分析，要想在高手如林的网易云评论区上热门，至少要做到以下几点（见图 5－40）：

1. 字数不能少。如果能写满 140 字，在气势上就先胜一筹了。

2. 情感要能引起共鸣。比如"分手""大学""高考"这些关键词就是大家最常提及的，涉及这些词的评论将会拥有更深厚的群众基础。（所以说，如果写一个"高考前说好一起走，上大学却惨遭分手"，说不定很多人点赞?)

3. 要有丰富的故事细节。热门评论往往会交代时间、地点、人物，情节不是有共通性就是有戏剧性，最后还会升华到情怀理想。

4. 当然，有一类人能够打破以上所有的规则，那就是段子手。比如著名的段子："你…你都如何回蚁窝（回忆我)?""带…带…带着笑或是很沉默?"（见图 5 - 41)

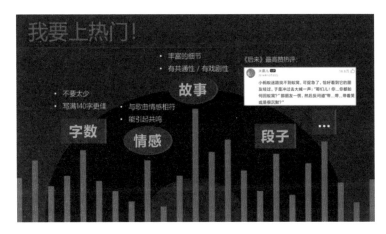

图 5 - 40

火苗儿 🄰VIP   16.6万 👍
2014年10月20日

小蚂蚁迷路找不到蚁窝，可捉急了，恰好看到它的朋友经过，于是冲过去大喊一声："哥们儿! 你…你都如何回蚁窝?"那朋友一愣，然后反问道"带…带…带着笑或是很沉默?"

图 5 - 41　《后来》的热门评论

基于评论的歌曲推荐

接下来，我们将分别建立两个模型，说明无论是基于评论文本还是基于用户的评论行为，都能实现歌曲的个性化推荐，从而侧面印证网易云音乐构建的"音乐社区"有助于其推荐系统的实现。

1. 基于评论文本对歌曲进行聚类

我们发现，对于表达相似情感的歌曲，其评论区的总体画风也比较相像。比如，悲伤情歌的评论区中，大家更倾向于讨论自己在爱情中吃的苦头，甜蜜情歌的评论区则被各种各样的表白宣言占领。因此，我们希望从评论文本出发，看看能否反推出歌曲的特点，并对这 300 首歌曲进行聚类。

建模步骤如下：

（1）对于每首歌的评论词频，先剔除总词频普遍较高的五个词（"喜欢""爱""大哭""加油""希望"），在剩余的词中挑选词频最高的五个词作为每首歌的表征。

（2）为了获得语义空间表示，我们采用在微博数据上预训练的 word2vec 词典，该词典共含有 195 202 个词。

（3）每个词对应 300 维的特征向量，从而每首歌的特征为连接而成的 1 500 维向量。

（4）使用 K 均值算法对拥有 1 500 维特征的歌曲进行聚类，一共聚成 20 类。

（5）将聚类后的结果通过 tSNE 模型降至二维，并进行可视化。

（6）挑选 5 类歌曲（其中 3 类靠得较近，归为新的一类），组合成 3 类歌曲进行情感分析，绘制情感雷达图（见图 5 - 42）。

我们挑选的部分聚类结果中，有一类比较明显是励志歌曲（《追梦赤子心》《Hall of Fame》等），评论中大量出现高考党、考研党为自己加油鼓劲的评论，对应的情感雷达图中"喜好"的指数较高（见图 5 - 43）；还有一类是华语悲伤情歌（《七友》《后来》等），情感分析结果最为丰富，雷达图面积最大,"忧愁"占主导地位。

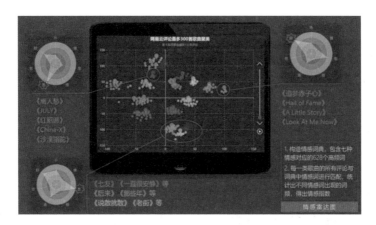

图 5-42

图 5-43

但有一类的结果(《离人愁》《JULY》《红昭愿》《China-X》《沙漠骆驼》)比较特殊。首先,这五首歌的音乐风格涵盖了古风、流行、电音、摇滚,情感也没有太多共同之处,为什么会被归为一类?其次,该类歌曲的雷达图中,"厌恶"指数最高,确实有点反常。为此,我们翻阅了部分歌曲的评论,发现《离人愁》《红昭愿》等歌曲都有抄袭的嫌疑,而《JULY》的歌手因为在《中国新说唱》中的表现而备受争议。因此,这五首歌的评论中也充斥着"盗用""抄袭"等关键词或具有辱骂意味的言辞，雷达图中厌恶与消极情绪占据主导地位（见图5-44）。

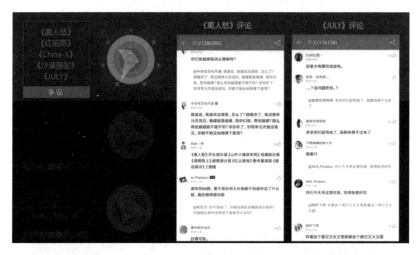

图 5-44

可以看出，基于评论文本对歌曲进行聚类时，歌曲在向量空间中的距离很大程度上能反映歌曲本身在情感与内容上的相似度，甚至还能据此探测出受争议的歌曲。因此，从评论文本确实能够反推出歌曲的特点，基于此进行歌曲推荐也具有一定的合理性和准确性。

2. 基于评论行为构建歌曲关系网络

我们都知道，不同的用户有其独特的听歌倾向。比如，我们小组成员有周杰伦的狂热粉，有喜爱民谣的文艺青年，也有每周关注 billboard 榜的欧美流行音乐爱好者。因此，我们尝试从网易云音乐用户的歌曲倾向性出发，构建基于用户评论行为的歌曲关系网络，并利用网络的社区划分方法对歌曲进行分类，从而进一步实现歌曲推荐。

建模步骤如下：

（1）构建歌曲关系网络：每首歌曲作为无向图的一个节点。如果同一用户评论了两首不同的歌曲，则此两首歌的节点之间有边连接，且边权重加一。

（2）歌曲关系网络的优化：由于评论用户众多，初步构建的歌曲关系网络近于完全图。为抽取歌曲间的强弱关系，我们设定阈值，忽略边权重小于 80 的边，即至少 80 个用户同时评论了某两首歌才算歌曲之间有连接。

（3）社区发现：使用 k-clique 算法发现了 7 个明显的歌曲社区。

（4）可视化：利用力导向布局对网络结构及社区结果进行可视化。

结果中有三个聚类系数较高的社区（分别为 1.00，0.97，0.93），分别对应上榜歌曲数前三名的歌手周杰伦、许嵩、薛之谦的上榜歌曲（见图 5-45）。有趣的是，这三位歌手的所有上榜歌曲全部被精准地划分到社区中，甚至薛之谦歌曲社区还多出一首其粉丝改编翻唱的歌曲（见图 5-46）。这说明热门歌手拥有坚实的粉丝基础，用户对歌曲的喜爱也很容易上升为对歌手的喜爱。

主题	社区	歌曲数	歌曲	聚类系数
周杰伦	Community 5	7	《晴天》《告白气球》等7首周杰伦歌曲	1.00
许嵩	Community 3	9	《雅俗共赏》、《老古董》等9首许嵩歌曲	0.97
薛之谦	Community 1	25	《绅士》、《演员》等24首薛之谦歌曲《其实，我就在你方圆几里（Cover 薛之谦）》	0.93
欧美流行	Community 4	70	《Hello》、《Viva La Vida》等欧美流行歌曲《The truth that you leave》等纯音乐歌曲《卡路里》	0.64
民谣	Community 2	8	《成都》等4首赵雷歌曲《梵高先生》等4首李志歌曲	0.56
	Community 7	8	《陷阱》、《往后余生》等	0.51
	Community 6	9	《成全》、《你就不要想起我》等	0.45

图 5-45

图 5-46

　　此外，华语歌曲与外文歌曲在网络中分处不同的区域；部分民谣歌曲（赵雷和李志的所有上榜歌曲）成为一个独立社区，而在该民谣社区的附近，其邻居节点也大多为人们耳熟能详的民谣歌曲（如宋冬野的《斑马，斑马》、谢春花的《借我》以及陈粒的《小半》等）。这说明歌曲的语种和曲风也是影响用户听歌倾向的因素（见图 5 - 47）。

图 5 - 47

　　综上，我们可以看出，相同的歌手、语种以及曲风的歌曲，在网络中更容易被划分到同一社区，这与大众的听歌习惯相吻合。因此，基于用户的评论行为构建歌曲关系网络，并对歌曲进行社区划分及推荐，也具有其合理性和准确性。

总结

　　经过以上分析，网易云音乐的两个秘密也就无所遁形了。

　　如何在高手如林的评论区抢热门？

　　首先，需要有一定的字数（写满 140 字更佳）；其次，从情感的角度来说，评论所表达的情感最好能引起其他用户的共鸣；而要想脱颖而出，评论的故事细节还需要更加丰富；此外，段子手也很受欢迎。

歌曲的评论与歌曲的个性化推荐之间有什么联系？

通过以上基于评论文本对歌曲进行聚类和基于评论行为构建歌曲关系网络的尝试，不难看出，用户评论及用户行为数据都能反映歌曲的特点和内在的联系，进一步印证了网易云音乐构建的"音乐社区"有助于其推荐系统的实现。

音乐社区能够提升用户体验，并产生一个良性循环，最终使得用户的活跃度和用户黏性得到提升。而通过前面两个模型的尝试，我们相信网易云音乐的这种音乐社区可以让同一个歌手的粉丝、同一类歌曲的爱好者因为音乐而"拉近距离"。此外，音乐社区的构建还有助于平台充分利用海量的用户数据、行为记录对用户以及音乐进行划分，从而基于相似歌曲或相似用户等信息实现精准的个性化推荐（见图 5 - 48）。

图 5 - 48

网络结构数据：《甄嬛传》中的爱恨情仇

社交网络是最近十多年兴起的一种新型社交媒体。从最初的开心网、人人网到现在的微博、微信等，互联网时代见证了一批又一批社交网站的兴起与衰退。随着最近几年大数据概念的火热传播，社交关系数据被广泛地提及和应用。社交关系数据是典型的网络结构数据。那么，什么是网络

结构数据？有哪些最常见的来源？如何描述网络结构数据？它有哪些基本
的特征？这些都是本案例要回答的问题。

网络结构数据简介

当人们提到社交关系时，出现在脑海里的往往是微博、微信、QQ 这
样的社交网站或是社交 APP。没错，这些就是网络结构数据最基础的来
源。在微博上，人们可以通过是否关注对方来建立关系，这种关系的建立
往往是非对称的，例如，很多明星大 V 的粉丝数和关注数是严重不对称
的。相比微博的不对称关系，通过微信和 QQ 建立的关系更加私密，因为
关系的建立需要双方互相同意，所以微信和 QQ 往往是对称的关系。此
外，运营商数据也是网络结构数据的一大来源，因为它们拥有海量的客户
点对点通信数据。如果定义一个人和另一个人通过电话就可以建立关系，
那么根据用户的通话详单，就可以构建一个又一个关系网络。所以，只要
能够合理地定义关系的形成，就可以获得很多网络结构数据。

用一部《甄嬛传》教你认识网络结构的方方面面

《甄嬛传》想必大部分读者都看过，或者听说过。在这部剧里，皇帝
和各个妃嫔之间的关系可谓错综复杂，形成了一种又一种网络结构。接下
来就以《甄嬛传》为例，带大家了解网络结构的方方面面。

网络拓扑结构：再复杂的宫斗最后也浓缩为点和线

网络结构数据就是由网络拓扑结构（如皇帝与妃嫔之间的关系）以及
附着在这上面的其他相关数据构成的。为了更清晰一些，不妨用图表进行
展示。假设图 5-49 所展示的是《甄嬛传》中错综复杂的网络拓扑结构。
在一种网络拓扑结构中，有两个重要的元素：一个称为节点（node），即
图中大小不一的圆圈，用来表示网络当中的成员，例如这里我们标出了甄
嬛、皇后和皇帝。另一个就是连接节点的边（edge），用来表示网络成员之

间的关系。根据边的方向性，又可以进一步把关系分为有向的和无向的，相应地就可以构成有向网络和无向网络。对于有向网络，A 关注了 B 并不代表 B 会关注 A；相反，在无向网络中，由于关系的无向性，A 关注了 B 也代表 B 同时关注了 A。

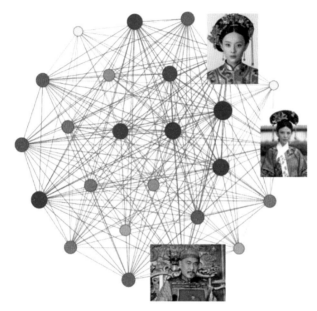

图 5－49　《甄嬛传》中人物关系的网络拓扑结构

网络数据：那些爱恨情仇不过是矩阵里的一个元素

对于网络拓扑结构，常常用邻接矩阵（adjacency matrix）来表示。在这里，以皇帝、皇后、华妃、甄嬛和沈眉庄为例进行简单的说明。在最开始的时候，皇后、华妃党还没有和甄嬛结怨，故不存在联系关系，所以这五个人的关系可以简单地用图 5－50 中的左图展示，注意这是一个无向的网络。下面要做的就是把这样的图形展示转换成一个邻接矩阵。邻接矩阵首先是一个方阵，这里有 5 个节点，所以这是一个 5×5 的方阵，将 5 个节点分别列在横行和纵列，矩阵里有两个元素，分别是 0 和 1。举个例子，皇帝和甄嬛之间存在一条边，所以由皇帝到甄嬛的这个单元格填充 1，表示存在一种关系，否则为 0，没有关系。以此类推，就可以把图 5-50 中的左图用图形展示的网络拓扑结构表示成图 5-50 中的右图形式。所以，从实质来看，左右两图是等价的，只不过采用邻接矩阵的形式更方便对网络结构数据进行存储和运算。

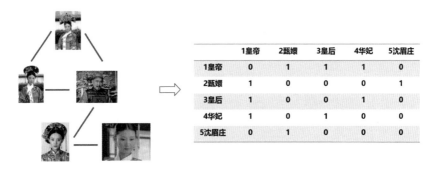

图 5-50　网络关系的邻接矩阵表示

值得一提的是，上面构建的邻接矩阵是一个 0-1 矩阵，即只表示了是否存在一种关系。而在网络中还可以对关系定义强弱，即强关系还是弱关系，这就涉及有值的邻接矩阵，即要对边定义权重，在本书中暂不考虑这种邻接矩阵的定义和分析。

邻接矩阵所展示的是和边相关的数据。皇宫里的爱恨情仇不过是 0 和 1 的关系，所以各位小主还是看开点好。除了和边相关的数据，还有和节点相关的数据，比如姓名、年龄、职业、教育背景等，这些更多的是传统数据中的属性数据。因此，对于网络结构数据来说，除了拥有传统数据里的一些属性结构外，最大的特点就是定义了来自边的数据（见图 5-51）。

网络密度：一入皇宫深似海

一入皇宫深似海，那么究竟有多深呢？这就涉及如何刻画一个网络的密度问题。我们将网络密度（density）定义为网络中实际存在的边与可能存在的边的比例。网络密度刻画了一个网络的疏密程度，密度越大，说明

姓名
年龄
职业

关注
点赞

图 5-51 附着在网络结构上的其他数据

网络越稠密；反之，网络越稀疏。仍以初期的皇帝、皇后、甄嬛、华妃和沈眉庄的网络结构为例，根据定义，可以计算出表 5-2 这个网络的密度为：10/20＝0.5。这可以算是一个极其稠密的网络了，只能说"皇宫有风险，入宫需谨慎"。值得一提的是，在现实的网络数据中，网络密度往往是非常低的。

表 5-2 《甄嬛传》五人邻接矩阵网络

	1 皇帝	2 甄嬛	3 皇后	4 华妃	5 沈眉庄
1 皇帝	0	1	1	1	0
2 甄嬛	1	0	0	0	1
3 皇后	1	0	0	1	0
4 华妃	1	0	1	0	0
5 沈眉庄	0	1	0	0	0

出度（入度）：纵有佳丽三千，唯有心头一人

古代女子进宫无非是想得到皇帝的恩宠，从此平步青云。然而，三宫六院，佳丽三千，独得一宠谈何容易？这里其实说的是关系的不对称性，那么如何刻画这种不对称性呢？首先要介绍的一个概念是"度"，又可以分为出度（out-degree）和入度（in-degree）。出度指的是由某一个节点向外发出的边的个数；入度指的是指向某一个节点的所有边的个数。如图 5 - 52 所示，对于皇帝来说，他和甄嬛、皇后和华妃有联系，所以皇帝的出度为 3；对于沈眉庄来说，只有甄嬛的关系指向了她，因此她的入度是 1。所以，对于皇帝来说，他是"度"最大的那个人，拥有众多的佳丽资源。然而，对于小主们来说，除了皇帝，又有几个是她们的知心姐妹呢？

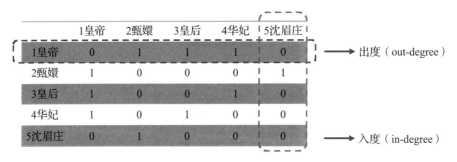

图 5 - 52   出度与入度的定义

稀疏性：皇后怎么会瞧得上嬛嬛？

有人把《甄嬛传》比作一个女人的复仇史，其实也不为过。嬛嬛是如何从最开始的一个弱女子成长为一个女强人的呢？其实，社交关系完全可以给出答案！起初嬛嬛作为一个无名小辈怎么会被皇后注意到？当然不会！这是由社交网络的稀疏性（sparsity）决定的，稀疏性说的是任何两个个体产生一条边的概率几乎为 0。如果用数学的形式表达，就是 $P(a_{ij}=1)\to 0$，即由个体 i 到个体 j 产生关系的概率趋于 0。换句话说，皇帝每年要选那么多的佳人入宫，皇后怎么可能每一个都关注，所以最开始嬛嬛要想得到皇后

的关注几乎不可能（见图 5 - 53）。

$$P(a_{ij}=1)\to 0$$

图 5 - 53　稀疏性的理解：任何两个个体产生一条边的概率几乎为 0

传递性：嬛嬛是如何被皇后恨上的?

嬛嬛究竟是如何被皇后恨上的呢？这其中一定有着千丝万缕的关系。最开始甄嬛作为一个无名小辈，是不可能被皇后认识的。但是，后来嬛嬛进了宫，受到了皇帝的恩宠，这就建立了从皇帝到嬛嬛的一条边，而皇后作为六宫之主，对于皇帝的一举一动必然是了如指掌，于是皇后到嬛嬛的关系就通过皇帝这个关键节点建立起来了（见图 5 - 54）。实际上，在社交网络中，很多关系的建立都是通过这种传递性（transitivity）来实现的。在微博上，经常能看到这样的推送信息——"你可能认识某某人"，这是

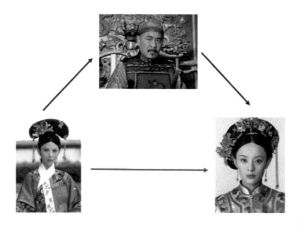

图 5 - 54　传递性图示

非常典型的好友推荐，好友推荐很大程度上是依赖于共同好友信息或是这种传递性。所以，传递性能够帮助社交网络中的节点建立更多的关系。

互粉性：嬛嬛如何意识到皇后对自己的"关注"？

皇后和嬛嬛本来可以相安无事，但是由于嬛嬛太得宠，招来了皇后、华妃等一干人的嫉妒。在经历各种打压之后，嬛嬛终于要出手了。网络结构的互粉性（reciprocity）说的是一旦给定个体 i 到个体 j 有一种关系，就会大大增加从个体 j 到个体 i 建立一种关系的概率。用数学的方式表达就是 $P(a_{ij}=1|a_{ji}=1)=0.7$，这是一种条件概率的形式（见图 5-55）。在很多实际的例子中，可以看到互粉的比例要比单向关注关系的比例高得多。在网络中，由稀疏性知道任意两个人认识的概率是非常低的，但是如果给定 A 对 B 建立了关系（皇后一直在打压嬛嬛），那么由互粉性知道，B 对 A 建立关系的概率会大大增加（嬛嬛也逐渐意识到皇后对自己的打压，势必反击）。

$P(a_{ij}=1|a_{ji}=1)=0.7$

图 5-55　互粉性图示

幂律分布：皇帝坐拥后宫三千，百姓只有妻妾二三

拥有佳丽三千，这估计是古代每个男人的梦想。但是，理想很丰满，现实很骨感。大多数人都是平常百姓，而皇帝只有一人。这说的就是网络结构数据的幂律分布（power-law distribution）特征，即在社交网络中只有少部分人会有极其多的好友，而大多数人只有平均水平的好友数。再比如在微博上，只有像明星大 V 这样的用户会有数百万甚至数千万个粉丝，而普通大众平均可能只有几百或几千个粉丝。如果把一个社交网络中每个人拥有的粉丝数以直方图的形式展示出来，那么会看到粉丝数的分布呈现如图 5-56 的样子。社交网络的这种幂律分布说明，在网络结构数据中存

在一些有强影响力的节点，它们起着非常关键的作用。

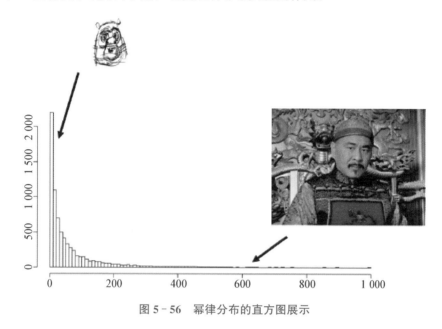

图 5‑56　幂律分布的直方图展示

至此，我们用一部《甄嬛传》梳理了关于网络结构数据的最基本知识。诚然，这些概念并不全面，却能帮我们揭开网络结构数据的面纱。

网络结构数据：统计期刊合作者社区发现

背景介绍

"合作共赢"是时代的主旋律。不管是学生时代"一个大腿带四坑"的各类小组作业，还是工作中"3 个 DA（数据分析师）对接 60 个运营"的公司项目，成员之间能否完美合作，都是蹭绩点、赶进度的关键所在。本案例就和大家聊一聊统计学者之间的那些事。

本案例收集了很多统计期刊上发表的论文数据，经过一系列的数据清洗过程，绘制了篇均作者的数量时间序列图（见图 5‑57）。从中发现，一篇论文的平均作者数量从 2001 年的 2 人持续上升。到了 2018 年，每篇论文平均有 3 名作者。这说明统计学者之间的合作意识更强，更倾向于"合作共赢"。同时，该现象也反映了想要在统计学期刊发表论文的难度越来越大。

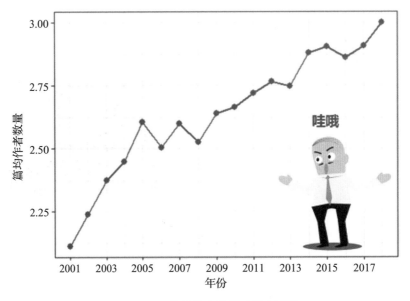

图 5-57　篇均作者数量时间序列图

为了进一步探究统计学者之间的合作模式，本案例选择了统计学四大期刊从 2001 年到 2018 年发表的论文进行分析。统计学四大期刊指的是统计学领域学者公认的四种顶级期刊，包括：*Annals of Statistics*（*AoS*），*Biometrika*，*Journal of the American Statistical Association*（*JASA*），以及 *Journal of the Royal Statistical Society*（*Series B*）（*JRSS-B*）。当然，这并不代表其他统计学期刊不重要，这里只是以统计学四大期刊为例研究统计学者的合作情况。

最终构建了包含 4 925 个节点、10 191 条边的统计学者论文合作网络。该网络的节点代表作者，边代表作者之间的合作关系。如果两位作者共同发表了一篇论文，则这两位作者就具有合作关系。在本案例的研究中，两位作者不论合作了几次，都仅仅视为有合作，因此该网络的边的权重均为 1，属于无权网络。最后，因为两位作者之间的合作关系是相互的、没有方向的，所以所有合作者网络是无向网络。该无向网络的密度为 0.000 84，说明网络是非常稀疏的。

接下来大家肯定都很关心，这个合作者网络到底是什么样的。这里为大家绘制了合作者网络可视化图（见图 5-58）。在该图中，节点的大小代表节点的度，即合作过的作者人数（并非人次）。合作过的不同的作者越多，节点越大。当然，这里需要说明的是，因为该网络中节点数量过多，用 R 语言和 Python 绘图都无法很好地呈现，所以这里使用了 Gephi 进行绘制。

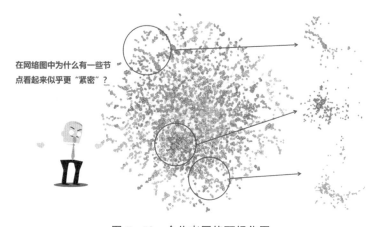

图 5-58 合作者网络可视化图

从图中可以看出节点之间呈现一定的"社区"结构。社区内部，节点的连接相对紧密，而社区之间的节点连接比较稀疏。通过分析统计学者合作网络的社区结构，能够更好地把握统计学者之间的合作模式，了解哪些作者之间会更频繁地合作，把握各个作者群体的特征。

描述分析

节点的度是衡量节点在网络中的重要程度的指标之一。在无向网络中，节点的度为与该节点相连的边数量；在合作者网络中，即为一个作者的不同合作者数量。图 5-59 为合作者网络节点度分布直方图，从图中可以看出节点度分布是严重右偏的，即大部分节点的度很小，存在少部分节点的度很大。这也与合作者网络的特点相符合，即存在少部分作者的合作者数量众多，大部分作者的合作者数量处于较低水平。而这些度较大的作者也就是合作者网络中的重要节点。

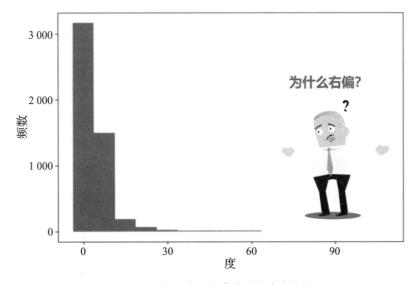

图 5 - 59　合作者网络节点度分布直方图

表 5 - 3 展示了合作者网络中度最高的 10 位作者。排名第一的学者是来自美国得克萨斯州 A&M 大学的 Raymond J. Carroll 教授。其度为 106，代表该学者与 106 位不同的学者合作过。排名第二的学者是来自墨尔本大学的 Peter Hall 教授。排名第三的学者是来自普林斯顿大学的范剑青（Jianqing Fan）教授。

表 5 - 3　度前 10 作者展示

序号	姓名	单位	度
1	Raymond J. Carroll	Texas A&M University	106
2	Peter Hall	University of Melbourne	94
3	Jianqing Fan	Princeton University	92
4	David B. Dunson	Duke University	75

续表

序号	姓名	单位	度
5	Joseph G. Ibrahim	University of North Carolina Chapel Hill	59
6	Donglin Zeng	University of North Carolina Chapel Hill	58
7	Hongtu Zhu	University of North Carolina Chapel Hill	55
8	T. Tony Cai	University of Pennsylvania	50
9	Holger Dette	Ruhr University Bochum	44
10	Yufeng Liu	University of North Carolina Chapel Hill	42

进一步，我们使用中心性指标来识别合作者网络中有影响力的作者。中心性指标是一种识别合作者网络中最"重要"作者的指标。目前有许多不同的中心性度量指标，中介中心性是其中的经典方法。中介中心性衡量一个节点在其他节点之间起"桥梁"作用的程度。表5-4展示了中介中心性最强的前10位作者，我们发现结果与度前10位的学者相差不大，其中有范剑青（Jianqing Fan）教授、李润泽（Runze Li）教授、林希虹（Xihong Lin）教授以及朱宏图（Hongtu Zhu）教授等。

表5-4 中介中心性前10位作者展示

序号	姓名	单位	中介中心性
1	Raymond J. Carroll	Texas A&M University	0.203
2	Peter Hall	University of Melbourne	0.182
3	Jianqing Fan	Princeton University	0.109
4	T. Tony Cai	University of Pennsylvania	0.063
5	David B. Dunson	Duke University	0.053
6	Xihong Lin	Harvard University	0.052
7	Runze Li	The Pennsylvania State University	0.049
8	James M. Robins	Harvard University	0.046
9	Hongtu Zhu	University of North Carolina Chapel Hill	0.044
10	Lixing Zhu	Hong Kong Baptist University	0.043

为进一步探索统计学者合作网络的社区结构，接下来对合作者网络进

行网络社区发现。

合作者网络社区发现

为了更细致地展示统计学者的社区结构，本案例提取了作者合作网络的核心网络。具体提取方法是：不断删除网络中度小于 4 的节点直至网络不再变化，最终得到一个由 1 061 个节点、3 310 条边构成的作者核心合作网络。该网络的密度是 0.006。

本案例使用 R 自带的 Louvain 算法对作者核心合作网络进行社区发现，得到 48 个社区。最大的社区有 107 位统计学者，最小的社区仅有 5 位统计学者。本案例根据社区大小对社区进行排序，最大社区为社区 1，最小社区为社区 48。

本案例以社区 1、社区 8 和社区 12 为例，分别从作者所属单位和研究领域两个角度对社区进行特征分析。图 5 - 60、图 5 - 61 和图 5 - 62 分别展示了社区 1、社区 8 和社区 12 的作者合作网络结构图。节点大小反映了该节点的度大小，度越大，节点越大。三个社区的作者合作网络密度分别为0.052、0.148 和 0.153，均远高于整个网络的密度。从网络密度和三个网络结构图中可以发现社区内部作者合作相对紧密。

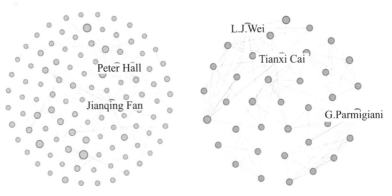

图 5 - 60　社区 1 网络结构图　　　　图 5 - 61　社区 8 网络结构图

从图 5 - 60 可以看出，社区 1 的作者当中范剑青（Jianqing Fan）和

Peter Hall 两位统计学者的度较大，分别为 33 和 27。该社区共有 107 位统计学者，来自宾夕法尼亚大学的统计学者较多，有 7 位。在 2001—2018 年期间，该社区的统计学者在四大期刊上共发表了 770 篇论文，其中 *AoS* 上发表了 273 篇，*Biometrika* 上发表了 172 篇，*JASA* 上发表了 213 篇，*JRSS-B* 上发表了 112 篇。论文关键词出现较多的是"variable

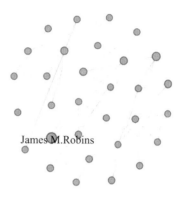

图 5 - 62　社区 12 网络结构图

selection""smoothing""nonparametric regression""functional data analysis""dimension reduction"等。结合论文及关键词可知，该社区统计学者的主要研究领域是高维统计。

从图 5 - 61 可以看出，社区 8 的作者当中，Tianxi Cai，G. Parmigiani 和 L. J. Wei 三位统计学者的度较大，分别为 17、16 和 16。该社区共有 38 位统计学者，来自哈佛大学的统计学者最多，有 9 位。在 2001—2018 年期间，该社区的统计学者在四大期刊上共发表了 97 篇论文，其中 *AoS* 上发表了 7 篇，*Biometrika* 上发表了 26 篇，*JASA* 上发表了 52 篇，*JRSS-B* 上发表了 12 篇。论文关键词出现较多的是"survival analysis""prediction""stratified medicine""bootstrap"等。结合论文及关键词可知，该社区统计学者的主要研究领域是生物统计。

从图 5 - 62 可以看出，社区 12 的作者当中，James M. Robins 的度最大，为 16。该社区共有 32 位统计学者，来自密歇根大学和哈佛大学的统计学者最多，分别各有 7 位。在 2001—2018 年期间，该社区的统计学者在四大期刊上共发表了 89 篇论文，其中 *AoS* 上发表了 25 篇，*Biometrika* 上发表了 29 篇，*JASA* 上发表了 21 篇，*JRSS-B* 上发表了 14 篇。论文关键词出现较多的是"causal inference""mediation""instrumental variable""double robustness"等。结合论文及关键词可知，该社区统计学者的主要研究领域是因果推断。

总结

本案例在很多方面可以进行扩展。例如，构造有权网络，研究作者合作强度的特点。此外，本案例仅仅基于统计学四大期刊发表的论文进行分析，感兴趣的读者可以继续收集其他优秀的统计期刊进行挖掘，相信你们能得出更丰富有趣的结论。

图像数据：通过图片识别 PM2.5

图像数据是另一种常见的非结构化数据。它是时代发展、数码成像技术愈发成熟后出现的一种独特的数据类型。

图像数据简介

一幅图像在电脑中存储的方式往往非常简单粗暴。以长方形图像为例，电脑首先将它横着切 9 刀、纵着切 9 刀，形成 $10 \times 10 = 100$ 个方块，这其实就是像素了。当然，真正的数码成像技术所得的像素要比这高很多，也更复杂深刻。但最基本的道理就是这样。然后，每个小方块（一共 100 个）就是一个像素点。在一个给定的像素点上，计算机不再区分它们的颜色深浅，而是用一种均匀的整色表达。从数学上看，这常常被表达成一个长度为 3 的向量，分别对应着三种原色：R（red），G（green），B（blue）。每个元素的取值在 0～1。其中，0 表示没有这种色素，而 1 表示最强。如果一个像素点的三个元素都取 0，就成了黑色；如果三个元素都取 1，就成了白色。

如图 5 - 63 所示，图像数据有太多的重要应用。例如在医学成像中，X 光片、MRI、彩超等，都属于图像数据分析的范畴。平常手机上的指纹识别、人脸识别、美图秀秀也是关于图像数据的应用。停车场中关于车牌号的自动识别也是图像数据分析的应用成果。图像方面的成功应用不胜其数，相关专著汗牛充栋。

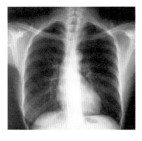
医学成像

指纹识别

人脸识别

图 5-63 图像数据应用举例

图像数据与 PM2.5

图像数据可以预测 PM2.5 吗？不妨一探究竟。我们的研究想法部分受到邹毅先生的启发。邹毅先生是一位致力于全民环保的环保达人，创办了"北京·一目了然"公益环保项目。"北京·一目了然"是这样一个项目，即针对大气污染防治，号召和推动广大公众通过手机拍照的方式，专门对雾霾问题进行参与、关注、研究、监测和大数据分析，致力于打造能够进行空气质量分享、提供大气环境质量信息服务的由数以亿计公众参与的公益环保共享平台。邹毅先生通过自己长期的手机拍照行为，记录了北京甚至其他城市的空气污染状况（见图 5-64）。

图 5-64 来自邹毅先生的新浪微博。我们惊奇地发现，空气质量的好坏是有可能通过图片表示出来的。也许这种表示无法达到国控专业站点的精度，但是这种方式的成本非常低，因此可以鼓励更多人记录跟踪，并且难以造假。受此启发，我们决定用自己的相机设备，自主采集图像数据，并尝试通过合理的统计学模型，建立图像与 PM2.5 之间的关系。

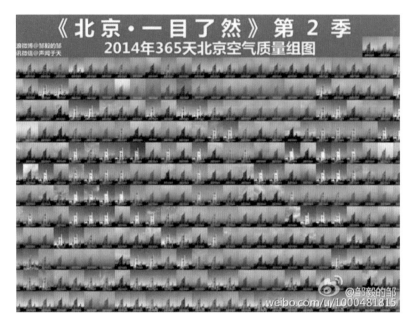

图 5-64　一组来自新浪微博的北京空气质量图

雾霾，会呼吸的痛

雾霾，其首要污染物成分就是 PM2.5，即环境空气中空气动力学当量直径小于等于 2.5 微米的颗粒物。PM2.5 能较长时间悬浮于空气中，会对空气质量、能见度以及人体健康产生不良影响。其在空气中的含量浓度越高，空气污染越严重。自 2013 年 1 月起，京津冀、长三角等重点地区共 74 个城市开始按照《环境空气质量标准》(GB 3095 - 2012) 对包含 PM2.5 在内的空气首要污染物开展监测和评价。截至 2016 年 11 月底，全国共设 1 436 个国家空气质量监测站点，由国家统一运行维护，监测数据直报国家并对外公开。但事实上，全国大量的监测站点数据质量难以保证。有的监测站点因为维护不善存在大量数据缺失、数据质量参差不齐的现象，造假事件更被屡屡曝光（见图 5 - 65）。

在这种情况下，我们试图找到一种更简便有效的途径来观测 PM2.5

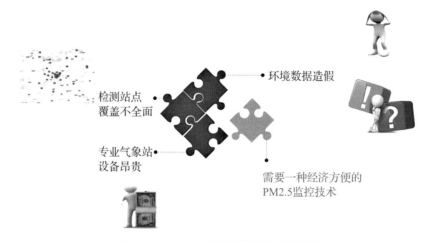

图 5 - 65　PM2.5 数据质量监控的挑战

值。我们的建模启发来自图像分析。从邹毅先生的图片中可以看到，空气污染程度不同，人眼的观感也不同，因此照片中必然含有一定的 PM2.5 信息。为此，我们在北京大学的某个位置架设了一部最简易的手机（能照相即可），并利用自己设计的 APP 定时拍照，自动向指定的网盘传输数据，希望用这些图片信息来解释国控万柳站（离北京大学最近）的 PM2.5 数据。如何将人们对于图片的朴素感知转化成可以量化的、与 PM2.5 相关的特征，是这个项目成败的关键。

图像特征：灰度差分值的方差

灰度是指一张黑白图像中的颜色深度。对于彩色照片，灰度就是 RGB 的线性组合，一般情况下亮部灰度值低，暗部灰度值高。灰度的变化可以反映图像中明暗的变化。雾霾越严重，图像越不清晰，灰度变化也就越小。我们定义灰度差分值为某一像素点的灰度值减去上格像素点灰度值。遍历图像中所有像素点求其灰度差分，而后计算灰度差分的方差，最后取方差的对数作为图像特征。以空气质量状况迥异的两张图片为例（见图 5 - 66），第一张图像的空气质量状况为优，PM2.5＝3，其灰度差分的方差为 0.003 7；第二张图像的空气质量等级达到了重度污染，PM2.5＝428，其灰度差分的方差为 0.000 9，明显小于第一张照片。此外，从箱线图可以看出，随着 PM2.5 的污染程度提升，灰度差分的方差呈减小趋势。

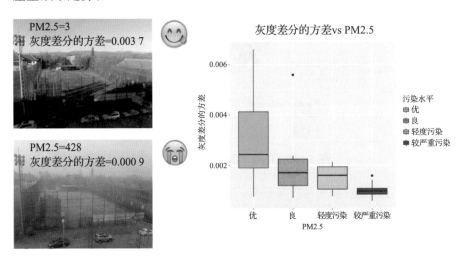

图 5-66　灰度差分的方差

图像特征：清晰度

清晰度来源于计算机视觉图像中的去雾领域，它表示反射光未衰减的比例。拍照的原理是物体的反射光被相机接收，设此反射光为 $J(x)$，但它在传播过程中会有一定的衰减，我们将最后到达相机的剩余反射光的比例记为 $t(x)$，即清晰度，最终到达相机的来源于物体的反射光为 $J(x)t(x)$。此外，还有一部分光也会到达相机，这就是大气背景光，设其为 A，到达的大气背景光占所有接收到的光的比例为 $1-t(x)$。因此，相机最终接收到的总光强为 $J(x)t(x)+A(1-t(x))$。如图 5-67 所示，加了大气背景的雾霾，就变成了灰蒙蒙的样子。

大气背景光补充，
到达相机的光强：
$A(1-t(x))$

$J(x)$：物体反射光

在传播过程中被衰减，
剩余到达相机的反射
光强度为：$J(x)t(x)$

$t(x)$是清晰度，表示反射光未衰减的比例

图 5-67　清晰度

图像特征：饱和度

饱和度指图像中色彩的鲜艳程度，例如图 5-68 中花的照片，调高它的饱和度，可以看到花朵变得更加鲜艳了。提高饱和度会使图像色彩更鲜艳，显得空气质量有所提升。饱和度与图像中灰色成分所占的比例有关。雾霾会使图像变灰，色彩鲜艳程度减弱，因此雾霾越严重，图像饱和度越低。从图 5-69 可以看出，当 PM2.5＝3 时，饱和度平均值为 0.41；当 PM2.5＝428 时，饱和度平均值为 0.22。从箱线图中发现，随着污染程度加重，饱和度的平均值逐渐下降。

饱和度升高

饱和度指色彩
的鲜艳程度

饱和度升高

和灰色成分的
比例有关

饱和度提高，
空气质量看起
来有所提升

图 5-68　饱和度（一）

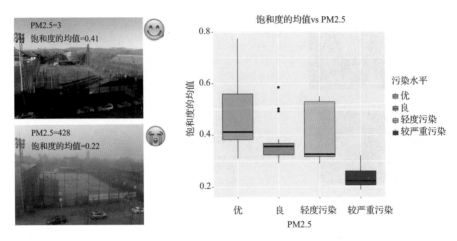

图 5 - 69　饱和度（二）

图像特征：高频含量

如果把图片看成一个二维信号，将这个信号在频域上进行分解，可以得到图像的频率分布，这种频率分布反映了图像的像素灰度在空间中变化的情况（见图 5 - 70）。我们定义分布中的高频含量为 99.8% 分位数减去 0.2% 分位数的值。在一面墙壁的图像中，由于灰度值分布比较平坦，高频成分就会较少。也就是说，高频含量决定了图像的细节部分。

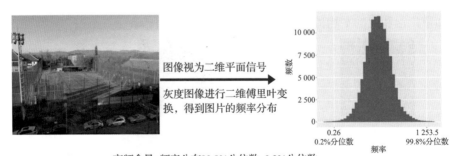

高频含量=频率分布99.8%分位数–0.2%分位数

天气晴朗，细节丰富，图片高频含量会比较多；
雾霾严重，细节被掩盖，高频含量会显著减少。

图 5 - 70　高频含量（一）

从图 5-71 可以看出，两张图片中的红框就是图像中的一处细节。当
PM2.5=3 时，细节很丰富，可以分辨远山、建筑、天空，此时高频含量
为 1 253；而 PM2.5=428 时，雾霾很严重，只能看清图像中物体的轮廓，
难以分辨更多的细节，此时高频含量为 491。大致来看，污染程度越严重，
图像的高频含量越少。

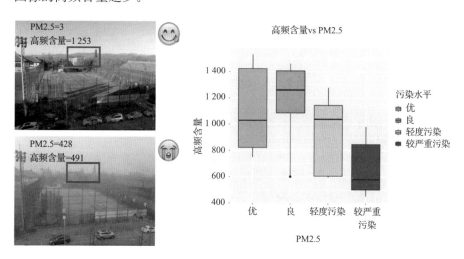

图 5-71　高频含量（二）

回归分析：图像信息能否预测 PM2.5？

以 PM2.5 为因变量，从图像中提取出来的四个特征为解释变量，建
立回归模型。从图 5-72 可以看出，回归系数的符号与之前的预期一致，
回归的拟合优度为 0.82。

再来看模型的预测效果。这里，不考虑具体的 PM2.5 取值，而是关
心污染程度。我们建立了定序回归模型，并使用留一交叉验证法来考察模
型的预测效果。结果表明（见图 5-73），预测为相同等级的占比 68.1%，
相差一个等级的占比为 30.1%，这一结果说明构建的模型能够有效地通过
定点图像识别 PM2.5。

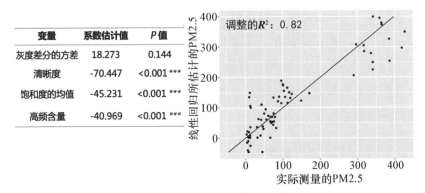

变量	系数估计值	P 值
灰度差分的方差	18.273	0.144
清晰度	-70.447	<0.001***
饱和度的均值	-45.231	<0.001***
高频含量	-40.969	<0.001***

图 5-72　PM2.5 的线性回归

PM2.5值对应的空气质量等级：中国		
PM2.5值	0～50	50～100	100～150
空气质量等级	一级（优）	二级（良）	三级（轻度污染）
PM2.5值	150～200	200～300	300～500
空气质量等级	四级（中度污染）	五级（重度污染）	六级（严重污染）

预测集与训练集的划分——留一交叉验证法：每次提取1个样本作为预测集，剩下的作为训练集进行对此样本的预测

|预测等级–实际等级|	0（完全正确）	1	2	3
百分比/%	68.1	30.1	0.0	1.4

图 5-73　污染等级

总结与展望

在本案例中，通过从图像中提取特征来解释 PM2.5。这种监控方法不受专业工具限制，成本非常低，并且可以让普通大众都加入空气污染的监控队伍中。当然，这种方法还存在一些问题，比如只能利用白天的图片，拍摄角度和光线也会对分析结果造成影响。针对这些问题，可以从以下方向继续努力探索：（1）增加设备。可以尝试在同一个检测站周围的不同地点进行拍照，增加拍摄视角和画面的多样性。（2）建立非定点模型。现在的拍摄多是定点画面，图片自变量的泛化能力有待考察，可以努力增强模型的稳定性和扩展性。（3）增加与雾霾有关的其他变量，比如光照、天气、季节因素等。希望通过这些探索，可以让图像成为一种更为可靠的 PM2.5 预测手段。

第六章/*Chapter Six*

数据合规

在大数据社会，数据合规成为一个重要的时代课题。强化数据合规管理对个人、企业、社会、国家都具有重大意义。其有利于保护个人基本权利、财产及人身安全；有利于降低企业经营过程中的风险，保障企业健康平稳运行；有利于大数据相关产业的发展，从而促进社会进步；有利于维护国家主权、安全及利益。然而，由于部分企业及其员工缺乏数据合规意识，数据安全问题仍不断发生，例如数据违规收集、用户数据泄露、数据非法使用等。本章通过对我国 cookie 隐私第一案、"被遗忘权"第一案以及数据安全第一案的分析讨论数据合规的重要性，同时针对案件的主要争议点，从规范性文件规定、行业准则及社会道德角度进行了分析。

我国 cookie 隐私第一案

引言

在格林童话《汉赛尔与格莱特》中，小朋友们通过在路上撒下小饼干屑的方式标记他们走过的路，最后依靠小饼干屑的指引，成功走出了黑暗的森林。在网络世界里，网站运营者为了追踪消费者的行为，同样使用了"小饼干"（cookie）标记曾经访问过网站的消费者，将产品或服务的营销广告推介给可能的潜在购买者。① 童话中的主人公自己扔下 cookie 并为自己所用。而在网络世界中，不计其数的网民扔下属于自己的"cookie"。网站运营者通过互联网技术将其一一捡起，并通过消费者行为追踪与分析技术形成一张张网民的"路线图"，以便于他们了解和定位网民去过哪些地方、想去哪些地方。

在"北京百度网讯科技有限公司与朱某隐私权纠纷案"中，二审法院对 cookie 技术做出如下定义②：cookie 技术主要是用于服务器与浏览器之间的信息交互，使用 cookie 技术可以支持服务器端在浏览器端存储和检索信息。当浏览器访问服务器时，服务器在向浏览器返回 HTTP 对象的同时发送一条状态信息保存到浏览器，这条状态信息被称为 cookie 信息，主要说明哪些范围的 URL（链接）是有效的。此后，浏览器再向服务器发送请求时，都会将 cookie 信息一并发送给服务器。服务器据此可以识别独立的浏览器，以维护服务器与浏览器之间处于会话中的状态，如判定该浏览器是否已经登录过网站，是否在下一次登录网站时保留用户信息、简化登录手续等。当网络用户电脑中有多个不同内核浏览器时，就会被服务器识别为多个独立访客；当多个网络用户在同一电脑上使用同一浏览器时，则会被识别为一个独立访客。cookie 技术的原理为：当网络用户利用浏览器访问网站时，网站服务器就会自动发送一条 cookie 信息存储于网络用户浏览器。通过建立 cookie 联系，网站服务器在对浏览器浏览的网页内容进行技术分析后，推算出浏览器一方可能的个性化需求，再基于此种预测向浏览器的不特定使用人提供个性化推荐服务。

显然，cookie 技术是一把双刃剑。对于急需拓展用户、挖掘需求的企业而言，其无疑是一个宝藏。相较于传统广告手段的"一视同仁"，cookie 技术可以让互联网营销"精准投放、量体裁衣"；同时，虽然与传统广告手段有着几乎相同的宣传成本，但由于 cookie 技术可以推算浏览器一方可

---

① 宁宣凤，吴涵. 从 cookie 隐私第一案说开去. 上海法学研究集刊，2020（13）：161.
② 参见江苏省南京市中级人民法院（2014）宁民终字第 5028 号民事判决书。

能的个性化需求，宣传成本转化为利润的概率大大增加。对于消费者而言，企业通过 cookie 技术为消费者提供个性化推荐服务，使得消费者节省了信息筛选的成本，大大提高了网络使用的效率。但是，消费者在享受技术福利的同时也付出了相应的代价，即自己产生的任何 cookie 都会收录在网站服务器一方，自身的网络行为暴露在企业的视野下，大家都披着"皇帝的新衣"。[①] 问题随之而来：如果一些 cookie 是你不愿为他人、网站所知晓，而网站已经为你提供个性化推荐服务，此时你在电脑屏幕前看到为你"量身定做"的广告会不会感到被冒犯呢？

　　本研究案例中的主人公——原告朱某就遇到了这样的烦恼。朱某在家中和单位的电脑上通过互联网浏览相关网站，发现利用百度搜索引擎搜索某一关键词后，会在特定网站上出现与关键词有关的广告。例如，朱某登录百度搜索引擎搜索"人工流产"这一关键词，随后在浏览"4816"网站和"500 看影视"网站时，发现两个网站界面上赫然出现与流产相关的广告。由此，朱某认为百度网讯科技有限公司未经其知情和选择，利用 cookie 技术记录并跟踪其搜索的关键词，将个人需求显露在相关网站上，并对其浏览的相关网页进行广告投放，这一行为侵害了其隐私权，故向南京市鼓楼区人民法院起诉百度网讯科技有限公司，请求百度网讯科技有限公司立即停止侵害，赔偿精神损害抚慰金，并承担其他费用。

　　2015 年 5 月 6 日，南京市中级人民法院对"北京百度网讯科技有限公司与朱某隐私权纠纷案"做出终审判决。法院认定百度网讯科技有限公司的个性化推荐行为不构成侵犯朱某的隐私权，即百度网讯科技有限公司根据用户的网络行为和个人数据而实施的商业利用行为不构成侵犯用户的隐私权。[②] 终审判决一出，舆论哗然，因为通行于互联网的 cookie 技术曾饱

---

① 宁宣凤，吴涵. 从 cookie 隐私第一案说开去. 上海法学研究集刊，2020 (13)：162.

② 李谦. 人格、隐私与数据：商业实践及其限度——兼评中国 cookie 隐私权纠纷第一案. 中国法律评论，2017 (2)：123.

受舆论批评①，而终审法院并未支持批评舆论的导向，反而是果断推翻一审判决，最终支持百度网讯科技有限公司的诉求。

时至今日，《民法典》与《个人信息保护法》的相继颁布出台使得隐私权与个人信息权益保护法律体系逐渐成熟。此时重看该案一、二审判决中关于隐私权与个人信息的论述，对我们理解当下隐私权和个人信息权益保护法律体系仍有很强的现实意义。下文将通过对"北京百度网讯科技有限公司与朱某隐私权纠纷案"的案情梳理，回顾争议焦点，浅析现行法律体系下隐私权与个人信息保护体系的融会贯通。

案情介绍②

本案原告朱某在上网过程中发现，不管她使用的是家中的电脑还是单位的电脑，只要她登录百度搜索引擎搜索相关关键词，再访问某些网站时就会出现与关键词相关的广告。为了验证自己的怀疑，2014 年 4 月 17 日，在公证员的陪同下，朱某先通过百度网站搜索"减肥"，再在地址栏输入 www.4816.com 并进入该网站，这时网页顶部赫然出现"减肥瘦身——左旋咖啡"的广告，网页右侧则出现一个"增高必看"的广告，而在"增高必看"广告的下面是"百度网盟推广官方网站"的"掌印"标识。同样，朱某在 4816 主页的地址栏输入 www.paolove.com，点击后进入泡爱网时，也发现该网站网页的两边会出现"减肥必看""左旋咖啡轻松甩脂"的广告。随后，朱某多次删除浏览的历史记录，更换了"人工流产""隆胸"等关键词，再次访问 4816 和泡爱网等网站时，均毫无意外地出现了密切相关的广告。公证员依据公正过程的事实情况出具了（2013）宁钟证民内字第 1181 号公证书。

---

① 2013 年 3 月 15 日是消费者权益保护日，中央电视台在一年一度的"3·15"晚会上曝光了易传媒、上海传漾、悠易互通、品友互动等多家网络广告公司利用浏览器 cookie 数据跟踪用户，旋即引起舆论广泛讨论。央视 315 曝光 Cookies 泄露隐私 360 宣布全面抵制网络偷窥.（2022－05－19）. http://news.xinhuanet.com/info/2013－03/16/c_132237016.htm.

② 参见江苏省南京市中级人民法院（2014）宁民终字第 5028 号民事判决书。

拿到公证书的朱某随即在 2013 年 5 月 6 日将北京百度网讯科技有限公司告上法庭，控诉百度利用网络技术未经其知情和选择，记录和跟踪了其所搜索的关键词，将其兴趣爱好和生活、学习、工作特点等显露在相关网站上，并利用记录的关键词对朱某浏览的网页进行广告投放。她认为这侵害了她的隐私权，使她感到恐惧，精神高度紧张，影响了正常的工作和生活，要求法院判令百度立即停止侵权行为，赔偿精神损害抚慰金 10 000 元，并承担公证费 1 000 元。

一审法院认为：隐私权是自然人享有的私人生活安宁与私人信息依法受到保护，不被他人非法侵扰、知悉、搜集、利用和公开的权利。本案中，百度网讯科技有限公司利用 cookie 技术收集朱某信息，并在朱某不知情和不愿意的情形下进行商业利用。这侵犯了朱某的隐私权。对此，一审法院给出了如下理由。

首先，关于朱某的网络活动踪迹是否属于个人隐私的问题。个人隐私除了用户个人信息外，还包含私人活动、私有领域。朱某利用三个特定词进行网络搜索的行为，将在互联网空间留下私人的活动轨迹。这一活动轨迹展示了个人上网的偏好，反映出个人的兴趣、需求等私人信息，在一定程度上标识个人基本情况和个人私有生活情况，属于个人隐私的范围。百度网讯科技有限公司未经朱某许可收集、利用了该特定行为产生的信息。

其次，关于是否存在侵权对象的问题。虽然 cookie 技术识别的是网民所使用的浏览器，但浏览器本身并不直接产生数据或信息，它只是网民借助形成相关数据和信息的工具。因此，当朱某在固定的 IP 地址利用特定词搜索时，其就成为特定信息的产生者和掌控者。百度网讯科技有限公司通过 cookie 技术收集和利用这些信息时，未经过朱某的同意，朱某就会成为侵权的对象。知不知道侵权对象是谁并不是侵权构成的要件，不知道并不代表这个对象不存在。

再次，关于百度网讯科技有限公司是否存在侵权行为的问题。cookie 技术本身并不存在侵权问题。百度网讯科技有限公司在使用 cookie 技术的同时，收集了朱某的网上活动轨迹，并根据朱某的上网信息在百度网讯科技有限公司的合作网站上展示与朱某上网信息有一定关联的推广内容，进一步利用他人隐私进行商业活动。而且该利用并非 cookie 技术使用的必然结果，已经构成侵犯他人的隐私权。本案中，百度网讯科技有限公司单纯地把公开、宣扬他人隐私作为侵犯隐私权的唯一方式，忽视了收集、利用他人信息也会构成侵犯他人隐私行为的情形。

最后，关于百度网讯科技有限公司收集和利用朱某上网信息的行为是否经过朱某同意的问题。由于百度网讯科技有限公司在网站中默认的是网民同意百度网讯科技有限公司使用 cookie 技术收集并利用网民的上网信息，网民可能根本就不知道自己的私人信息会被搜集和利用，更无从对此表示同意。这就要求百度网讯科技有限公司在默认"选择同意"时承担更多、更严格的说明和提醒义务，以便网民对百度网讯科技有限公司的行为有充分的了解，进而做出理性的选择。但百度网讯科技有限公司网页中的《使用百度前必读》标识，虽有说明和提醒的内容，但该内容却放在了网页的最下方，不仅字体明显较小，还被夹放在"©2014Baidu"与"京 ICP证 030173 号"中间，实在难以识别并加以注意，无法起到规范的说明和提醒作用，不足以让朱某明了存在"选择同意"的权利。因此，对百度网讯科技有限公司关于已经保障用户的知情权和选择权的观点，不予采纳。

由此，针对朱某的诉讼请求，一审法院做出如下处理：（1）对朱某要求百度网讯科技有限公司停止侵权的诉讼请求予以支持；（2）10 000元的精神损害抚慰金由于朱某未能证明该侵权行为的严重后果，不予支持，百度网讯科技有限公司可以通过赔礼道歉的方式向朱某承担侵权责任；（3）朱某主张的 1 000 元公证费是其为制止侵权行为所支付的合理开支，予以支持。

一审判决宣判后，百度网讯科技有限公司不服一审判决，提起上诉。其上诉的事实与理由为：（1）朱某提供的公证书不应当采信。（2）本案中的搜索关键词和个性化推广内容与朱某不存在特定指向关系，不存在网络侵犯隐私权的基础。百度网讯科技有限公司所搜集的仅是不可识别的网络行为碎片化信息，而非现实世界中的具体的个人信息，根本不可能与朱某发生对应识别关系。(3)"公开"是网络侵犯隐私权的构成要件，而百度网讯科技有限公司在本案中并未公开、宣扬朱某隐私。(4)个人信息分为个人敏感信息和个人一般信息。收集个人敏感信息时，要得到个人信息主体的明示同意；收集个人一般信息时，可以认为个人信息主体默许同意。本案中，百度网讯科技有限公司保障了朱某的知情权和选择权。(5)原审判决将极大阻碍互联网新兴技术和业务的正常健康发展。互联网时代更贴近用户的个性化服务，代表着用户的普遍需求。原审判决会扼杀互联网新业务的发展空间。

二审法院判决认为，cookie 信息虽具有隐私性质，但不属于个人信息。理由在于用户通过使用搜索引擎形成的检索关键词记录，虽然反映了网络用户的网络活动轨迹及上网偏好，具有隐私属性，但这种网络活动轨迹及上网偏好一旦与网络用户身份相分离，便无法确定具体的信息归属主体，不再属于个人信息范畴，因此也就不存在侵犯朱某隐私权的可能。此外，二审法院还针对一审审判中未予细致分析的个性化推荐服务进行了法律定性，认为"推荐服务只发生在服务器与特定浏览器之间，没有对外公开、宣扬特定网络用户的网络活动轨迹及上网偏好"。最终，二审法院驳回了朱某的全部诉讼请求。

自此，本案尘埃落定。

争议焦点①

2013 年 4 月 17 日南京钟山公证处出具的案涉公证书应否采信

上诉人百度网讯科技有限公司认为，原告声称其并不熟悉互联网，但在一审庭审过程中仅用 23 分钟便完成了关键词检索以及其他举证工作，并且原告在一审中承诺提交公证录像，但原审判决前并未提交，因此不应当

---

① 参见江苏省南京市中级人民法院（2014）宁民终字第 5028 号民事判决书。

采信该公证书。

　　原告在二审中对此答辩称：朱某曾经从事打字员工作，操作电脑的速度比普通人快是正常的，且公证处已经让朱某试演过两次，百度网讯科技有限公司并没有充分的证据否定公证书的真实性、关联性和合法性。

　　二审法院认为，根据《最高人民法院关于适用〈中华人民共和国民事诉讼法〉的解释》第93条规定，已为有效公证文书所证明的事实，当事人无须举证证明，但有相反证据足以推翻的除外。本案中，百度网讯科技有限公司仅以原告打字快否认公证书的真实性，不符合上述司法解释的规定，因而对百度网讯科技有限公司的该项上诉不予采纳。

　　百度网讯科技有限公司的案涉行为是否侵犯朱某隐私权

　　一审法院关于该争议焦点的意见在上文"案情介绍"中已经充分阐明，无须赘述。这里主要阐述二审法院针对此争议焦点的意见。

　　首先，本案中百度网讯科技有限公司收集、利用的 cookie 不符合个人信息的可识别性。根据工信部《电信和互联网用户个人信息保护规定》对个人信息的界定，个人信息是指电信业务经营者和互联网信息服务提供者在提供服务的过程中收集的用户姓名、出生日期、身份证件号码、住址、电话号码、账号和密码等能够单独或者与其他信息结合识别用户的信息，以及用户使用服务的时间、地点等信息。网络用户通过使用搜索引擎形成的检索关键词记录，虽然反映了网络用户的网络活动轨迹及上网偏好，具有隐私属性，但这种网络活动轨迹及上网偏好一旦与网络用户身份相分离，便无法确定具体的信息归属主体，不再属于个人信息范畴。经查，百度网讯科技有限公司个性化推荐服务收集和推送信息的终端是浏览器，没有定向识别使用该浏览器的网络用户身份。虽然朱某因长期固定使用同一浏览器，感觉自己的网络活动轨迹和上网偏好被百度网讯科技有限公司收集利用，但事实上百度网讯科技有限公司在提供个性化推荐服务时没有且无必要将搜索关键词记录和朱某的个人身份信息联系起来。因此，原审法院认定百度网讯科技有限公司收集和利用朱某的个人隐私进行商业活动侵犯了朱某隐私权，与事实不符。

其次，本案中百度网讯科技有限公司的行为既无"公开"也无"实质性损害"。百度网讯科技有限公司利用网络技术向朱某使用的浏览器提供个性化推荐服务不属于《最高人民法院关于审理利用信息网络侵害人身权益民事纠纷案件适用法律若干问题的规定》（以下简称《规定》）第十二条规定的侵权行为。《规定》第十二条强调了利用网络公开个人隐私和个人信息的行为与造成他人损害是利用信息网络侵害个人隐私和个人信息的侵权构成要件。本案中，百度网讯科技有限公司利用网络技术，通过百度联盟合作网站提供个性化推荐服务，其检索关键词海量数据库以及大数据算法均在计算机系统内部操作，并未直接将百度网讯科技有限公司因提供搜索引擎服务而产生的海量数据库和 cookie 信息向第三方或公众展示，没有任何的公开行为，不符合《规定》第十二条规定的利用网络公开个人信息侵害个人隐私的行为特征。同时，朱某也没有提供证据证明百度网讯科技有限公司的个性化推荐服务对其造成了事实上的实质性损害。朱某虽然在诉讼中强调自己因百度网讯科技有限公司的个性化推荐服务感到恐惧、精神高度紧张，但这仅是朱某个人的主观感受，法院不能也不应仅凭朱某的主观感受就认定百度网讯科技有限公司的个性化推荐服务对朱某造成事实上的实质性损害。个性化推荐服务客观上存在帮助网络用户过滤海量信息的便捷功能，网络用户在免费享受该服务便利性的同时，亦应对个性化推荐服务的不便性有一定的宽容度。本案中，百度网讯科技有限公司的个性化推荐服务的展示位置在合作网站的网页，只有网络用户控制的浏览器主动登录合作网站时才会触发个性化推荐服务，并非由百度网讯科技有限公司或合作网站直接向网络用户的私有领域主动推送个性化推荐服务。即便没有开展个性化推荐，合作网站也会在其网页上进行一般化推荐。百度网讯科技有限公司的个性化推荐利用大数据分析提高了推荐服务的精准性，推荐服务只发生在服务器与特定浏览器之间，没有对外公开、宣扬特定网络用户的网络活动轨迹及上网偏好，也没有强制网络用户必须接受个性化推荐服务，而是提供了相应的退出机制，没有对网络用户的生活安宁产生实质性损害。

最后，本案中百度网讯科技有限公司保障了朱某的选择权与知情权。百度网讯科技有限公司在《使用百度前必读》中已经明确告知网络用户可以使用包括禁用 cookie、清除 cookie 或者提供禁用按钮等方式阻止个性化推荐内容的展现，尊重了网络用户的选择权。至于原审法院认为百度网讯科技有限公司没有尽到显著提醒说明义务的问题，本院认为，cookie 技术是当前互联网领域普遍采用的一种信息技术，基于此而产生的个性化推荐服务仅涉及匿名信息的收集、利用，且使用方式仅为将该匿名信息作为触发相关个性化推荐信息的算法之一，网络服务提供者对个性化推荐服务依法明示告知即可，网络用户亦应当努力学习互联网知识和使用技能，提高自我适应能力。经查，百度网讯科技有限公司将《使用百度前必读》的链接设置于首页下方与互联网行业通行的设计位置相符，链接字体虽小于处于首页中心位置的搜索栏字体，但该首页的整体设计风格为简约型，并无过多图片和文字，网络用户施以普通注意义务足以发现该链接。在《使用百度前必读》中，百度网讯科技有限公司已经明确说明 cookie 技术、使用 cookie 技术的可能性后果以及通过提供禁用按钮向用户提供选择退出机制。朱某在百度网讯科技有限公司已经明确告知上述事项后，仍然使用百度搜索引擎服务，应视为对百度网讯科技有限公司采用默认"选择同意"方式的认可。《信息安全技术公共及商用服务信息系统个人信息保护指南》（GB/Z 28828－2012）5.2.3 条规定："处理个人信息前要征得个人信息主体的同意，包括默许同意或明示同意。收集个人一般信息时，可认为个人信息主体默许同意，如果个人信息主体明确反对，要停止收集或删除个人信息；收集个人敏感信息时，要得到个人信息主体的明示同意。"参考该国家标准化指导性技术文件精神，将个人信息区分为个人敏感信息和非个人敏感信息的一般个人信息而允许采用不同的知情同意模式，旨在在保护个人人格尊严与促进技术创新之间寻求最大公约数。举重以明轻，百度网讯科技有限公司在对匿名信息进行收集、利用时采取明示告知和默示同意相结合的方式亦不违反国家对信息行业个人信息保护的公共政策导向，未侵犯网络用户的选择权和知情权。

综上，二审法院认为百度网讯科技有限公司的个性化推荐行为不构成侵犯朱某的隐私权。

案件评析

不难看出，一、二审判决针对百度网讯科技有限公司的行为是否构成侵犯朱某的隐私权产生了截然不同的意见，也在舆论上催生了两极分化[①]：支持一审判决者认为，终审判决显示不公平，完全无视个人信息的重要性，公民基本权利保护落空，且理论上逻辑反复、概念混淆，对于个人隐私和个人信息的边界划分起负面作用。支持二审判决者认为，判决中对于案情和技术背景的梳理得当，对于商业利用与个人权利之间的法律关系提出了合理且有依据的认定；在合理保护个人信息安全的基础上，有利于互联网产业的发展，为后续的法律制定和司法裁判提供了良好的借鉴。

笔者认为两份判决正确与否，关键在于 cookie 技术收集的数据信息性质考辨。[②] 本案中，二审法院推翻一审判决的第一个理由就是百度网讯科技有限公司利用 cookie 技术收集的用户网络行为数据不是隐私信息，其认定：百度网讯科技有限公司在提供个性化推荐服务时运用网络技术收集、利用的是未能与网络用户个人身份对应识别的数据信息。该数据信息的匿名化特征不符合个人信息的可识别性，故尽管该数据具有隐私属性，但不具备个人可识别性，不是个人信息。

可见，cookie 技术收集的数据信息定性问题在个人信息、个人隐私信息、隐私三组概念间不断交织。回溯该案的判决时间，针对隐私权、个人信息的

① 宁宣凤，吴涵. 从 cookie 隐私第一案说开去. 上海法学研究集刊，2020（13）：164.
② 李谦. 人格、隐私与数据：商业实践及其限度——兼评中国 cookie 隐私权纠纷第一案. 中国法律评论，2017（2）：125.

保护尚在《侵权责任法》的框架下进行。而时至今日，《民法典》《个人信息保护法》的相继颁布出台丰富完善了隐私权、个人信息权益保护的法律框架。我们也有必要借本案的判决思路探讨隐私权与个人信息权益的相互关系。

我国隐私权与个人信息权益保护的立法进程

在《个人信息保护法》生效之前，我国主要是通过民法对隐私权与个人信息权益进行保护的。① 我国关于隐私权和个人信息权益保护的立法进程大致可以分为三个阶段。

1.《侵权责任法》阶段

在《侵权责任法》阶段，隐私权和个人信息权益保护主要通过《侵权责任法》保护模式实现，即通过《侵权责任法》对隐私权进行消极保护。② 隐私权作为一项具体人格权在民事基本法中获得承认体现在 2009 年通过的《侵权责任法》中，该法第 2 条在列举所保护的权益范围时，明确使用了"隐私权"这一表述。这是我国民事立法第一次确认隐私权的概念，具有突破意义。针对个人信息权益保护，2012 年通过的《全国人民代表大会常务委员会关于加强网络信息保护的决定》明确规定了对电子信息的保护，其第 1 条将能够识别公民个人身份的电子信息与涉及公民个人隐私的电子信息相并列，表明隐私权与个人信息权益在本质上具有相似性，从而对二者采取实在法意义上的一体化保护。在实践中，有的法院指出，隐私权是指自然人享有的对其个人的与公共利益无关的个人信息、私人活动和私有领域进行支配的一种人格权。③ 有的法院判决认为，"张某某在披露王某婚姻不忠行为的同时，披露王某的姓名、工作单位名称、家庭住址等个人信息，亦构成了对王某隐私权的侵害"④。

---

① 张建文，时诚.《个人信息保护法》视野下隐私权与个人信息权益的相互关系——以私密信息的法律适用为核心. 苏州大学学报（哲学社会科学版），2022（2）：50.

② 王利明，程啸. 中国民法典释评·人格权编. 北京：中国人民大学出版社，2020：403.

③ 施某庭等诉徐锦尧网络举报行为侵权被判驳回案. 江苏省南京市江宁区（县）人民法院（2015）江宁少民初字第 7 号民事判决书.

④ 王菲诉张乐奕名誉权纠纷案. 北京市第二中级人民法院（2009）二中民终字第 5603 号民事判决书.

但这种模式在法理上存在不足。[①] 这是因为,《侵权责任法》是权利保护法,并不具有确权的功能。其主要是从侵权法保护对象的角度间接承认了隐私权,表明在受到外来侵害时可以获得侵权责任的救济,而没有从正面对其进行确权,也没有规定隐私权的内涵、范围和效力。因此,《侵权责任法》对隐私权的保护是消极保护,个人信息权益保护更是依附于隐私权保护在《侵权责任法》中的地位,其概念、边界更加模糊不清。若将个人信息权益保护一体归于隐私权保护,则会增加"法律适用的不确定性"[②]。

由此可见,在这一阶段隐私权的保护模式初具雏形,但个人信息权益保护并未获得独立地位,并且两种权益都没有清晰的内涵、范围和效力。

2.《民法总则》阶段:隐私权和个人信息权益区分保护模式的雏形

为回应大数据时代自然人个人信息保护的需求,《民法总则》首次以民事基本法的形式确立了隐私权与个人信息权益的并列结构,即在第110条第1款确立隐私权后,又于第111条规定了"自然人的个人信息受法律保护"。尽管多数学者认为,《民法总则》已经采取了隐私权与个人信息权益的区分保护模式,但《民法总则》毕竟没有明确隐私权与个人信息权益的具体差别,更未确立作为隐私与个人信息交集的私密信息的适用规则。因此,也有学者持有不同看法:第111条是对隐私权内容的宣示性规定,而非确立独立的个人信息权。可见,《民法总则》对隐私权与个人信息权益的区分是不彻底、不全面的,可谓区分保护模式之雏形。[③]

3.《民法典》阶段:区分保护模式的强化

《民法典》第1032条规定:自然人享有隐私权。任何组织或者个人不得以刺探、侵扰、泄露、公开等方式侵害他人的隐私权。隐私是自然人的私人生活安宁和不愿为他人知晓的私密空间、私密活动、私密信息。

---

①　王利明,程啸.中国民法典释评·人格权编.北京:中国人民大学出版社,2020:404.

②　王泽鉴.人格权法:法释义学、比较法、案例研究.北京:北京大学出版社,2013:204.

③　张建文,时诚.《个人信息保护法》视野下隐私权与个人信息权益的相互关系——以私密信息的法律适用为核心.苏州大学学报(哲学社会科学版),2022(2):51.

　　《民法典》第 1034 条规定：自然人的个人信息受法律保护。个人信息是以电子或者其他方式记录的能够单独或者与其他信息结合识别特定自然人的各种信息，包括自然人的姓名、出生日期、身份证件号码、生物识别信息、住址、电话号码、电子邮箱、健康信息、行踪信息等。个人信息中的私密信息，适用有关隐私权的规定；没有规定的，适用有关个人信息保护的规定。

　　上述是《民法典》关于隐私权与个人信息权益的规定。从中不难看出，与《民法总则》阶段相比，《民法典》阶段明确了隐私权和个人信息权益的含义，表明隐私权与个人信息权益在保护客体上存在差异。其更是在第 1034 条第 3 款确立了个人信息中的私密信息应当优先适用隐私权保护之规则。该规则意味着：其一，在对隐私权与个人信息权益采取严格区分保护的前提下，将个人信息保护与隐私权两个概念以及两项制度交织在一起，并将其分为纯粹隐私权之保护、纯粹个人信息之保护、私密信息之保护等三种具体类型①；其二，修正此前法院可自由选择适用隐私权或个人信息保护的规定处理个人信息保护纠纷的观点，明确只有当个人信息经过私密性检验而成为所谓的私密信息后，其才能成为隐私权的保护客体；其三，处理私密信息与非私密信息应分别根据《民法典》第 1033 条和第 1035 条适用不同的法律规则，对私密信息的处理应征得权利人的明确同意，且只有全国人大及其常委会制定的法律才可创设私密信息的处理规则，而对非私密信息的处理则只需征得自然人或其监护人的同意，法律、行政法规都可以创设非私密信息的处理规则；其四，该规范作为对法院具有直接和刚性约束力的裁判规范，既是积极确定对个人信息中的私密信息适用有关隐私权之规定的法律适用规则，也是消极排除对个人信息中的私密信息适用有关个人信息保护之规定的法律适用规则。

---

　　①　张建文，时诚.《个人信息保护法》视野下隐私权与个人信息权益的相互关系——以私密信息的法律适用为核心. 苏州大学学报（哲学社会科学版），2022（2）：51.

二审判决中 cookie 信息的定性问题研究

经过对我国隐私权和个人信息权益保护的立法进程的整理，我们不难发现：（1）我国针对隐私权和个人信息权益是区别保护的，但同时由于私密信息的存在，两种权益的保护又存在着交织；（2）在个人信息的定义上，我国采取了"识别说"，只有可识别特定自然人的信息才是个人信息，并且在识别路径上体现了"直接识别"与"间接识别"两种路径。

有了上述理论基础，我们重新看百度网讯科技有限公司与朱某隐私权纠纷一案中二审判决的裁判思路。

二审法院通过援引权威部门规章《电信和互联网用户个人信息保护规定》之第 4 条，表明认同信息识别说。然后，二审法院参详《电信和互联网用户个人信息保护规定》第 4 条之文义，给出关于信息识别的两个判决见解：第一，搜索关键词具有隐私属性，但这种网络活动轨迹及上网偏好一旦与网络用户身份相分离，便无法确定信息归属主体，因此搜索关键词不属于个人信息范畴。第二，百度网讯科技有限公司的数据收集和利用等技术行为与个人信息识别并无关联，因为在具体实践过程中搜索关键词与个人信息识别之间不存在相互关联的技术行为及特征。百度网讯科技有限公司只是针对特定搜索关键词进行个性化推荐服务，根本没有必要将搜索关键词与某一个人的主体身份信息联系起来。

以上是二审判决关于 cookie 信息不属于个人信息的两个见解。第一个见解通过反义解释即可得出其所持为"直接识别"观点，但是其第二个观点又综述了 cookie 技术特点与百度网讯科技有限公司 cookie 数据商业利用的封闭性特征，认为搜索关键词与个人信息识别之间不存在相互关联的技术行为及特征，百度网讯科技有限公司只是针对特定搜索关键词进行个性化推荐服务，根本没有必要将搜索关键词与某一个人的主体身份信息联系起来。有学者认为，此调查结果正是在探讨搜索关键词与个人信息主体之间是否存在间接识别的可能性。[①]

---

① 李谦．人格、隐私与数据：商业实践及其限度——兼评中国 cookie 隐私权纠纷第一案．中国法律评论，2017（2）：129．

笔者赞同这一观点，二审判决的两个见解存在自相矛盾的瑕疵。一方面，围绕搜索关键词的定性判断，法院武断选择直接识别说，搜索关键词连个人信息都不是，自然更谈不上个人隐私；另一方面，法院观察 cookie 的技术特点、搜索关键词的商业利用场景和百度网讯科技有限公司广告平台商业关系，间接而隐晦地讨论了搜索关键词网络匿名性与间接识别的关系。所以，二审法院针对 cookie 技术的定性仍然有待完善。

现行法律体系下 cookie 信息的定性面向

如果该案的发生时间并非 2013 年而是现在，司法裁判的确定性无疑将显著提升。[①]《民法典》的相关规定阐明了我国对个人信息的范围采用"直接识别"和"间接识别"结合的形式，这使得"大部分 cookie 信息属于个人信息"已经与其他主要司法辖区的立法和执法实践基本达成共识。

但本案中朱某的 cookie 信息能否作为隐私权进行保护，则涉及私密信息的认定标准问题。《民法典》第 1034 条第 3 款确立了私密信息应优先适用隐私权保护的适用规则，这一规定导致司法实践在具体的个人信息保护案件中，不得不追问所遇到的信息是否为个人信息，是否具有私密性，以便区分是用隐私权去保护还是用个人信息去保护。[②]

对于认定标准，司法实践中有不同的观点。有的法院认为，"将用户隐私期待强烈程度不同的信息笼统划入某相对固定的概念，并不是有效保护权利或权益的最优选择，而有必要深入实际应用场景，以'场景化模式'探讨该场景中是否存在侵害隐私的行为"[③]。还有些法院将其区分为"私人生活安宁"和"不愿为他人知晓"这两种私密性检验标准，其中前者"应考量其个人生活状态是否有因被诉行为介入而产生变化，以及该变化是否对个人生活安宁造成一定程度的侵扰"。而对后者的判断则存在两

---

① 宁宣凤，吴涵．从 cookie 隐私第一案说开去．上海法学研究集刊，2020（13）：166．

② 张建文．在尊严性和资源性之间：《民法典》时代个人信息私密性检验难题．苏州大学学报（哲学社会科学版），2021（1）：63．

③ 黄某诉腾讯科技（深圳）有限公司等隐私权、个人信息权益网络侵权责任纠纷案．北京互联网法院（2019）京 0491 民初 16142 号民事判决书．

种不同意见。一种意见认为，"就不愿为他人知晓的私密空间、私密活动、私密信息来说，可以综合考量社会一般合理认知以及有无采取相应保密措施等因素进行判断"；另一种意见则指出，就私人信息秘密而言，主要考量个人具有私密性的信息是否被非法刺探、泄露、公开等而导致个人人格利益受到损害。

笔者认为，"场景化模式"容易导致认定标准的不确定性，以"私人生活安宁"和"不愿为他人知晓"为标准又会导致社会一般合理认知与个案中自然人的合理隐私期待发生冲突（例如本案中，朱某的遭遇可能在其他人的认知标准下就不是侵犯隐私的行为）。所以，立法机关尽快出台有关私密信息的具体认定标准为当务之急，从而使得社会形成对隐私权的合理期待和共识。

结语

对于大数据时代的企业，cookie 技术以及类似的消费者行为追踪和分析技术的应用必不可少，同时 cookie 技术应用带来的困惑和迷思同样影响巨大。尽管现有司法实践大多将 cookie 技术认定为个人信息范畴，但具体情况中对 cookie 信息的定性及其对个人信息保护的影响，仍然需要根据具体的 cookie 技术种类和适用场景，功能，收集的信息内容和与个人、其他信息之间的关联性等因素来综合判断，以避免过度拓展个人信息的范围，给企业带来过于沉重的合规负担。

凯文·凯利在《必然》一书中写道："一些人全力对抗对于追踪的偏好，另一些人最终会顺应这种偏好。我相信，试图将其规范化、民用化，以及让它更有效的人将会获得成功，而试图禁止它、利用法律排斥它的人将会落后。消费者说自己不愿意被追踪，但他们其实不断提供数据给这台机器，因为他们想从中获得好处。"大数据技术的发展是时代潮流，不可阻挡。我们应当在个人权利保护与企业商业模式发展间寻求平衡。引导 cookie 技术向善，提升广大网民的互联网技能，可能才是解决这一问题的密钥。

"被遗忘权"第一案

引言

"互联网难道没有记忆吗？"这是我们在一些娱乐圈事件的评论区中经常看到的一句话。这句话出现的场景往往是一些劣迹艺人，在时隔其丑闻数日之后，再次以积极正面的形象出现在公众平台，仿佛这些艺人之前犯过的错误已经被世人、被互联网"遗忘"。然而，事实并非如此。当我们将艺人的姓名输入搜索引擎的输入框内，下拉选项中就会自动出现很多有关该艺人的词条。在诸多词条内，无法避免地就会出现他们曾经的丑闻或者劣迹事件的词条链接。

如今，遗忘已成为例外，记忆却成了常态。[1] 在现代计算机科技和互联网技术的帮助下，有关个人信息的事件一旦在互联网中留存记录，哪怕只是短短的几秒钟，都极有可能被永久记录，就像刺青一样深深刻在当事人的"数字皮肤"[2] 上。于是，互联网上可能永久记录的个人信息，与被记录主体想让互联网彻底"遗忘"该个人信息的诉求之间的矛盾就应运而生。

其实，早在大数据时代之前，这种矛盾就以其他形式存在于我们的日常生活之中。例如，一个可以称为"不予录用通知案"[3] 的案件。此案中，原告报考了被告某区人事局的职位，但由于被告在对其的政审考察过程中发现其四年前因与一位有配偶的女性发生性关系，而被认定为存在生活作风问题，受到党纪处分，故虽原告笔试与面试成绩均为第一，被告仍然做出了不予录用的决定。法院认为，"公务员是公共权力的行使者，需要良好的公众形象，应当具有公众信赖的基础"，原告虽然取得第一名的考试

---

① 迈尔-舍恩伯格．删除：大数据取舍之道．袁杰，译．杭州：浙江人民出版社，2013：6.
② LASICA. The Net Never Forgets. Salon, Nov. 26, 1998.
③ 张建文．被遗忘权的法教义学钩沉．北京：商务印书馆，2020：5.

成绩，但这只能反映原告当前所具有的知识水平、业务能力等素质相对其他报考人员是优秀的，并不能反映其思想素质、道德品质相对其他报考人员也是优秀的。[①] 法院最终驳回了原告要求"撤销不予录用通知"的诉讼请求。此案中，一份四年前的党内处分记录，葬送了原告的大好前程，于他而言，他最想改变的无非是两件事情：（1）让被告机关无权调取自己的党内处分记录；（2）让该党内处分记录为社会所"遗忘"。

　　镜头返回我们现在所处的大数据时代，我们个人信息的记录不再像上述"不予录用通知案"那样封存在厚厚一沓的牛皮纸档案袋内，它们以成本更低的形式存放在无边无际的互联网海洋中，任何人任何时间只要有具体的"信息坐标"（即网络链接）都可以从中调取，这加剧了"记忆"与"遗忘"之间的矛盾。维克托·迈尔-舍恩伯格在《删除：大数据取舍之道》一书中，从记忆与遗忘的对立出发，阐明了大数据时代遗忘的重要价值，讲述了两个大数据时代的悲剧。一个是"喝醉的海盗"：一位期待成为教师的单身母亲 Stacy Snyder 在 2006 年被心仪的大学取消了当教师的资格，理由是其行为与教师不符。原因是她的 Myspace 个人网页上有一张她头戴海盗帽、举着塑料杯子啜饮的照片被一位过度热心的教师发现并上报校方，校方认为学生会因看到教师喝酒的照片而受到不良影响。Stacy 想要将该照片删除时却发现她的个人网页已经被搜索引擎编录且已经被网络爬虫（web crawler）程序存档。后来，Stacy 控告这所大学，但最终也没能胜诉。另一个故事是关于一位 60 多岁的生活在加拿大温哥华的心理咨询师 Andrew Feldmar，他在 2006 年准备穿越美国和加拿大边境去迎接自己的朋友时被边境卫兵拦下，边境卫兵用互联网搜索引擎查询了 Feldmar，发现了一篇他在 2001 年为一本交叉学科杂志写的文章，在这篇文章中他提到自己在 40 多年前服用过致幻剂 LSD。因此，他被扣留 4 个多小时并被提取指纹，还签署了一份声明，叙明他在大约 40 年前服用过致幻剂，并且不准再进入美国境内。据此，该书作者不禁追问："在这个记忆已经成为

---

① 参见重庆市渝中区人民法院（2008）中区行初字第 32 号行政裁判书。

常态的时代，难道每个公开自己信息的人只能永远对信息束手无策吗？我们真的想要一个由于无法遗忘，而永远不懂得宽恕的未来吗？"[①]

　　本书将研究的案例是发生在我国的"任某诉北京百度网讯科技有限公司案"，此案被称作我国"被遗忘权第一案"。该案中，原告任某在百度搜索栏中键入其姓名之后，在搜索栏下方的"相关搜索"列表中发现了与其以前的工作信息相关的、可能引起负面评价的词条，于是发邮件要求百度将相关词条删除，但百度未予回应，故任某诉被告百度侵犯其姓名权、名誉权以及"一般人格权中的被遗忘权"。此案作为我国"被遗忘权第一案"，为"被遗忘权"研究提供了宝贵的分析样本。本书将通过对该案的案情梳理与争议焦点分析，并结合国外的立法实践，探讨"被遗忘权"在我国的本土化规制路径。

案情介绍

　　原告任某系人力资源管理、企事业管理等管理学领域的从业人员，其于 2014 年 7 月 1 日起在无锡某氏生物科技有限公司（以下简称"某氏"）从事相关的教育工作，2014 年 11 月 26 日与某氏解除劳动关系。任某认为某氏教育声名狼藉，自己已与某氏解除劳动关系，而百度网讯科技有限公司搜索页面显示的关键词"某氏教育任某"等给其造成不利影响和经济损失，百度网讯科技有限公司侵犯其姓名权、名誉权及一般人格权中的"被遗忘权"，要求百度网讯科技有限公司停止侵权、赔偿损失。

　　对此，百度网讯科技有限公司辩称：第一，在本案事实中，百度网讯科技有限公司只提供了互联网搜索引擎服务，包括"关键词搜索"和"关键词相关搜索"，无论哪一种搜索方式，都客观体现了网民的搜索状况和互联网信息的客观情况，具有技术中立性和正当合理性。在服务过程中，百度网讯科技有限公司未进行任何人为的调整和干预。第二，本案中客观上不存在任某姓名权和名誉权受侵犯的情形。其一，就本案涉诉事实而

---

　　① 迈尔-舍恩伯格 . 删除：大数据取舍之道 . 袁杰，译 . 杭州：浙江人民出版社，2013：6.

言，根据任某的法庭陈述，其之前确实与某氏教育有过现实的业务合作与媒体宣传。这次业务合作与宣传信息反映在互联网上，根据搜索引擎的机器算法法则，搜索"任某"，不仅会出现与关键词"任某"有关的第三方网页链接，还会自动出现与"任某"相关的搜索关键词如"某氏教育任某""某氏教育＊＊＊"。即使是在双方现实业务合作已经终止的情况下，但在互联网上，由于是在相关搜索的时间参考期限内，搜索"任某"时，相关搜索词依然有可能出现"某氏教育任某"或"某氏教育＊＊＊"；同时，由于搜索的用户可能并不知道任某与某氏教育合作变化事宜，可能还会继续在互联网上检索相关的检索词，也造成出现涉诉相关检索词。目前来看，线上的结果已经改变，说明搜索用户已经逐渐知悉此情况，行为上的关联度在逐渐降低，再结合算法计算后，相关搜索词已经改变（根据任某起诉时提交的证据、任某补充提交的证据、当前实时数据，相关搜索词每次均不同），更加说明相关搜索是机器自动的、实时的、动态的。法律上，侵犯姓名权的行为主要表现为：擅自使用他人姓名、假冒他人姓名、干涉他人使用姓名、采取违法方式或违背公序良俗使用他人姓名等。因此，百度搜索引擎的上述情形不属于侵犯任某姓名权的行为。其二，在本案中，无论是"任某"关键词搜索，还是相关搜索，搜索词以及链接信息均不存在对任某侮辱或诽谤的文字内容。搜索时，与任某名字同时出现的"某氏教育"相关信息，也与任某的现实社会关系客观上存在一定的关联，也不构成对任某的侮辱或诽谤。因此，百度搜索引擎的上述情形不属于侵犯任某名誉权的行为。第三，任某主张的权利没有明确的法律依据。被遗忘权的对象主要指的是一些人生污点，本案并不适用。任某并没有举证某氏教育的负面影响有多大、社会评价有多低、对任某的客观影响在哪里。针对本案的关键词，其本身不具有独立的表达，例如"某氏教育任某"，想要知道具体内容一定要点开链接看，不能说看见这个关键词，就认为任某现在某氏工作。因此，任某对被遗忘权的主张不能成立。第四，关于任某主张的经济赔偿金和精神损害抚慰金，理由不成立。没有证据证明任某存在精神损害和经济损失，以及与本案中百度提供的搜索引擎服务存在任何因果关系。任某的证据中，投诉渠道也不是有效的。[①]

对于"被遗忘权"，该案一、二审法院均认为："被遗忘权"是欧盟法院通过判决正式确立的概念，虽然我国学术界对"被遗忘权"的本土化问题进行过探讨，但我国现行法律中并无对"被遗忘权"的规定，亦无"被遗忘权"的权利类型。任某依据一般人格权主张其"被遗忘权"应属于一般人格利益，该人格利益若想获得保护，任某必须证明其不能涵盖到既有类型化权利之中，且具有利益的正当性及保护的必要性。但任某并不能证明上述正当性和必要性，其主张"被遗忘权"缺乏相应的事实和法律依据。

由此，一审法院判任某败诉，二审法院驳回其上诉，维持原判，此案尘埃落定。

争议焦点

涉诉"相关搜索"显示词条是否受到百度网讯科技有限公司人为干预之事实判断

法院认为，搜索引擎的"相关搜索"功能，是为用户当前搜索的检索词提供特定相关性的检索词推荐，这些相关检索词是根据过去其他用户的搜索习惯和与当前检索词之间的关联度计算而产生的，是随着网民输入检索词的内容和频率变化而实时自动更新变化的。如果百度网讯科技有限公司在"相关搜索"服务中存在针对任某相关信息而改变前述算法或规律的人为干预行为，就应当在"相关搜索"的推荐服务中对任某在本案中主张的六个关键词给予相对稳定一致的公开显示，或者至少呈现一定规律性的显示。但是，无论从任某自述及双方提供的公证书看，还是从法院当庭现场勘验的情况看，均发现在百度搜索页面的搜索框中输入"任某"这一检索词，在"相关搜索"中会显示不同的排序及内容的词条，而且任某主张的六个检索词也呈现时有时无的动态及不规律的显示状态。这与搜索引擎

---

① 参见（2015）海民初字第 17417 号和（2015）一中民终字第 09558 号。

"相关搜索"功能的一般状态是一致的，并未呈现人为干预的异常情况，足以印证百度网讯科技有限公司所称相关搜索词系由过去一定时期内使用频率较高且与当前搜索词相关联的词条统计而由搜索引擎自动生成，并未受到百度网讯科技有限公司人为干预。综上，在任某无相反证据的情况下，法院认定百度网讯科技有限公司并未针对任某的个人信息在相关搜索词推荐服务中进行特定的人为干预。①

百度网讯科技有限公司"相关搜索"技术模式及相应服务模式是否侵犯任某姓名权、名誉权及任某主张的一般人格权中的所谓"被遗忘权"之法律判断

1. 是否侵犯任某姓名权

公民享有姓名权，有权决定、使用和依照规定改变自己的姓名，禁止他人干涉、盗用、假冒。本案中，既然百度网讯科技有限公司并无人为干预"相关搜索"有关"任某"词条的行为，没有特定个人的特定指向，那么，对于作为机器的"搜索引擎"而言，"任某"这几个字在相关算法的收集与处理过程中就是一串字符组合，并无姓名的指代意义；即使最终在"相关搜索"中出现"任某"这一词条与本案任某有关，也只是对网络用户使用"任某"这几个字符状态的客观反映，显然不存在干涉、盗用、假冒本案任某姓名的行为。况且现代社会中自然人不享有对特定字符及组合的排他性独占使用的权利，故百度网讯科技有限公司在相关搜索中使用"任某"这一词条并不构成对任某本人姓名权的侵犯。

2. 是否侵犯任某名誉权

公民享有名誉权，公民的人格尊严受法律保护，禁止使用侮辱、诽谤等方式损害公民、法人的名誉。本案中，综合前文对相关搜索技术模式及相关服务模式的正当性的论述，加之百度网讯科技有限公司在"相关搜索"中推荐涉诉六个词条的行为，既不存在使用言辞进行侮辱的情况，也不存在捏造事实传播进行诽谤的情况，明显不存在对任某进行侮辱、诽谤

---

① 参见（2015）海民初字第 17417 号和（2015）一中民终字第 09558 号。

等侵权行为，故百度网讯科技有限公司相关搜索的前述情形显然不构成对任某名誉权的侵犯。

3. 是否侵犯一般人格权中的"被遗忘权"

（1）原告观点。

任某认为，其已经结束某氏相关企业的教育工作，不再与该企业有任何关系，此段经历不应当仍在网络上广为传播，应当被网络用户"遗忘"，而且该企业名声不佳，在百度相关搜索上存留其与该企业的相关信息会形成误导，并造成其在就业、招生等方面面临困难而产生经济损失，已经产生了现实的损害，百度网讯科技有限公司应当承担侵权责任，这种"利益"应当作为一种一般人格利益，从人格权的一般性权利即一般人格权角度予以保护。

（2）被告观点。

任某主张的权利没有明确的法律依据。被遗忘权主要指的是一些人生污点，本案并不适用。任某并没有举证某氏教育的负面影响有多大、社会评价有多低、对任某的客观影响在哪里。针对本案的关键词，本身不具有独立的表达，例如"某氏教育任某"，想要知道具体内容一定要点开链接看，不能说看见这个关键词，就认为任某现在某氏工作。因此，任某对被遗忘权的主张不能成立。

（3）法院观点。

法院认为，我国现行法中并无法定称谓为"被遗忘权"的权利类型，"被遗忘权"只是在国外有关法律及判例中有所涉及，但其不能成为我国此类权利保护的法律渊源。我国《侵权责任法》规定，侵害民事权益，应当依照本法承担侵权责任。行为人因过错侵害他人民事权益，应当承担侵权责任。由此可见，民事权益的侵权责任保护应当以任某对诉讼标的享有合法的民事权利或权益为前提，否则其不存在主张民事权利保护的基础。人格权或一般人格权保护的对象是人格利益，既包括已经类型化的法定权利中所指向的人格利益，也包括未被类型化但应受法律保护的正当法益。

就后者而言，必须不能涵盖到既有类型化权利之中，且具有利益的正当性及保护的必要性，三者必须同时具备。

本案中，任某希望"被遗忘"（删除）的对象是百度网讯科技有限公司"相关搜索"推荐关键词链接中涉及的其曾经在某氏教育工作经历的特定个人信息。这部分个人信息的确涉及任某，而且该个人信息所涉及的人格利益是对其个人良好业界声誉的不良影响，进而还会随之产生影响其招生、就业等经济利益的损害，与任某具有直接的利益相关性。而且，其对这部分网络上个人信息的利益指向的确不能归入我国现有类型化的人格权保护范畴。因此，该利益成为应受保护的民事法益，关键就在于该利益的正当性与受法律保护的必要性。

任某主张删除的直接理由是某氏教育在业界口碑不好，网络用户搜索其姓名"任某"时，相关搜索推荐的词条出现其与某氏教育及相关各类名称的"学习法"发生关联的各种个人信息对其不利。实际上，这一理由中蕴含了其两项具体的诉求意向：其一是正向或反向确认其曾经合作过的某氏教育不具有良好的商誉；其二是试图向后续的学生及教育合作客户至少在网络上隐瞒其曾经的工作经历。就前者而言，企业的商誉受法律保护，法律禁止任何人诋毁或不正当利用合法企业的商誉，况且不同个人对企业商誉的评价往往是一种主观判断，而企业客观上的商誉也会随着经营状况的好坏而发生动态变化，因此不宜抽象地评价商誉好坏及商誉产生后果的因果联系，何况任某目前与某氏教育相关企业之间仍存在同业或相近行业的潜在竞争关系。就后者而言，涉诉工作经历信息是任某最近发生的情况，其目前仍在企业管理教育行业工作，该信息正是其行业经历的组成部分，与其目前的个人行业资信具有直接的相关性及时效性；任某希望通过自己良好的业界声誉在今后吸引客户或招收学生，但是包括任某工作经历在内的个人资历信息正是客户或学生借以做出判断的重要信息依据，也是作为教师诚实信用的体现，这些信息的保留对于包括任某所谓潜在客户或学生在内的公众知悉任某的相关情况具有客观的必要性。任某在与某氏相关企业从事教育业务合作时并非未成年人或限制行为能力人、无行为能力人，其并不存在法律上对特殊人群予以特殊保护的法理基础。因此，任某在本案中主张的应"被遗忘"（删除）信息的利益不具有正当性和受法律保护的必要性，不应成为侵权保护的正当法益。其主张该利益受到一般人格权中所谓"被遗忘权"保护的诉讼主张，法院不予支持。

案件评析

2015 年 12 月 9 日，被称为我国"被遗忘权第一案"的"任某诉北京百度网讯科技有限公司案"由北京市海淀区法院二审审结。由于在案件审理期间，《个人信息保护法》与《民法典》都远未颁布，一、二审法院在《侵权责任法》框架下完成了对案件"被遗忘权"部分的说理，即任某若要证明其"被遗忘权"应当受到法律保护，须先证明三个要件：（1）此权利属于非类型化的人格权利涵盖范围；（2）具有利益的正当性；（3）具有保护的必要性。换而言之，在我国还没有个人信息权与隐私权立法的现行法律体系下，该案创造性地通过"一般人格权"对尚未本土化的"被遗忘权"予以解释和保护。[1]

"被遗忘权"作为一种完全的舶来品[2]，本案判决将其定性为一般人格权进行规制，无疑给未来互联网领域个人信息保护的司法实践和被遗忘权的理论研究以重大的借鉴意义[3]。随着《民法典》与《个人信息保护法》的相继颁布实施，在我国的法律体系中出现了"删除权"的概念。而欧盟的《一般数据保护条例》第 17 条明确规定，"被遗忘权"即"删除权"。[4] 这就要求我们在理解任某一案"创造性的借鉴意义"的基础上，追根溯源，研究"被遗忘权"的法律源流以及"被遗忘权"与我国现行法律体系中的"删除权"之间的关系。

---

[1] 张建文. 被遗忘权的法教义学钩沉. 北京：商务印书馆，2020：149.
[2] 高富平. 被遗忘权在我国移植的法律障碍. 法律适用，2017（16）.
[3] 张建文. 被遗忘权的法教义学钩沉. 北京：商务印书馆，2020：149.
[4] 欧盟《一般数据保护条例》. 瑞柏律师事务所，译. 北京：法律出版社，2018：54.

"被遗忘权"的法律源流

进入 21 世纪以来，互联网服务持续飞速发展，社交网站和自媒体融入人们的日常生活，公民对个人信息及隐私权的保护需求也更加强烈。在此背景下，"被遗忘权"一词开始作为一种权利产生并出现在法律文本当中。2012 年 1 月 25 日，欧盟委员会就个人信息保护议题提出了《欧洲议会和理事会保护个人信息处理权益以及促进个人信息自由流通条例草案》（以下简称《条例草案》），其中第 17 条明确规定了"被遗忘权"。该《条例草案》已经于 2016 年 4 月 27 日顺利通过。《条例草案》的出台表明"被遗忘权"的进一步发展。但是，"被遗忘权"在欧洲司法实践中正式确立并成为一项具体的民事权利，则得益于欧盟法院对"冈萨雷斯诉谷歌案"的终审判决。

冈萨雷斯是西班牙《先锋报》在 1998 年刊登的西班牙国内财产强制拍卖公告中的被拍卖人，《先锋报》提到他的财产遭到强制拍卖，并且冈萨雷斯的名字也因该事件被收录在谷歌公司的搜索引擎中。冈萨雷斯认为该强制拍卖活动早已结束，谷歌搜索引擎上有关他的信息继续存在会对其声誉造成损害，于是要求谷歌公司删除其个人信息，后来演化为冈萨雷斯与谷歌公司对簿公堂，该案由欧盟法院负责审理。2014 年 5 月 13 日，欧盟法院做出最终裁决，认为谷歌搜索引擎运营商作为信息控制者，应当删除有关信息主体的"不当的、不相关的、过时的"搜索结果，对冈萨雷斯的删除请求应予以支持。

欧盟法院关于"冈萨雷斯诉谷歌案"的判决使得"被遗忘权"在欧洲真正得以确立，这对于网络服务中个人信息的保护具有重大的实践意义。该判决是欧盟法院对欧盟《条例草案》所规定的"被遗忘权"的首次法律解读与适用，它使得"被遗忘权"的规定具有实践可能性，使"被遗忘权"获得了突破性的发展。该判决界定谷歌等搜索引擎运营商为信息控制者，明确有关信息主体"不当的、不相关的、过时的"信息内容可通过"被遗忘权"的请求予以删除。判决所确立的"被遗忘权"可以避免保存在网络上的已经过时的信息继续侵扰信息主体当前的生活状态，从而为网络服务中个人信息的保护提供有效的救济途径。毋庸置疑，"被遗忘权"因"冈萨雷斯诉谷歌案"而发展成为一项在司法实务中具有可操作性的民事权利。

"删除权"抑或"被遗忘权"

承接上文，在"冈萨雷斯诉谷歌案"以及欧盟《通用数据保护条例》（GDPR）出台的背景下，"被遗忘权"已经成为欧洲司法实践中一项具有可操作性的民事权利。而我国针对"被遗忘权"问题也进行了立法实践：（1）《民法典》第 1037 条第 2 款规定，自然人发现信息处理者违反法律、行政法规的规定或者双方的约定处理其个人信息的，有权请求信息处理者及时删除。（2）《个人信息保护法》第 47 条规定，有下列情形之一的，个人信息处理者应当主动删除个人信息；个人信息处理者未删除的，个人有权请求删除……法律、行政法规规定的保存期限未届满，或者删除个人信息从技术上难以实现的，个人信息处理者应当停止除存储和采取必要的安全保护措施之外的处理。由此可见，我国的立法体系中强调的是个人享有的"删除"权利。那么，有无必要规定"被遗忘权"？

对于我国立法实践中的"删除权"是否包括"被遗忘权"以及有无必要单独规定"被遗忘权"，理论界存在很大的争议。综合不同学者的观点，笔者更加赞同王利明、程啸老师在《中国民法典释评·人格权编》中的观点，即没有必要单独规定"被遗忘权"。理由如下：

第一，如果网络上发布的信息涉及侵害自然人的名誉权、隐私权等人格权益，自然人基于名誉权、隐私权当然有权行使停止侵害、排除妨碍等人格权请求权，要求发布相关信息的网络用户删除该信息，同时也有权依据《民法典》第 1195 条要求网络服务提供者采取删除、屏蔽、断开链接等必要措施。

第二，自然人如果发现信息控制者违反法律、行政法规的规定或者双方的约定收集、处理其个人信息，则依据《民法典》第 1037 条第 2 款有权请求信息控制者及时删除。这里面就包括《民法典》第 1037 条第 2 项规定的，虽然是处理该自然人自行公开的或者其他已经合法公开的信息，但是该自然人明确拒绝或者处理该信息侵害其重大利益的除外情形。应当说，上述两种情形的删除权的适用涵盖了全部的自然人有权要求删除个人信息的正当情形，除此之外，自然人已无正当的利益要求网络服务提供者或信息控制者删除相关个人信息。

第三，如果允许自然人可以没有任何正当性理由就要求删除相关信息，势必会出现歪曲真相的情况，这损害了公众的知情权，甚至构成对公众的欺骗这样的不良后果。例如，在我国发生的"任某诉北京百度网讯科技有限公司案"中，网络服务提供者通过搜索引擎所收录的是已经合法公开的、客观真实的个人信息，这些信息通过搜索引擎再次呈现，既没有侵害原告的隐私权，也没有损害其人格尊严或妨害其人格自由，因此，原告毫无正当理由请求加以删除。然而，西班牙的"冈萨雷斯诉谷歌案"的情形则有所不同。这是因为，该案中通过谷歌搜索冈萨雷斯全名可与其财产被强制拍卖的信息相连，在冈萨雷斯生活的区域内对其个人的生活造成了一定的困扰，涉嫌对其人格尊严和职业发展这一重大利益的侵害，因此，法院认为冈萨雷斯有权要求谷歌断开相关个人信息的链接。[1]

删除权的适用范围——基于《个人信息保护法》第 47 条的解读

所谓删除的适用范围，是指在何种情形下，个人信息处理者应当删除其处理的个人信息，且个人有权请求处理者予以删除。[2] 从立法来看，一般都是既规定能够适用删除权的情形，也规定不能适用删除权的情形。例如，欧盟《一般数据保护条例》第 17 条第 1 款规定的是能够适用删除权即被遗忘权的具体情形，第 3 款则规定了不能要求删除的情形。我国《个人信息保护法》第 47 条也采取了这一模式，具体阐述如下。

1. 个人有权请求删除其个人信息的情形

（1）处理目的已实现、无法实现或者为实现目的不再必要。例如，一

---

① 王利明，程啸. 中国民法典释评·人格权编. 北京：中国人民大学出版社，2020：483.

② 程啸. 论《个人信息保护法》中的删除权. 社会科学辑刊，2022（1）：103.

律所现需要十名实习生，人事部门揽收了 100 份实习简历，最终有 15 名应聘者进入最后的面试环节，则剩余 85 份简历对于该律所（即信息处理者）就不再必要了，85 名应聘者均有权要求律所删除其个人信息。

（2）个人信息处理者停止提供产品或者服务。仍然是上文中律所的例子，当律所决定本次招收实习生计划取消时，律所就失去了处理个人信息（即每一份简历）的目的，处理的正当性也随之消失，信息处理者应当主动删除个人信息。

（3）个人信息的保存期限已届满。这个保存期限首先是指法律、行政法规规定的保存期限。当法律、行政法规规定了保存期限时，处理者与个人约定的保存期限不得短于法律、行政法规规定的保存期限。只有在法律、行政法规没有规定保存期限时，处理者与个人才能进行约定，当然，该保存期限的约定也应当遵循目的限制原则，即保存期限应当为实现处理目的所必要的最短时间（《个人信息保护法》第 19 条）。无论是法定的保存期限还是约定的保存期限届满的，个人信息处理者均应主动删除个人信息。

（4）个人撤回同意。在基于个人同意而进行的个人信息处理中，个人同意是个人信息处理活动的合法性基础，而个人有权随时撤回同意。虽然撤回同意不影响撤回前基于个人同意已经进行的个人信息处理活动的效力（《个人信息保护法》第 15 条第 2 款），但是，在个人撤回同意后，个人信息处理活动除非具有其他合法根据，否则处理者再进行处理活动就是非法的。在这种情形下，个人信息处理者也没有必要继续存储个人信息，应当主动删除。

（5）个人信息处理者违反法律、行政法规或者违反约定处理个人信息。上文提到的删除情形都是个人信息处理者合法地处理个人信息的情形，而一旦有处理者违反法律、行政法规或者违反约定处理个人信息的情况，那么这种处理活动即是非法的，个人信息处理者应当立即停止非法处理活动，即删除个人信息，而个人也有权请求其删除。

（6）法律、行政法规规定的其他情形。这是兜底性条款。

2. 不得或无法删除个人信息的情形

（1）法律、行政法规规定的保存期限未届满。这是指虽然已经符合第47条第1款第1～3项的情形，个人信息处理者应当主动删除个人信息，但是由于法律、行政法规规定了保存期限，而该期限并未届满，如果个人信息处理者主动删除个人信息或者个人有权请求删除个人信息，就势必出现违反法律、行政法规的规定。例如，《证券法》第137条规定："证券公司应当建立客户信息查询制度，确保客户能够查询其账户信息、委托记录、交易记录以及其他与接受服务或者购买产品有关的重要信息。证券公司应当妥善保存客户开户资料、委托记录、交易记录和与内部管理、业务经营有关的各项信息，任何人不得隐匿、伪造、篡改或者毁损。上述信息的保存期限不得少于二十年。"

（2）删除个人信息从技术上难以实现。在现代网络信息社会，收集个人信息越来越容易，成本也越来越低，但是删除个人信息的成本却比较高。所以，此款应当理解为，现有的技术根本无法删除个人信息或者在现有的技术条件下（在个人信息处理者的技术条件下）需要付出不合理成本才能删除。

任某案的现实意义

任某一案作为我国"被遗忘权第一案"，创造性地通过"一般人格权"对尚未本土化的"被遗忘权"予以解释和保护。而在现行立法体系下，《民法典》与《个人信息保护法》赋予个人信息主体的"删除权"奠定了新时代个人信息主体维权的法律基础。综上，"删除权"作为个人信息权益的重要内容，对于实现个人对其个人信息处理的决定权具有至关重要的作用。虽然我国《民法典》和《个人信息保护法》都对删除权做出了规定，但这些法律规定总体上仍然是比较原则性且抽象的[①]，因此，需要未来有相应的法规规章以及标准等加以细化，从而使之具有可操作性。

---

① 程啸. 论《个人信息保护法》中的删除权. 社会科学辑刊, 2022 (1)：103.

数据安全第一案

摘要

　　随着科技的飞速发展和信息的快速传播，大数据时代现实生活中出现了大量关于个人信息保护的问题，其中，个人信息的泄露已经逐渐发展成为危害公民民事权利的一个普遍性社会问题。"庞某诉东航、趣拿公司案"作为2014年个人信息泄露的典型案例，深刻反映了个人信息主体在《民法典》《个人信息保护法》颁布前的法律框架下的维权困境。案件审理过程中原、被告之间的交锋与一、二审法院意见的转变对于现今个人信息保护制度的发展仍然具有很强的指导意义。本部分将通过对"庞某诉东航、趣拿公司案"的案情梳理，回顾此案的争议焦点，针对原、被告双方在《侵权责任法》《民事诉讼法》框架下的举证责任分配和证明标准问题，探讨在司法实践中应当如何平衡个人信息主体与个人信息处理者之间的诉讼关系。

案情介绍

　　2014年10月11日，律师庞某委托同事鲁某通过北京趣拿信息技术有限公司（以下简称趣拿公司）下辖网站"去哪儿网"平台（www.qunar.com），订购了中国东方航空股份有限公司（以下简称东航）机票1张，所选机票代理商为长沙星旅票务代理公司（以下简称星旅公司）。"去哪儿网"订单详情页面显示该订单登记的乘机人信息为庞某姓名及身份证号，联系人信息、报销信息均为鲁某及其尾号为1850的手机号。2014年10月13日，庞某尾号为5949的手机号收到来源不明的号码发来短信称由于机械故障，其所预订的航班已经取消。该号码来源不明，且未向鲁某发送类似短信。鲁某拨打东航客服电话进行核实，客服人员确认该次航班正常，并提示庞某收到的短信应属诈骗短信。东航客服电话向庞某手机号码发送通知短信，告知该航班时刻调整。19 时 43 分，鲁某再次拨打东航客服电话确认航班时刻，被告知该航班已取消。鲁某代庞某购买本案机票并沟通后续事宜，购买本案机票时未留存庞某手机号。

随后，庞某诉至法院，主张趣拿公司和东航泄露的隐私信息包括其姓名、尾号为 5949 的手机号及行程安排（包括起落时间、地点、航班信息），侵犯其隐私权，要求二被告承担连带责任。其具体诉讼请求为：（1）二被告在各自的官方网站以公告的形式向原告公开赔礼道歉，致歉内容包含本案判决书案号、侵权情况说明及赔礼道歉声明，致歉版面面积不小于 6cm×9cm；（2）二被告赔偿原告精神损害抚慰金 1 000 元。北京市海淀区人民法院于 2016 年 1 月 20 日做出一审判决，驳回庞某的全部诉讼请求，认为现无证据证明二被告将原告过往留存的手机号与本案机票信息匹配予以泄露，且二被告并非掌握原告个人信息的唯一介体，故由负有举证责任的原告庞某承担不利后果。①

原告庞某不服提出上诉，认为：（1）本案所涉内容是当今社会面临的一个普遍现象，庞某在趣拿公司下辖网站"去哪儿网"购买东航机票，导致个人信息泄露，个人隐私权遭到严重侵犯。（2）一审法院适用的举证证明责任分配，严重超出庞某的证明能力，庞某不予认同。趣拿公司和东航可能并非能够掌握庞某姓名和手机号的唯一介体，但是庞某此行的航班信息以及因机械故障导致航班取消的航班状态，却无疑属于趣拿公司和东航（特别是东航）能够唯一性、排他性地获取自上诉人的个人隐私信息，具有极强的指向性。庞某是趣拿公司和东航的常旅客，有理由推断在趣拿公司和东航的系统中存有庞某的隐私信息，不能排除隐私信息系趣拿公司和东航泄露出去的可能。庞某作为旅客，在信息及证据的掌握方面相对趣拿公司和东航处于极不对等的劣势地位。庞某在一审中所提供的证据符合基本的形式及实质要件，已经形成了完整的证据链条，并且足以反映出趣拿公司和东航必然掌握庞某的姓名、手机号码、航班信息以及因机械故障导

---

① 参见北京市海淀区人民法院（2015）海民初字第 10634 号民事判决书。

致航班取消的航班状态等外界无法获知的个人隐私信息。因此，庞某的举证行为已经达到民事诉讼高度盖然性的证明标准。趣拿公司和东航在一审中所提供的证据仅能证明其自身系统安全措施完善，但这不等于不会出现侵权的事实，趣拿公司和东航应就自身及雇员均未实施侵犯庞某隐私权的行为进行举证，因此趣拿公司和东航所提供的证据存在片面性，且趣拿公司和东航放弃了其在本诉中要求他方承担责任的权利，故趣拿公司和东航应承担举证不利的后果，并承担侵犯庞某隐私权的侵权责任。请求二审法院撤销一审判决，依法改判支持庞某在一审的诉讼请求。

北京市第一中级人民法院于 2017 年 3 月 27 日做出二审判决，认为本案的争议焦点为：（1）本案涉及的姓名、电话号码及行程安排等事项是否可以通过隐私权纠纷寻求救济；（2）根据现有证据能否认定涉案隐私信息是由东航和趣拿公司泄露；（3）在东航和趣拿公司有泄露庞某隐私信息的高度可能之下，其是否应当承担责任；（4）东航和趣拿公司所提出的中航信更有可能泄露庞某信息的责任抗辩事由是否有效成立。法院最终认定东航和趣拿公司存在泄露庞某隐私信息的高度可能，并且存在过错，应当承担侵犯隐私权的相应侵权责任，做出以下判决：（1）撤销北京市海淀区人民法院（2015）海民初字第 10634 号民事判决；（2）北京趣拿信息技术有限公司于本判决生效后十日内在其官方网站（www.qunar.com）首页以公告形式向庞某赔礼道歉，赔礼道歉公告的持续时间为连续三天（公告内容需经法院核准。如拒不履行该义务，法院将在全国公开发行的媒体上公布本判决的主要内容，费用由北京趣拿信息技术有限公司负担）；（3）中国东方航空股份有限公司于本判决生效后十日内在其官方网站（www.ceair.com）首页以公告形式向庞某赔礼道歉，赔礼道歉公告的持续时间为连续三天（公告内容需经法院核准。如拒不履行该义务，法院将在全国公开发行的媒体上公布本判决的主要内容，费用由中国东方航空股份有限公司负担）；（4）驳回庞某的其他诉讼请求。①

----

① 参见北京市第一中级人民法院（2017）京 01 民终 509 号民事判决书。

被告东航不服并向北京市高级人民法院提出再审申请，认为：（1）我方不具备侵权责任构成要件，二审判决仅以我方持有涉案行程信息即当然推定我方为侵权人，显属主观臆断。（2）二审判决充斥主观论理，错误推理认定我方存在泄露信息的高度可能。（3）本案属于一般侵权纠纷，应适用过错责任原则，二审判决仅依据信息泄露的客观结果即当然认定我方具有过错，实质对我方适用了无过错原则，显属错误。（4）二审判决曲解法律规定，认定事实错误。庞某的涉案行程信息不属于隐私信息，只是普通的个人信息。（5）庞某并无实际经济损失，也未遭受其他损害，鉴于本案可能造成的影响，其诉讼请求不应得到支持。（6）二审判决不应支持庞某关于在我方官方网站首页以公告形式赔礼道歉的诉讼请求。即便我方构成侵权，也只需要向庞某本人赔礼道歉即可；公开道歉的方式既无法律依据，也不符合经济原则和必要原则。请求再审法院撤销二审判决。

北京市高级人民法院经审查认为，二审法院认为本案涉及的姓名、电话号码及行程安排等事项可以通过隐私权纠纷寻求救济，符合法律规定，并无不当。二审法院综合考虑本案的实际情况和相关证据，认定东航公司存在泄露庞某隐私信息的高度可能，认定事实并无不当。东航公司应当承担侵犯隐私权的相应侵权责任。二审判决认定事实清楚，适用法律正确，处理并无不当，裁定驳回中国东方航空股份有限公司的再审申请。①

自此，本案尘埃落定。

争议焦点

争议焦点一：本案涉及的姓名、电话号码及行程安排是否属于隐私权保护对象

原告庞某认为，鲁某代其在趣拿公司下辖网站"去哪儿网"购买了2014年10月14日从泸州飞往北京的东方航空公司机票，并登记了相关的个人隐私信息（只有原告姓名及身份证号，并无原告手机号码）。但于

————————

① 参见北京市高级人民法院（2017）京民申 3835 号民事裁定书。

2014 年 10 月 13 日 12 时 48 分，原告收到由 0085255160529 号码发来的短信，该短信中列明了原告的姓名、航班号等个人隐私信息，并告知所预订的航班因机械故障取消。后经与东航核实，此短信号码并非东航所用。于是，原告认为二被告泄露其个人隐私信息，侵犯其隐私权，不然何来未知号码通知其航班取消？

东航在二审审理过程中提出，姓名、电话号码及行程安排等事项是运输合同中的内容，不构成隐私信息，因而其并没有侵犯隐私权的行为。[①] 二审判决其败诉后，其又在再审申请中提出，二审判决曲解法律规定、认定事实错误。[②] 庞某的涉案行程信息不属于隐私信息，只是普通的个人信息。

一审法院在审理过程中并未就原告的姓名、电话号码及行程安排是否属于隐私权保护对象发表意见。

二审法院则将其作为本案第一个争议焦点进行讨论，认为：姓名、电话号码及行程安排等事项首先属于个人信息。在现代信息社会，个人信息的不当扩散与不当利用已经逐渐成为危害公民民事权利的一个社会性问题，因此，对于个人信息的保护已经成为全球共识。我国《全国人民代表大会常务委员会关于加强网络信息保护的决定》明确提出要对个人信息进行保护。2017 年 10 月 1 日起实施的《民法总则》第 110 条也明确规定自然人的个人信息受法律保护。但是，在对个人信息进行保护的思路上，各国却有不同看法，从而形成了不同的立法例。有的将个人信息归属于隐私权进行保护（美国），有的则将个人信息归属于一般人格权或直接作为个人信息权进行保护（德国）。与国外的分歧一样，我国法律界对个人信息的保护思路也存在与上述情况相似的争鸣。然而，专业的争鸣本是为了更好地服务于权利保护的实践，如果因为专业争鸣未能达成共识就放弃对民事权益进行保护，岂非本末倒置？因此，无论对于个人信息的保护思路有

---

① 参见北京市第一中级人民法院（2017）京 01 民终 509 号民事判决书。
② 参见北京市高级人民法院（2017）京民申 3835 号民事裁定书。

如何的分歧，都不应妨碍对个人信息在个案中进行具体的保护。

本案中，庞某被泄露的信息包括姓名、尾号为 5949 的手机号、行程安排（包括起落时间、地点、航班信息）等。根据《最高人民法院关于审理利用信息网络侵害人身权益民事纠纷案件适用法律若干问题的规定》第 12 条的界定，自然人基因信息、病历资料、健康检查资料、犯罪记录、家庭住址、私人活动等是属于隐私信息的。据此，庞某被泄露的上述诸信息中，其行程安排无疑属于私人活动信息，从而应该属于隐私信息，可以通过本案的隐私权纠纷主张救济。

至于庞某的姓名和手机号，在日常民事交往中，发挥着身份识别和信息交流的重要作用。因此，孤立来看，姓名和手机号不但不应保密，反而是需要向他人告示的。然而，在大数据时代，信息的收集和匹配成本越来越低，原来单个的、孤立的、可以公示的个人信息一旦被收集、提取和综合，就完全可以与特定的个人相匹配，从而形成关于某一特定个人的详细且准确的整体信息。此时，这些全方位、系统性的整体信息就不再是单个的、可以任意公示的个人信息。这些整体信息一旦被泄露扩散，任何人都将没有自己的私人空间，个人的隐私将遭受巨大威胁，人人将处于惶恐之中。因此，基于合理事由掌握上述整体信息的组织或个人应积极地、谨慎地采取有效措施防止信息泄露。任何他人未经权利人的允许，都不得扩散和不当利用能够指向特定个人的整体信息。本案中，诈骗分子如果仅仅知道庞某的姓名和手机号，则无法发送关于航班取消的诈骗短信；如果仅仅知道庞某的行程信息，则亦无法发送关于航班取消的诈骗短信。而恰恰是诈骗分子掌握了庞某的姓名、手机号和行程信息，从而掌握了一定程度上的整体信息，所以才能够成功发送诈骗短信。因此，本案中，即使单纯的庞某的姓名和手机号不构成隐私信息，但当姓名、手机号和庞某的行程信息（隐私信息）结合在一起时，结合之后的整体信息也因包含了隐私信息（行程信息）而整体上成为隐私信息。另外，隐私权于 1890 年提出后经过 100 多年的发展，已经不再局限于提出时的内涵。随着对个人信息保护的重视，隐私权已经被认为可以包括个人信息自主的内容，即个人有权自主决定是否公开及如何公开其整体的个人信息。就姓名而言，自然人本就对其姓名拥有姓名权。但同时，姓名本身也是一种身份识别信息，它和手机号及行程信息结合起来的个人信息也应属于个人信息自主的内容。基于此，将姓名、手机号和行程信息结合起来的信息归入个人隐私进行一体保护，符合信息时代个人隐私、个人信息电子化的趋势。综上，二审法院认为本案涉及的姓名、电话号码及行程安排等事项可以通过隐私权纠纷寻求救济。①

争议焦点二：根据本案现有证据能否认定隐私信息是由东航和趣拿公司泄露

一审法院认为，本案中，原告委托鲁某通过"去哪儿网"购买机票时未留存原告本人尾号为 5949 的手机号，本案机票的代理商星旅公司未获得原告手机号，星旅公司向东航购买机票时亦未留存原告号码，故其无法确认趣拿公司及东航在本案机票购买过程中接触到原告手机号。即便原告此前收到过趣拿公司或东航发送的通知短信，但现无证据显示二被告将原告过往信息与本案机票信息关联，且趣拿公司未向原告号码发送过本案机票信息，东航在鲁某致电客服确认原告手机号前亦未向原告号码发送过本案机票信息，故无法确认二被告将原告过往留存的手机号与本案机票信息匹配，更无法推论二被告存在泄露上述信息的行为。涉案航班最终因飞机故障多次延误直至取消，该情形虽与诈骗短信所称"由于机械故障取消"的内容雷同，但不排除"因故障取消"系此类诈骗短信的惯用说辞，故仅凭航班状态与诈骗理由的巧合无法认定东航与诈骗短信存在关联。综上，二被告在本案机票订购时未获取原告号码，现无证据证明二被告将原告过往留存的手机号与本案机票信息匹配予以泄露，且二被告并非掌握原告个人信息的唯一介体，本院无法确认二被告存在泄露原告隐私信息的侵权行

---

① 参见北京市第一中级人民法院（2017）京 01 民终 509 号民事判决书。

为，故原告的诉讼请求缺乏事实依据，本院不予支持。①

二审法院认为，能否认定二被告泄露行为的关键是看庞某提供的证据能否表明东航和趣拿公司存在泄露庞某个人隐私信息的高度可能，以及东航和趣拿公司的反证能否推翻这种高度可能。于是，这一争议焦点在二审法院的观点中又分为两个重要部分：（1）庞某提供的证据能否表明东航和趣拿公司存在泄露庞某个人隐私信息的高度可能；（2）东航和趣拿公司的反证能否推翻上述高度可能。

针对第一部分，原告在上诉请求中就提出：趣拿公司和东航可能并非能够掌握庞某姓名和手机号的唯一介体，但是庞某此行的航班信息以及因机械故障导致航班取消的航班状态，却无疑属于趣拿公司和东航（特别是东航）能够唯一性、排他性地获取自上诉人的个人隐私信息，具有极强的指向性。庞某是趣拿公司和东航的常旅客，我们有理由推断在趣拿公司和东航的系统中存有庞某的隐私信息，不能排除隐私信息系趣拿公司和东航泄露出去的可能。庞某作为旅客，在信息及证据的掌握方面相对趣拿公司和东航处于极不对等的劣势地位。庞某在一审中所提供的证据符合基本的形式及实质要件，已经形成了完整的证据链条，并且足以反映趣拿公司和东航必然掌握庞某的姓名、手机号码、航班信息以及因机械故障导致航班取消的航班状态等外界无法获知的个人隐私信息。因此，庞某的举证行为已经达到民事诉讼高度盖然性的证明标准。二审法院认为：本案中，鲁某通过"去哪儿网"为庞某和自己向东航订购了机票，并且仅仅给"去哪儿网"留了自己的手机号，而非庞某的手机号。但是，由于庞某以前曾经通过"去哪儿网"订过机票，且是东航的常旅客，现有证据显示东航和"去哪儿网"都留存有庞某的手机号。同时，中航信作为给东航提供商务数据网络服务的第三方，也掌握着东航的相关数据。因此，从机票销售的整个环节看，庞某自己、鲁某、趣拿公司、东航、中航信都是掌

---

① 参见北京市海淀区人民法院（2015）海民初字第10634号民事判决书。

握庞某姓名、手机号及涉案行程信息的主体。但从本案现有证据及庞某、鲁某在整个事件及诉讼中的表现看，庞某和鲁某的行为并未违背一名善意旅客所应有的通常的行为方式。在没有相反证据予以证明的情况下，二审法院确信庞某、鲁某在参加购买机票的民事活动及本案民事诉讼活动时具备诚实、善意的通常状态，不属于自己故意泄露个人信息而进行虚假诉讼。所以，上述主体中，可以排除庞某和鲁某泄露庞某隐私信息的可能。

在排除了庞某和鲁某的泄露可能性之后，趣拿公司、东航、中航信都存在泄露信息的可能。从收集证据的资金、技术等成本上看，作为普通人的庞某根本不具备对东航、趣拿公司内部数据信息管理是否存在漏洞等情况进行举证证明的能力。因此，客观上，法律不能也不应要求庞某确凿地证明必定是东航或趣拿公司泄露了其隐私信息。从庞某已经提交的现有证据看，庞某已经证明自己是通过"去哪儿网"在东航官网（由中航信进行系统维护和管理）购买机票，并且东航和"去哪儿网"都存有庞某的手机号。因此，东航和趣拿公司以及中航信都有能力和条件将庞某的姓名、手机号和行程信息匹配在一起。虽然从逻辑上讲，任何第三人在已经获知庞某姓名和手机号的情况下，如果又查询到了庞某的行程信息，也可以将这些信息匹配在一起，但这种可能性却非常低。这是因为根据东航出具的说明，如需查询旅客航班信息，需提供订单号、旅客姓名、身份证号信息后才能逐个查询。而第三人即便已经获知庞某姓名和手机号，也很难将庞某的订单号、身份证号都掌握在手，从而很难查询到庞某的航班信息。与普通的第三人相比，恰恰是趣拿公司、东航、中航信已经把上述信息掌握在手。此外，一个非常重要的背景因素是，在本案所涉事件发生前后的一段时间，东航、趣拿公司和中航信被多家媒体质疑存在泄露乘客信息的情况。这一特殊背景因素在很大程度上强化了东航、趣拿公司和中航信泄露庞某隐私信息的可能。综上，二审法院认定东航、趣拿公司存在泄露庞某隐私信息的高度可能。

针对第二部分，二审法院的意见是：诉讼中，东航和趣拿公司都提供证据证明其采取措施尽到了对客户信息的安全保密职责，因而没有侵犯庞某隐私权。东航在二审中提交的证据，还表明信息泄露也可能是犯罪分子所为。对此，二审法院认为，东航和趣拿公司的反证表明其自身采取了一定的安全管理措施，且犯罪分子窃取信息也是可能的泄露原因。但在二审法院已经确认东航、趣拿公司存在泄露庞某隐私信息的高度可能的情况下，东航和趣拿公司并未举证证明本案中庞某的信息泄露的确是归因于他人，也并未举证证明本案中庞某的信息泄露可能是因为难以预料的黑客攻击，同时也未举证证明庞某的信息泄露可能是其自身或鲁某所为。在这种情况下，东航、趣拿公司存在泄露庞某隐私信息的高度可能很难被推翻。更何况在本案事件所处时间段内，东航和趣拿公司都被媒体多次质疑泄露乘客隐私，国家民航局公安局甚至发文要求航空公司将当时的亚安全模式提升为安全模式。这些情况都表明，东航和趣拿公司的安全管理并非没有漏洞，而是存在提升的空间。因此，二审法院确认东航和趣拿公司存在泄露庞某个人隐私信息的高度可能。

在二审判决书中，二审法院特别重申认定本案中趣拿公司和东航存在泄露的高度可能是基于如下因素：一是趣拿公司和东航都掌握着庞某的姓名、身份证号、手机号、行程信息；二是其他人整体上全部获取庞某的姓名、身份证号、手机号、行程信息的可能性非常低；三是2014年间，趣拿公司和东航都被媒体多次质疑存在泄露乘客隐私的情况。正是在以上三个因素同时具备的情况下，二审法院才认定东航和趣拿公司存在泄露庞某个人隐私信息的高度可能。[1]

被告东航公司在再审申请中针对二审法院在二审判决书中的说理进行了反驳，认为二审判决充斥主观论理，错误推理认定东航公司存在泄露信息的高度可能。对此，再审法院认为对高度可能的认定并无不当。[2]

---

[1]　参见北京市第一中级人民法院（2017）京01民终509号民事判决书。
[2]　参见北京市高级人民法院（2017）京民申3835号民事裁定书。

争议焦点三：在东航和趣拿公司有泄露庞某隐私信息的高度可能之下，其是否应当承担责任

原告认为，趣拿公司和东航在一审中所提供的证据仅能证明其自身系统安全措施完善，但这不等于不会出现侵权的事实。趣拿公司和东航应就自身及雇员均未实施侵犯庞某隐私权的行为进行举证，因此趣拿公司和东航所提供的证据存在片面性。而且趣拿公司和东航放弃了其在本诉中要求他方承担责任的权利，故趣拿公司和东航应承担举证不利的后果，并承担侵犯庞某隐私权的侵权责任。①

二审法院认为，东航和趣拿公司均存在泄露隐私的高度可能，但其是否应该承担责任归根到底还须审查其是否有过错。

近年来，公民个人隐私以及个人信息的保护已成为社会共识。2013 年修正的《中华人民共和国消费者权益保护法》第 29 条第 2 款中明确规定，经营者及其工作人员对收集的消费者个人信息必须严格保密，不得泄露、出售或者非法向他人提供。经营者应当采取技术措施和其他必要措施，确保信息安全，防止消费者个人信息泄露、丢失。这是在立法层面上对消费者个人隐私和信息的保护，也是对经营者保护消费者个人信息的强制性规定。经营者违反了该条规定，即视为其存在过错。本案中，东航和趣拿公司作为各自行业的知名企业，一方面因其经营性质掌握了大量的个人信息，另一方面亦有相应的能力保护好消费者的个人信息以免泄露，这既是其社会责任，也是其应尽的法律义务。诚然，对个人信息的保护是一个逐步的过程，从社会现实来讲不宜苛责过甚。但从本院现有证据看，东航和趣拿公司在被媒体多次报道涉嫌泄露乘客隐私后，即应知晓其在信息安全管理方面存在漏洞。但是，该两家公司却并未举证证明其在媒体报道后迅速采取了专门的、有针对性的有效措施，以加强其信息安全保护。而本案泄露事件的发生，正是其疏于防范导致的结果，因而可以认定趣拿公司和

---

① 参见北京市第一中级人民法院（2017）京 01 民终 509 号民事判决书。

东航具有过错，理应承担侵权责任。[①]

东航在再审申请中提出，本案属于一般侵权纠纷，应适用过错责任原则，二审判决仅依据信息泄露的客观结果即当然认定我方具有过错，实质对我方适用了无过错责任。对此，再审法院认为东航公司应当承担侵犯隐私权的相应侵权责任，二审法院并无不当。[②]

争议焦点四：东航和趣拿公司所提出的中航信更有可能泄露庞某信息的责任抗辩事由是否有效成立

二被告东航和趣拿公司在诉讼中认为，东航所用系统是中航信开发维护的，并且中航信也掌握东航的旅客信息，因而更有可能是中航信泄露庞某隐私信息，所以东航和趣拿公司应该免责。

对此，二审法院认为，根据对上述两争议焦点的论理，中航信的确与东航、趣拿公司一样存在泄露庞某信息的高度可能。但是，本案中，庞某并没有起诉中航信，而中航信也并非必须加入本案诉讼。理由如下：

第一，如果本案中东航和中航信都泄露了庞某的隐私信息，则东航和中航信基于各自的泄露行为均应向庞某承担侵权责任，此时，东航和中航信对庞某构成不真正连带责任。而在不真正连带责任中，作为受害人的庞某有权选择起诉侵权人。本案中，庞某起诉了东航和趣拿公司，而没有起诉中航信，可以认为系庞某行使了选择权。

第二，如果本案中的确是中航信泄露了庞某的隐私信息，则从东航和中航信之间的关系看，中航信仅仅是对内向东航提供信息网络服务的人，是为了东航更好地开展工作而为其提供服务的。外部的订票者并不在意、也不知道东航的订票系统是由谁来管理和维护的。无论由谁管理和维护，订票的消费者都认为是在向东航订票。因此，在对外关系上，即便是中航信泄露了庞某的隐私信息，也可以由东航首先承担责任。东航在承担责任后可以依据其与中航信之间的服务合同条款，在相关证据具备的情况下，

---

① 参见北京市第一中级人民法院（2017）京 01 民终 509 号民事判决书。
② 参见北京市高级人民法院（2017）京民申 3835 号民事裁定书。

向中航信主张权利。因此，庞某起诉东航而不起诉中航信并无不当。所以，东航和趣拿公司提出的该项抗辩并不能有效成立。[①]

案件评析

庞某案是有关个人信息安全的经典案例，其中原告在上诉中关键性地提出"高度可能"的证明标准以及二审法院针对四个争议焦点的阐述，都体现了大数据时代，相对处于弱势一方的个人信息主体急需立法与司法层面的保护。

在这一部分，我们将结合现行立法与相关学说，具体分析在案件中出现的重要争议点，探讨在个人信息主体与个人信息处理者产生纠纷的案件中，如何平衡两者之间的关系。

侵害个人信息的民事纠纷中的证明责任与证明标准问题

如图 6-1 所示，在案件一审、二审过程中现行法仍为《侵权责任法》《民法通则》《消费者权益保护法》《民事诉讼法》，因此《个人信息保护法》第 69 条所规定"过错推定原则"并不适用于该案件。[②] 所以，在庞某案中，法院是将此纠纷视为一般侵权案件，由原告承担侵害行为、损害结果、过错与因果关系四要件的证明责任，被告承担免责事由的证明责任。

承担证明责任意味着需要承担举证不能的不利后果。在案件一审过程中，一审法院认为，原告提供的证据不足以证明东航、趣拿公司对原告实施了个人信息泄露行为，由原告承担举证不能的不利后果。

但原告在上诉中提出，一审法院适用的证明责任分配严重地超出原告本人的证明能力，认为其举证行为已经达到民事诉讼高度盖然性的证明标准，即证明责任的承担转移到了被告东航、趣拿公司一边。而东航、趣拿

---

① 参见北京市第一中级人民法院（2017）京 01 民终 509 号民事判决书。

② 《个人信息保护法》第 69 条规定：处理个人信息侵害个人信息权益造成损害，个人信息处理者不能证明自己没有过错的，应当承担损害赔偿等侵权责任。前款规定的损害赔偿责任按照个人因此受到的损失或者个人信息处理者因此获得的利益确定；个人因此受到的损失和个人信息处理者因此获得的利益难以确定的，根据实际情况确定赔偿数额。

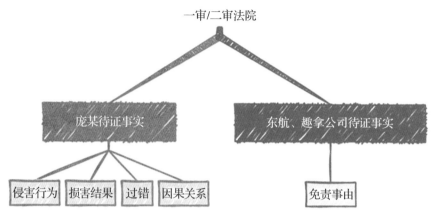

图 6-1

公司提供的证据仅能证明其自身安全系统完善，但这并不等于不会发生侵权的事实，即被告二人的举证具有片面性，达不到高度盖然性的证明标准。因此，趣拿公司和东航应当承担举证不利的后果，并承担侵犯庞某隐私权的侵权责任。二审法院支持了上诉人的观点，认为东航、趣拿公司存在泄露原告庞某个人信息的高度可能，同时东航、趣拿公司在反证过程中的举证行为并不能推翻这一高度可能。

但此时在原告需要证明的四要件中，只有侵害行为和损害结果完成了举证，过错与因果关系仍需辨明。而在本案中，若证明二被告在处理原告个人信息中存在过错，则因果关系无须单独证明即可成立，因为二被告能够唯一性、排他性地获取上诉人的个人隐私信息，所以当二被告存在过错时，则被告的损害结果当然由二被告的过错行为导致。二审法院认为二被告违反了《消费者权益保护法》第 29 条规定的安全保障义务，视为存在过错，二被告应当承担侵权责任。

由此，二审法院从证明标准的角度，承认了原告在诉讼举证过程中的劣势地位，认定东航公司、趣拿公司存在泄露庞某隐私信息的高度可能。

从上述案件审理中我们不难看出，在个人信息泄露案件中，个人信息主体因个人信息泄露而遭受损害时，只能获悉哪些平台和机构曾经收集了其个人信息，也知道自己之所以遭受损害就是因为这些个人信息的泄露所致。除此之外，以下事实均是不确定的：其一，侵害行为，即哪个或哪些具体的机构或平台泄露了个人信息；其二，主观过错，即造成泄露的机构或平台是否已经尽到相应的注意义务；其三，因果关系，如果有数个机构或者平台均泄露了个人信息，那么，犯罪分子利用了谁泄露的个人信息实施诈骗或者其他犯罪行为？就本案而言，庞某作为信息主体所能证明的只有损害结果要件，至于侵害行为、过错和因果关系，均具有事实不确定性。[①] 因此，若没有如庞某案中对于高度盖然性证明标准的申明，此类案件都会出现如下问题：如果坚持证明责任分配的基本规则，那么自然人将因无法证明侵权责任的成立要件而无法获得救济；而如果仅仅为了救济受害人，在受害人无法证明责任成立的要件事实的情况下，也要求信息控制者承担责任，这种做法又势必妨碍信息控制者的营业自由。

于是，在实践领域出现了两种解决途径：转换证明责任与降低证明标准。

转换证明责任在实践中存在两种做法，一是由法院根据个案裁量转换当事人的证明责任，二是采用法律明文规定的方式转换证明责任。第一种做法在"申某与支付宝（中国）网络技术有限公司等侵权责任纠纷案"的一审判据中有所体现。该案一审法院认为，个人相对于具有一定数据垄断地位的公司实体在证据搜集和举证能力上处于弱势地位。因此，应顾及双方当事人之间实质公平正义进行举证责任的分配。本案中，申某已举证证明其将个人信息提供给携程公司，后在较短时间内发生信息泄露，已完成相应合理的举证义务。携程公司应就其对申某的个人信息泄露无故意或过失之事实负举证责任。[②] 即将过错要件的证明责任由原告承担转为被告承担。第二种做法在实践中体现在《个人信息保护法》第 69 条的规定：处理

---

① 阮神裕.民法典视角下个人信息的侵权法保护——以事实不确定性及其解决为中心.法学家，2020（4）.

② 北京市朝阳区人民法院（2018）京 0105 民初 36658 号民事判决书。

个人信息侵害个人信息权益造成损害，个人信息处理者不能证明自己没有过错的，应当承担损害赔偿等侵权责任。前款规定的损害赔偿责任按照个人因此受到的损失或者个人信息处理者因此获得的利益确定；个人因此受到的损失和个人信息处理者因此获得的利益难以确定的，根据实际情况确定赔偿数额。

降低证明标准的实例即庞某案中所体现的审判思路：法院首先通过原告庞某的庭审表现，确信庞某本人处于诚实、善意的通常状态，不属于自己故意泄露个人信息而进行虚假诉讼的情形。接着，法院认为：相比第三人，趣拿公司、东航公司和中航信掌握了更多关于庞某的身份信息和行程信息。而第三人即便已经获知庞某姓名和手机号，也很难将庞某的订单号、身份证号都掌握在手，从而很难查询到庞某的航班信息。与普通的第三人相比，恰恰是趣拿公司、东航、中航信已经把上述信息掌握在手。再加上涉案事件发生前后的一段时间，东航、趣拿公司和中航信都被多家媒体质疑存在个人信息泄露的情况。据此，法院认定东航公司、趣拿公司存在泄露庞某隐私信息的高度可能。

这些解决途径都站在保护相对弱势的信息主体的立场上，尝试在司法过程中保障信息主体与信息处理者诉讼关系的平等。但从庞某案的审理过程中我们不难发现，对于原告而言，最难证明的依然是信息处理者个人信息泄露行为的要件证明。转换证明责任在实践中往往只存在于过错要件和因果关系要件的证明责任转换，损害行为不存在转换的可能性，因而当存在诸多信息泄露主体时，损害行为的举证依然是重难问题。降低证明标准的问题在于，庞某案中信息泄露主体有东航、趣拿和中航信公司，二审判决中隐含了一个未经检验的大前提，即将趣拿公司、东航公司和中航信公司视为一个整体，来与第三人进行比较，进而认定相比第三人，这三家公司已经掌握了庞某的身份信息和行程信息。可问题在于，为什么可以将趣拿公司、东航公司以及中航信公司视为一个整体加以分析？这三家公司是三个独立的民事主体，不能想当然地将它们作为一个整体，进而来分析这个整体泄露个人信息所具有的高度可能。在庞某案中，法官并未说明这一关键性预设的理由是什么。倘若剥离掉将趣拿公司、东航公司和中航信公司作为一个整体的预设，那么由于信息主体没有提供额外的证据，故而在抽象概率上，曾经收集了涉案个人信息的趣拿公司、中航信公司和东航公司泄露个人信息的可能性也可能是各33.3%。由此可见，倘若要采用降低证明标准的方法，来缓解信息主体面对事实不确定性而无法获得救济的困境，除非法官大幅度地降低证明标准，如将证明标准降低到33.3%以下，否则原告将无法证明是谁泄露了个人信息。但如此大幅度地降低证明标准显然是不合理的，因此降低证明标准的方法也存在问题。

于是，有学者提出通过"共同危险行为"理论重构信息主体与信息处理者之间的证明责任分配。持有此观点的学者认为，个人信息泄露案件普遍存在平台之间相互联结从而对信息主体实施侵害行为，造成"证据损害现象"，使得原告承担举证上的不利。由此，此类学者认为应当将这些信息处理者视为一个整体，评价整体行为与损害之间的因果关系；自然人无法查明谁具体造成损害的，各个信息处理者承担连带责任。信息处理者如果可以证明损害确不是由自己引起的，不承担赔偿责任。

笔者认为，无论是转换证明责任、降低证明标准，还是有关学者提出的借助"共同危险行为"理论建构个人信息泄露案件的举证制度，其根本目的都在于保护相对弱势的信息主体，避免由于信息主体举证难导致那些滥用个人信息、侵害信息主体合法权益的信息处理者免于处罚，都具有很强的理论意义与实践价值。随着《个人信息保护法》的颁布实施，笔者认为应当在《个人信息保护法》第69条的指导下，关注司法实践，在第69条已经确立的"过错推定"原则的基础上不断完善诉讼过程中对信息主体的保护，结合已有的司法案例和相关学说，既要保障个人信息安全，也要避免出现滥诉现象。

典情在个人信息保护类型案件中的作用

在庞某案的判决主文中，我们不难发现，二审法院多次引用涉案被告的相关新闻和舆情，作为法官心证的依据。在阐述争议焦点二中，二审法院提到"2014 年间，趣拿公司和东航都被媒体多次质疑存在泄露乘客隐私的情况"；在阐述争议焦点三中，二审法院提到"东航和趣拿公司在被媒体多次报道泄露乘客隐私后，即应知晓其在信息安全管理方面存在漏洞，但是，该两家公司并未举证证明其在媒体报道后迅速采取了专门的、有针对性的有效措施"。

舆情在个人信息保护领域发挥着越来越大的作用，不仅是在案件发生之后反映广大网民的意见与诉求，更成为平台滥用个人信息行为的重要信息来源。大数据时代，平台成为横亘于国家与人民之间的第三方主体，打破了固有的二元结构。平台用户在平台中受到个人信息侵害时，一是往往难以发觉，二是维权成本太高，在诉讼中处于劣势地位。舆情此时可以发挥信息的传播作用，将广大平台用户的受侵害事实作为新闻传播，从而推动国家实施相应的行政监管行为，维护平台用户合法权益。同时，也能像庞某案一样，当有消费者主动提起诉讼时，真实反映广大消费者的舆情报道也可以成为法官心证的重要依据。

综上，笔者认为，个人信息保护案件应当充分关注舆情，了解涉案信息处理者在其相关领域的业务风评，帮助法官判定其过错要件是否成立。

结语

随着《个人信息保护法》的颁布实施，其同《网络安全法》《数据安全法》共同组成的网络法规制体系已经正式形成。截至笔者做此案例报告时间，适用《个人信息保护法》第 69 条作为判决依据的案例只有两例。[①]面对个人信息泄露案件，法院应当在《个人信息保护法》第 69 条的基础上，充分运用法官自由心证，保证信息主体与信息处理者处于平等的诉讼地位，确保双方权益均受到法律平等的保护。

---

① 参见安徽省砀山县人民法院（2022）皖 1321 刑初 68 号、辽宁省大连市沙河口区人民法院（2021）辽 0204 刑初 415 号。

图书在版编目（CIP）数据

数据思维：从数据分析到商业价值 / 王汉生等著
. -- 2 版 . -- 北京：中国人民大学出版社，2024.1
ISBN 978-7-300-32267-4

Ⅰ.①数… Ⅱ.①王… Ⅲ.①数据处理－统计分析
Ⅳ.①TP274

中国国家版本馆 CIP 数据核字（2023）第 204048 号

数据思维（第 2 版）
从数据分析到商业价值
王汉生　等　著
Shuju Siwei

出版发行	中国人民大学出版社			
社　　址	北京中关村大街 31 号		**邮政编码**	100080
电　　话	010－62511242（总编室）		010－62511770（质管部）	
	010－82501766（邮购部）		010－62514148（门市部）	
	010－62515195（发行公司）		010－62515275（盗版举报）	
网　　址	http://www.crup.com.cn			
经　　销	新华书店			
印　　刷	北京瑞禾彩色印刷有限公司		**版　　次**	2017 年 9 月第 1 版
开　　本	720 mm×1000 mm　1/16			2024 年 1 月第 2 版
印　　张	23.5 插页 1		**印　　次**	2024 年 1 月第 1 次印刷
字　　数	319 000		**定　　价**	139.00 元